MUSHROOMS OF
KHORCHIN
SANDLAND IN
CHINA

中國科爾沁

沙地大型真菌多樣性

图力古尔 主编

科学出版社
北京

内 容 简 介

本书依据作者采集的标本和拍摄的图片，记载了子囊菌门和担子菌门的大型真菌24目100科（不含暂不确定分类地位的目和科）258属672种，较为全面且客观地反映了广袤科尔沁沙地的大型真菌资源及多样性的实际状况。所记载的种类均配有原生态彩色照片，以及主要宏观形态特征、显微结构特征、生态习性、经济用途（食用、药用、有毒）和在国内的大致分布区域等内容的文字描述。正文之后附有相关文献、物种的中文名索引和拉丁名索引。

本书内容涉及食药用菌学、菌物资源学、菌物多样性及菌物生态学等学科，可供菌物学工作者、蘑菇爱好者以及相关科研机构与院校的专业人员和师生参考。

图书在版编目（CIP）数据

中国科尔沁沙地大型真菌多样性/图力古尔主编. —北京：科学出版社，
2024.3
ISBN 978-7-03-078034-8

Ⅰ. ①中… Ⅱ. ①图… Ⅲ. ①沙漠－大型真菌－多样性－研究－内蒙古
Ⅳ. ①Q949.320.8

中国国家版本馆CIP数据核字（2024）第022852号

责任编辑：陈　新　郝晨扬 / 责任校对：郑金红
责任印制：肖　兴 / 封面设计：无极书装

科学出版社 出版
北京东黄城根北街16号
邮政编码：100717
http://www.sciencep.com
北京汇瑞嘉合文化发展有限公司印刷
科学出版社发行　各地新华书店经销
*
2024年3月第 一 版　开本：889×1194 1/16
2024年3月第一次印刷　印张：24
字数：690 000
定价：398.00元
（如有印装质量问题，我社负责调换）

编委会

图力古尔 博士，1962年11月出生，内蒙古通辽市科尔沁左翼后旗人，真菌分类学家。吉林农业大学二级教授、博士生导师，中国菌物学会副理事长，农业农村部北方食用菌资源利用重点实验室主任，教育部"重要菌物资源保育与可持续利用"创新团队带头人，泰山学者。师从李玉院士，长期从事真菌分类与真菌多样性的维持机制及保育相关研究。主持科技部基础研究专项、国家自然科学基金应急管理项目和国家自然科学基金面上项目10余项，在国内外学术刊物上发表论文258篇，独立撰写或合作编写《中国长白山蘑菇》（2003）、《大青沟自然保护区菌物多样性》（2004）、《中国东北野生食药用真菌图志》（2007）、《多彩的蘑菇世界》（2012）、《中国药用真菌图志》（2013）、《山东蕈菌生物多样性保育与利用》（2014）、《中国大型菌物资源图鉴》（2015）、《东北市场蘑菇》（2016）、《毒蘑菇识别与中毒防治》（2016）、《蘑菇与自然环境——长白山蘑菇垂直分布》（2017）、《吉林农业大学校园蘑菇图册》（2019）、《内蒙古罕山国家级自然保护区大型真菌资源》（2021）、《中国小菇科真菌图志》（2021）等学术著作10余部，主编《中国真菌志》五卷册，编著《吉林省菌物志》蘑菇目卷和红菇目卷，主编教材《蕈菌分类学》。

为家乡的蘑菇代言

　　我出生于科尔沁，1990年硕士研究生毕业到吉林农业大学工作至今，开始的几年工作极其单一，就是植物学教学，烂熟于心的教材讲了一遍又一遍，直到5年后我做出重要决定：考博。我报考的博士生导师是时任吉林农业大学校长的李玉教授，那时候他主要从事植物病理学的教学和黏菌的研究，是留法归国著名菌物学家周宗璜先生的亲传弟子。周先生在吉林农业大学工作19年，于1981年去世，即我上大学的前一年，我没有机会见到他老人家，一切有关周先生的印象都来自李先生的口传。我如愿考取了博士，并为跟随李先生这样的"菌二代"感到万分荣幸。然而，兴奋劲儿过去后冷静一想，我是学植物的，导师的研究方向是菌物，我做何研究？与导师长谈几次后，我决定做大青沟国家级自然保护区的菌物多样性研究。多样性研究不像单纯的分类学，会涉及生态学、区系学，尤其涉及我的优势学科植物分类学，我欣然接受，力争做"菌三代"。

　　大青沟国家级自然保护区位于科尔沁沙地腹地，自然属于本书的调查研究范围。我自从20世纪80年代学植物开始就经常跑到那里，总能找到从未见过的植物。经过博士期间3年的努力，我总共获得302种菌物，开展了物种多样性、区系多样性、生态多样性的研究，于1998年顺利通过博士学位论文答辩并获得了博士学位，荣幸成为吉林农业大学独立培养的第一位博士。博士毕业后我的研究方向彻底转向了真菌学。早期人们的认知当中真菌属于植物，所以也许很多人不理解"转向"二字的含义，其实对我来讲是截然不同的世界。

　　我了解科尔沁，了解这里的一草一木一菇。我喜欢科尔沁，喜欢这里的风土人情、父老乡亲。我热爱科尔沁，热爱这里的不富裕但朴实无华的人们、不肥沃甚至有点贫瘠但总能给我惊喜的真菌宝库。我走过看过国内外很多风景秀丽的名山大川，但在我心中乃至梦中哪个都不如科尔沁。蒙古语中"科尔沁"的意思是"弓箭手""警卫者"。科尔沁曾是中国四大草原之一，是科尔沁文化的发祥地，目前是中国面积最大的沙地。这一片热土孕育了众多英雄、学者、名人，而更多的是像沙地植物一样顽强的人们、善良的百姓。

　　自1998年出道算起，我从事真菌研究已经25年了。大青沟国家级自然保护区的研究成果也成了"经常被模仿，但从未被超越"的经典，被多人多次引用或参考。真菌多样性研究几乎到了一个瓶颈期，突破极其艰难。主要的难点：多样性研究的终极目标是什么？真菌多样性和植物、动物多样性之间存在哪些相依、相克关系？生物多样性与人类的关系？等等。这些问题不是观察几个表象就能下得了结论、做几个试验就能揭穿得了的。

学海无涯，研究无止境。科尔沁沙地的真菌多样性研究是由我提出的，我有责任继续推进这个科学问题的解决。随着深入学习习近平总书记的"绿水青山就是金山银山"理念、"三物循环"生态理念、大食物观，并积极响应"全面歼灭科尔沁沙地"的号召，在全国扶贫攻坚楷模李玉院士的鼓励和支持下，我又一次回到生我养我又成就我的科尔沁大地，但这一次不是做学位论文，而是重新审视这里的生物多样性以及生态环境改善与经济发展之间的有机联系。

科尔沁也在变，裸露的沙地几乎不见了，取而代之的是郁郁葱葱的樟子松林、杨树林以及本土的榆树疏林和草灌乔搭配的生态廊道。遇到了新的科学问题：真菌多样性有何变化？带着这个问题我组织家人和学生跑了3年，温故而知新——在以往研究、调查基础上，获得了大量的新物种、中国新记录种和首次在该地区发现的物种，使人们对科尔沁沙地真菌多样性的认知往前推进了一大步，也为家乡环境变化提供旁证、作代言。

"你让我功成名就，我叫你名扬天下"，这是我对科尔沁大地最为朴实的感恩情怀、切实的内心承诺。希望更多的有识之士关心、关怀这片充满热情又生机盎然的古老大地，使之成为生物多样性研究最适样地、人居环境改善最佳样板、山水林田湖草沙最美画卷。

图力古尔

2024年1月1日

科尔沁沙地地处西辽河平原，是中国最大的沙地，也是京津冀风沙的主要源头之一，沙地分布区总面积约为6.63万km²，其中沙地面积3.51万km²。行政区划上科尔沁沙地覆盖内蒙古、吉林和辽宁的8个市（盟）22个县（旗）187个乡（镇、苏木），其中内蒙古境内分布面积5.73万km²，占沙地总面积的86.42%。以内蒙古通辽市的科尔沁左翼后旗、库伦旗、奈曼旗和科尔沁左翼中旗为主，沙地覆盖了通辽市近1/3的土地面积。

雨后的疏林草地是大型真菌调查的重点区域

沙地人工杨树林

人工樟子松和柠条锦鸡儿混交林

　　沙地天然植被主要为榆树疏林，人工林以杨、柳等阔叶树和樟子松、油松为主，局部地区分布着其他各种树林。该地区平均降水量300~400mm，且降水多集中于7-9月，占全年降水量的70%~80%。流动风沙土是风沙土中分布面积最广的，不同区域还分布着生草风沙土、栗钙土型风沙土，即所谓的流动沙丘。

　　自20世纪90年代开始，笔者对科尔沁沙地内的大青沟国家级自然保护区开展大型真菌多样性调查，获得大量一手研究资料，完成博士学位论文并发表相关的学术论文和《大青沟自然保护区菌物多样性》专著。在之后的20多年里，作者团队对大青沟国家级自然保护区及其周边的沙地进行了不间断的、较为系统的大型真菌多样性调查和研究，涉足地区包括内蒙古通辽市科尔沁左翼后旗、库伦旗、奈曼旗、科尔沁左翼中旗和吉林省白城市通榆县、洮南市等地区，几乎到达了科尔沁沙地腹地各类典型地带，涵盖大青沟国家级自然保护区、内蒙古乌斯吐自治区级自然保护区、吉林向海国家级自然保护区等重点区域，获得科尔沁沙地大型真菌标本2200多份，通过形态学和分子生物学手段相结合鉴定并确认大型真菌22目101科258属669种。其中，红鳞环柄菇 *Lepiota squamulosa* T. Bau & Yu Li、东方腐生鹅膏

Amanita orientisororia T. Bau & Zhu L. Yang、蒙古地星 *Geastrum mongolicum* T. Bau & X. Wang、蒙古桑黄 *Sanghuangporus mongolicus* T. Bau、沙地假花耳 *Dacryopinax manghanensis* T. Bau et X. Wang、蒙古块菌 *Tuber mongolicum* T. Bau & F. Guo 为作者团队在该地区发现的新种，也有作者在其他地区发现的物种在此地有分布，如透柄小菇 *Mycena hyalinostipitata* T. Bau & Q. Na、条盖靴耳 *Crepidotus striatus* T. Bau & Y.P. Ge、榆生靴耳 *Crepidotus ulmicolus* T. Bau & Y.P. Ge、巨囊异脆柄菇 *Heteropsathyrella macrocystidia* T. Bau & J.Q. Yan、亚小孢黄盖小脆柄菇 *Candolleomyces subminutisporus* (T. Bau & J.Q. Yan) Voto 等。沙地地貌特色显著，大型真菌名称里含"沙"的种类比较多见，如沙生地孔菌 *Geopora arenicola* (Lév.) Kers、沙地孔菌 *Geopora sumneriana* (Cooke ex W. Phillips) M. Torre、沙地滑锈伞 *Hebeloma dunense* L. Corb. & R. Heim、沙生层腹菌 *Hymenogaster arenarius* Tul. & C. Tul.、沙生茸盖伞 *Mallocybe arenaria* (Bon) Matheny & Esteve-Rav.、沙地假花耳等。另外，蒙古地星、蒙古桑黄、内蒙古灰锤 *Tulostoma intramongolicum* B. Liu 等带有地域标签的物种也并不少见，相信随着我们的研究，具有上述特点的物种会越来越多。

科尔沁沙地腹地的大青沟国家级自然保护区

向海国家级自然保护区大果榆群落

科尔沁沙地刺榆林

科尔沁沙地典型植被（昔日的流动、半流动沙丘已经演变为固定疏林草原）

　　本书对所发现的物种进行了较为系统的记载和描述，内容包括物种的中文名和拉丁名，子实体的宏观形态和显微特征，以及生境特点和国内的大致分布范围。限于篇幅，本书不单独介绍有关科属的分类特征、形态学术语以及地理分布知识，读者可参考《蕈菌分类学》《中国大型菌物资源图鉴》。

　　我们在调查中发现，随着科尔沁沙地生态环境建设的加强和完善，植被覆盖率日益增长，水土保持能力明显增强，大型真菌的数量和生物量明显上升，昔日的"沙窝子"现已成为"蘑菇家园"。为了更好地向世人展示科尔沁沙地丰富而富有特色的大型真菌多样性，我们整理多年的调查和研究成果并编撰成书，旨在引起更多人对沙地真菌多样性的关注，激发人们秉持"三物循环"生态理念，把科尔沁沙地建设成植物、动物、菌物生物多样性赖以生存的生态乐园。

　　本书相关内容前期研究获得国家自然科学基金项目（32270001、32070010、31770010、31470154、31270063、31070013、30370010）及教育部"长江学者和创新团队发展计划"（IRT1134、IRT15R25）资助。

付梓之际，我要感谢为本书增色、顺利出版提供各种支持和帮助的单位、个人。我的导师、全国扶贫攻坚楷模李玉院士欣然为本书题写书名，我为拥有这样一位融通文理、博览古今的良师益友而自豪和感恩；吉林农业大学杰出校友、通辽市奈曼旗人民政府包连山旗长为本书出版给予了大力支持，乃"厚朴笃行"之范例；通辽市生物多样性协会会长、内蒙古民族大学齐广教授十分关心并敦促本项工作，体现了兄弟般情怀；在研究工作中合作并提供物种信息的 *Fungal Diversity* 主编、中国科学院昆明植物研究所杨祝良研究员，《菌物学报》主编、北京林业大学戴玉成教授，华南菌物多样性博物馆馆长、广东省科学院微生物研究所李泰辉研究员。在此，我谨代表本书编委会一并致以衷心的感谢！

主　编

2023 年 11 月 25 日

目 录

第一章
大型真菌多样性
研究概述

大型真菌，雅称蕈菌，俗称蘑菇，对应的英文名称为macrofungi或mushroom，是一类"肉眼可见、用手可采摘"的真菌。在真菌分类学中大型真菌属于子囊菌门Ascomycota和担子菌门Basidiomycota，显然这里所说的蘑菇是广义的概念。狭义的蘑菇概念在分类学上可以是一类（伞菌类，涉及蘑菇目Agaricales、红菇目Russulales等）、一纲（蘑菇纲Agaricomycetes）、一目（蘑菇目Agaricales）、一科（蘑菇科Agaricaceae）、一属（蘑菇属Agaricus）或一种（蘑菇Agaricus campestris）。蘑菇在我国有1万−1.5万种甚至更多，广泛分布于我国草原、森林和山上，正如"蘑"字。只是因文化习惯不同，各地对蘑菇的称呼也有所差异，北方人普遍使用的"蘑菇"二字起源于元朝，词源考证发现来自蒙古语（moog）；同样是蘑菇，在西南地区没有比"菌子"更通用的了；而"菇"是华南、华东地区常用的蘑菇爱称。仅从蘑菇名称上也可以看出，文化的多样化对生物多样性的理解和表述也同样存在多样性。

大型真菌的最大特征是形成形状、大小、颜色各异的大型子实体。子实体就是产孢结构，相当于（但不等于）高等植物的花。孢子在适宜的环境下萌发再长出子实体，循环往复。这种神秘生物吸引了世界上无数爱好者和从业者为之着迷。大型真菌

大型真菌的一般形态

的另一个魅力就是它的食用、药用价值。例如，我们餐桌上的美味双孢蘑菇Agaricus bisporus、黑木耳Auricularia heimuer、银耳Tremella fuciformis、香菇Lentinula edodes、平菇Pleurotus ostreatus、草菇Volvariella volvacea、金针菇Flammulina filiformis、杏鲍菇Pleurotus eryngii 等，以及药用的灵芝Ganoderma lingzhi、杂色云芝Trametes versicolor和猴头菌Hericium erinaceus等。大型真菌还具有我们所看不到的用途，即充当"清道夫"的生态价值。地球上绿色植物是生产者、动物是消费者，而菌类是分解者，分解动物和植物的残体，将它们的大分子物质在酶的作用下分解成小分子物质，释放到环境中，再被植物吸收利用，实现"三物循环"，形成完整的生态系统。

近年来，随着我国生态保护、生态发展理念的树立，生物多样性的研究和保育受到前所未有的重视，各地大型真菌多样性的研究和保育工作取得了较好的进展。

一、本底调查是大型真菌生物多样性研究的基石

大型真菌多样性参与了整个生物多样性的全部过程，并且在人类社会和自然生态系统中发挥着重要的作用。从生态学的意义来说，包括大型真菌在内的菌物的存在直接关系到整个陆地生态系统的稳定性和环境质量。但由于气候变化、工业污染以及人类的过度干扰，包括大型真菌在内的菌物多样性也面临着前所未有的挑战。有关菌物多样性的编目和保育研究已被列为优先发展领域。菌物的生物多样性一般包括物种多样性、遗传多样性和生态多样性三个层次，其中物种多样性是其他两种多样性的基础。

本底调查，就是弄清某地区的物种多样性，这项工作是整个菌物多样性研究的基石。据菌物学家估计，全球约有150万种甚至更多的真菌，在地球生物圈中仅次于昆虫，属于第二大生物类群。欧洲一些国家（如英国、芬兰、瑞士）的菌物与维管植物种数之比已达4∶1至6∶1（即有一种维管植物

菌盖

菌环

菌柄

菌托

作者团队在科尔沁左翼后旗乌旦塔拉林场调查

就有4-6种菌物），我国的菌物总数应该在12万-24万种。但实际情况并非如此，我国已记录的菌物仅约27 900种，还不到预测最低数的1/4。这意味着随着调查的深入我国的菌物物种总数将远远高出这个数字，甚至翻几番。菌物新种开始大量被报道，据记载，2012-2021年全球共发现了23 286个菌物新种，隶属于3界19门66纲252目856科4346属，包括真菌22 798种，其中绝大多数是大型真菌，其他类群则占很小的比例。担子菌中如丝膜菌科Cortinariaceae、红菇科Russulaceae和丝盖伞科Inocybaceae等伞菌类的成员备受关注。在我国被称作"三志"之一的《中国孢子植物志》自1973年开始编写以来，其中与菌物相关的《中国真菌志》和《中国地衣志》已完成了73卷的编写、出版，大量不被人知的菌物被记录了下来。除了全国性的志书，各省甚至重要生态区域、自然保护区、国家森林公园都有了自己的菌物"户口簿"，菌物分类、生态、多样性从业者大幅增加，这些都是可喜可贺的事。然而，与大自然未知菌物"黑匣子"中的数量相比，与日新月异的庞大的菌物分类系统相比，这些成绩还只是小巫见大巫、冰山一角而已。未来本底调查依然是分类学研究和多样性编目的重点工作、重点领域，尤其在像极地、沙地和水体等特殊且薄弱环境开展系统的调查采集，增加更多、更具特色的物种名单是当务之急。

二、保育是大型真菌多样性研究的核心

大型菌物多样性的保育包括就地保护（in situ conservation）和迁地保护（ex situ conservation）两种，就地保护是指在原来的生境中对濒危物种进行保护，迁地保护是指将濒危物种迁移到人工环境或异地实施保护。

由于缺乏对大型真菌生态、分布甚至分类学的了解，菌物类群很少受到自然保护的关注。由于毁灭性开采、生态环境被破坏等，野生蕈菌资源明显减少的报道逐渐增加。例如，人类活动导致环境污染，荷兰森林中野生食用菌数量明显下降。在欧洲分布的8000种真菌中，20%生存正受到威胁，已报道的半数以上的大型真菌至少被列入了其中一个国家的红色目录中。捷克提出的大型真菌物种红色目录，其中包括904种濒危大型真菌，占全部大型真菌总数的20%-25%。这个红色目录还根据世界自

科尔沁沙地部分特有大型真菌物种

A. 大青沟蘑菇 *Agaricus daqinggouensis*；B. 沙地假花耳 *Dacryopinax manghanensis*；C. 东方腐生鹅膏 *Amanita orientisororia*；
D. 蒙古块菌 *Tuber mongolicum*；E 和 F. 蒙古桑黄 *Sanghuangporus mongolicus*；G. 蒙古地星 *Geastrum mongolicum*；H. 红鳞环柄菇 *Lepiota squamulosa*

然保护联盟（International Union for Conservation of Nature，IUCN）的物种濒危等级标准将这904种濒危真菌分为很可能灭绝的种、极危种、濒危种、易危种、近危种和不了解的种。匈牙利的红色目录中包括了35种濒危大型真菌，而且自2005年9月1日起，这35种大型真菌在匈牙利的版图上就已经受到法律保护。此外，乌克兰、瑞士、斯洛伐克、斯洛文尼亚、匈牙利、德国、爱沙尼亚、奥地利等国家的濒危真菌或其生境都不同程度地受到法律保护。日本、瑞士等国家也公布了本国受威胁状态的菌物物种名录。针对大型真菌的保护应首先列出濒危真菌名录，然后根据每个物种受威胁程度及其自身的生物学、生态学特性采取不同的保护措施。目前全球至少有30多个国家开展了国家层面的大型真菌灭绝风险评估，并发布了官方红色名录。一些国家和组织机构基于红色名录制定且实施了一系列大型真菌的保护与管理措施。

早期研究中，戴玉成（2003）报道了长白山森林生态系统中稀有和濒危多孔菌27种。戴玉成等（2010）筛选了48种中国多孔菌并将其列为濒危种，占中国多孔菌总数的8%。于富强和刘培贵（2005）报道了云南松林下野生食用真菌种类和产量逐年下降，并呼吁立即采取行之有效的措施来保护这些珍稀的自然资源。图力古尔和戴玉成（2004）报道了长白山主要的食药用木腐菌，根据野外考察记录及其受威胁程度，按照IUCN提出的濒危生物划分标准将每个种划分为不同的等级并提出了相应的保育措施。范宇光和图力古尔（2008）评价了长白山国家级自然保护区大型真菌的濒危状况，并通过野外调查、市场调查、民间调查、文献查阅及专家咨询等手段获得大型真菌的野生种群及生存状况的基本数据，建立了大型真菌物种濒危程度量化评价指标体系，并对濒危状况和优先保护顺序进行了定量化评价。最终，从保护生物学的角度提出相应的保育措施和解濒技术。

根据《中国生物多样性红色名录——大型真菌卷》的评估报告，截至2018年，已报道大型子囊菌、担子菌和地衣型真菌共9302种。我国近年来也加快了对野生大型真菌资源保育的研究，2018年生态环境部与中国科学院联合发布的《中国生物多样性红色名录——大型真菌卷》记载我国97种大型真菌处于受威胁状态，其中25种受威胁的大型真菌为食药用菌。我国陆续建立了松茸自然保护区、冬虫夏草自然保护区等以保护蕈菌为目的的自然保护区，尽管在保护物种的数量和保护现状方面均有不尽如人意之处，但是已经向大型真菌的就地保护靠近了一步，在冬虫夏草 *Ophiocordyceps sinensis*、蒙古口蘑 *Tricholoma mongolicum* 等特有、珍稀物种的保育方面进行了有益的探索。在1999年农业部和国家林业局颁布的《国家重点保护野生植物名录（第一批）》中，冬虫夏草和松口蘑 *Tricholoma matsutake* 被列为国家二级重点保护野生真菌，在此基础上国家林业和草原局、农业农村部颁布的《国家重点保护野生植物名录（第二批）》中增列了蒙古口蘑和中华夏块菌 *Tuber sinoaestivum*，由此这4种大型真菌将受到法律保护。当然，大型真菌多样性的就地保护在理论和实践方面仍有待进一步深入研究。

分布于草原上的国家二级重点保护野生真菌——蒙古口蘑（主要分布于呼伦贝尔、锡林郭勒草原）

大型真菌迁地保护研究同样受到重视，主要表现在大型真菌的菌株数量、菌种库规模以及生物学特性和驯化培养广度、深度上，重要野生物种的菌株及基因得到有效保存。但由于大多数菌物人工培养尚未成功，需要有一定的人力、物力来从事有关菌种培养和保藏的研究。一些珍稀食用菌大规模商业化栽培的成功也使得其市场价格下降，间接地减少了其野生种群受人为干扰的程度，使野生种群获

科尔沁沙地驯化的部分野生大型真菌物种

A. 短毛木耳 *Auricularia villosula*；B. 多脂鳞伞 *Pholiota adiposa*；C. 糙皮侧耳 *Pleurotus ostreatus*；D. 栎生侧耳 *Pleurotus dryinus*；
E. 蒙古桑黄 *Sanghuangporus mongolicus*；F. 北京蘑菇 *Agaricus beijingensis*

得繁衍生息的机会，得到有效保护。

迁地保护的实施需要一定的管理手段和技术体系，才能更好地完成和实现对野生菌的保护。建立菌株库是迁地保护技术的基础，是一切研究的基石。菌株保藏技术的研究、管理方法、质量评价和培育技术等属于迁地保护的主要方面。建立完善且规范化的迁地保护技术体系，不但可以使野生珍稀食药用蕈菌的保护和开发利用工作成为现实，还可以解决目前食用菌市场上存在的种源、遗传特性单一化等疑难问题，进而促进食药用菌产业的健康和规范发展。

三、资源利用是大型真菌多样性研究的动力

据文献统计，我国大型真菌中有1020种可食用的种类和692种具有药用功能的种类，其中480种为食药兼用菌。说明大型真菌多样性中蕴含着重大的经济价值和商业空间，人们像依赖动植物多样性一样依赖真菌多样性。

大型真菌中含有蛋白质、脂肪、多糖等大分子营养物质以及丰富的氨基酸、无机元素等人体必需的营养元素，是营养与保健功能俱全的食物来源。尤其在提倡"大食物观"的当下，向食用菌要营养、向药用菌要健康成为合理诉求甚至是一种时尚。

由于食用菌、药用菌市场缺少对野生菌资源的了解，很多野生经济真菌不能够被人们利用。所谓的利用也只是停留在原料、原真菌、原产地上，缺乏精细化加工和体系化销售，如何将琳琅满目的真菌多样性资源转化为功能完善的食品、药品等多样化工业产品仍需走很长的路，真正把资源优势转化为经济优势。

资源利用的前提是不能打破生物多样性保护原则和有关国家及地方法律法规，禁止乱采乱挖，摒弃先破坏后治理的恶性循环。以生物多样性研究为基础，建立"一区、一馆、五库"，在现代生命科学理论的指导下，开展各类真菌的生物学特性、食性、药性及毒性的系统研究，让更多的大型真菌产品走上经济舞台、健康市场。

总之，大型真菌是一个具有重要经济和生态学意义的生物类群，开展野生大型真菌的多样性调查与保育研究具有重要意义，国内外学者越来越重视该领域的研究。大型真菌生物多样性的研究具有重要的科学和经济价值，要像研究动植物一样重视蕈菌的生物多样性研究，研究好、保护好、开发好这一宝贵资源。

第二章

子囊菌门
Ascomycota

地舌菌目 Geoglossales

地舌菌科 Geoglossaceae
毛舌菌 *Trichoglossum hirsutum* (Pers.) Boud.

　　子实体散生或聚生，头部扁平、梭形，具细长的柄。子实层可育部分扁平，柄部具有延伸出表面的刚毛，外观呈绒状。新鲜子实体为黑色，长3-7cm（可育部分长约2cm），粗0.1-0.5cm，干后黑色，柄近圆柱形或略扁，长1.1-5cm，粗0.1-0.2cm。子囊孢子梭形，95-120×6-7.5μm，褐色，在子囊中成束排列。侧丝线形，顶端稍膨大，直或弯曲。子囊棒状，具8个子囊孢子。柄部刚毛顶部尖，深褐色，厚壁。

　　生于林中地上或有苔藓的地上。分布于我国东北、西北、西南等地区。

柔膜菌目 Helotiales

薄盘菌科 Cenangiaceae
多形墨绿盘菌 *Chlorencoelia versiformis* (Pers.) J.R. Dixon

　　子实体陀螺状、浅杯状至漏斗形，不易碎，由小到大呈墨绿色至橄榄绿色、灰绿色。子囊盘直径0.7-1.6cm，新鲜时表面光滑，随着成熟老化逐渐变干变褶皱，颜色也变为橄榄黄色至褐色。囊盘被表面灰绿色，具皱褶。菌柄渐细，颜色较浅，少数偏生。子囊孢子圆柱形至椭圆形，9-13×3-3.5μm，两端圆钝，直线或稍弯曲，光滑，无色，少数含油滴。子囊内含8个单行排列的子囊孢子。侧丝圆柱形。

　　夏秋季生于腐木上。分布于我国东北、东南等地区。

绿杯盘菌科 Chlorociboriaceae

铜绿绿杯盘菌（小孢绿杯盘菌）*Chlorociboria aeruginosa* (Oeder) Seaver

子囊盘最初呈盘状，成熟后呈盘状并形成波浪状边缘，单个子实体直径为0.5-1cm，通常高不超过1cm。菌柄短或无。子囊盘面蓝绿色，光滑。囊盘被表面淡蓝绿色。无特殊气味。子囊孢子纺锤形或椭圆形，9-14×2-4μm，光滑，两端各有1个小油滴。子囊圆柱形，内含8个单行排列的子囊孢子。侧丝线形，纤维状，透明，扭曲。末端细胞切面呈圆柱状，常扭曲，光滑。

夏秋季生于腐木上，并常常把腐木染成蓝绿色。我国各地区均有分布。

胶质盘菌科 Gelatinodiscaceae

紫色囊盘菌（紫棒囊菌、杯紫胶盘菌）*Ascocoryne cylichnium* (Tul.) Korf

子实体呈密集的盘状。子囊盘直径0.5-2.2cm，浅盘形至杯形，胶质。子实层面暗紫褐色至带紫红的灰褐色，近光滑。囊盘被表面颜色与子实层表面相似，或色稍浅，有细绒毛。菌柄有或无。无特殊气味。子囊孢子纺锤形，19-28×4-6μm，光滑，成熟时有横隔。子囊含8个单行排列的子囊孢子，尖端圆形。侧丝透明，具分隔。

群生或密集丛生于腐木上。分布于我国东北等地区。

紫新胶鼓菌（紫螺菌）*Neobulgaria pura* (Pers.) Petr.

子囊果陀螺状至垫状，高1-2cm，宽1-4cm，淡肉桂色或赭石棕色，略带淡紫色，半透明胶质似果冻质地，有弹性，表面近平滑。内部充实，柔软半透明，边缘近波浪状。无明显气味。菌柄短，深肉桂色。子囊孢子椭圆形，8-9×3.5-4.5μm，光滑，透明，内含2个油滴。子囊棒状，内含8个孢子。侧丝圆柱形，不分隔，顶部稍膨大。

夏秋季群生于阔叶林中的倒木、枯枝上。分布于我国东北、西南等地区。有毒。

肉座菌目 Hypocreales

虫草科 Cordycipitaceae

瘤状刺束梗孢菌 *Akanthomyces tuberculatus* (Lebert) Spatafora, Kepler & B. Shrestha

孢梗束从寄主胸部和腹部长出，菌丝体遍布昆虫体表，白色，绒毛状。基部稍粗，向顶端渐细，通常直立，平行排列，具分枝，乳白色。孢梗束顶端挂有大量白色粉末状分生孢子团。菌丝具黄色色素结痂。分生孢子梗浅黄色，轮生，透明，光滑，分枝顶端膨大，球形。瓶梗黄色，厚壁，单生或簇生于营养菌丝或分生孢子梗上，基部柱形，瓶梗顶端具短尖。分生孢子卵圆形，单细胞，2.5-5.4×1.8-2.7μm。

寄生于鳞翅目昆虫的成虫。分布于我国东北等地区。

球孢白僵菌 *Beauveria bassiana* (Bals.-Criv.) Vuill.

菌丝体由寄主节缝处长出，渐覆盖寄主昆虫全体，菌丝体绒毛状，成簇，后变粉末状，白色，干后渐变为乳黄色，常在一些昆虫体上形成一层较厚的棉絮状菌丝体。分生孢子梗不分枝或分枝，筒状或瓶状。分生孢子顶生于成丛的孢子梗上，球形至卵形，1.5-5.5×1-3μm，无色。

寄生于蝽等多种昆虫的幼虫、蛹或成虫上。分布于我国东北、华北及西北等地区。

蛹虫草（北虫草）*Cordyceps militaris* (L.) Fr.

子座淡黄色或橙红色，从寄主昆虫幼虫或蛹的头部或其他部位长出，单生或数个丛生，多不分枝，长2-5cm。分为可育的头部和不育的柄部。可育部位柱状或棒状，表面具明显颗粒状突起，顶端稍尖或钝圆，2.8-4×0.4-0.5cm。不育柄部颜色稍浅，圆柱形。子囊孢子线形，粗约1.2μm，成熟时断裂成柱状、大小为3-4×1-1.2μm的次生子囊孢子。子囊圆柱形，基部渐细，粗约3μm，子囊帽呈半球形加厚。子囊壳外露、半埋生，卵形或近圆锥形。

寄生于鳞翅目昆虫的幼虫、茧或蛹上。我国各地区均有分布。食用，药用。

细脚虫草 *Cordyceps tenuipes* (Peck) Kepler, B. Shrestha & Spatafora

孢梗束丛生至簇生于昆虫蛹体，高 1~1.4cm，白色至浅橙黄色，基部色深，光滑，顶端色浅，乳白色，具树枝状或珊瑚状分枝，表面被大量粉状分生孢子团，白色至浅黄色。菌丝无色，透明，光滑。分生孢子梗透明，光滑，瓶梗烧瓶形，基部膨大呈球形或纺锤形，基部膨大呈球形至椭圆形，顶端具细的短尖。分生孢子长椭圆形或中部弯曲呈肾形，单细胞，4.3~6.6 × 1.9~3μm。

寄生于鳞翅目昆虫的蛹上。分布于我国东北、华北、华南、西南等地区。

肉座菌科 Hypocreaceae

英丹木霉 *Trichoderma britdaniae* (Jaklitsch & Voglmayr) Jaklitsch & Voglmayr

子座垫状，宽 0.5~1.4cm，厚约 0.3cm，表面平滑，未成熟时有明显褶皱或皱纹，被粉质至絮状覆盖，浅褐色至黄褐色，成熟后孔口明显。子座干后坚硬，呈多裂或波状，复水后呈亮黄色。子囊壳埋生，大多圆柱形或椭圆形至近球形，壳壁黄色。孔口与子座平行。子囊孢子无色，表面光滑至具小疣，单态型，近球形，少数椭圆形，2.5~3 × 2.6~3μm。子囊圆柱形，基部渐窄。

夏秋季散生于腐木上。分布于我国东北、华北等地区。

线虫草科 Ophiocordycipitaceae
蚁线虫草 *Ophiocordyceps formicarum* (Kobayasi) G.H. Sung, J.M. Sung, Hywel-Jones & Spatafora

子座多单生，浅黄色至橘黄色，高1-1.8cm，粗0.1-0.2cm，肉质，易断裂。可育部位与柄分界明显，无不育尖端，半椭圆形至半球形，顶生。子囊孢子线形，103-125×4.2-7.6μm，成熟后断裂。次生子囊孢子近圆柱形，6-10×1-2μm。子囊壳倾斜埋生，杏仁形。子囊柱形，顶部具加厚子囊帽，近半球形。

寄生于蚂蚁上。分布于我国东北、华北、华南、西南等地区。

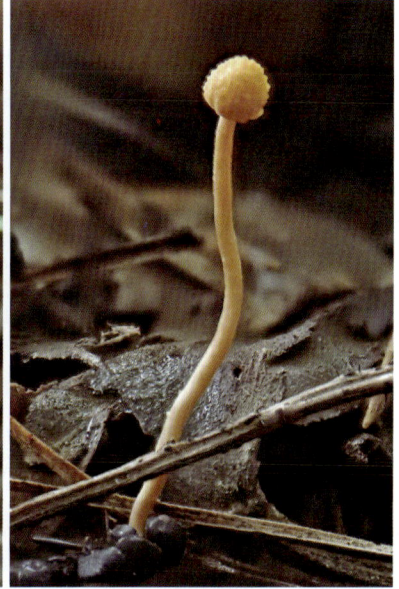

蝽象线虫草（下垂线虫草）*Ophiocordyceps nutans* (Pat.) G.H. Sung, Hywel-Jones & Spatafora

子座由虫体的肩部长出，黑色，弯曲，单生或分枝。分为可育的头部和不育的柄部。上部的可育部位呈黄色或橙红色，球形、圆柱形膨大。不育部位即柄部，细长，形如铁丝，圆柱形，顶端圆钝。子囊孢子8个，成熟后断裂。次生子囊孢子圆柱形，6.8-9.2×1.4-2μm。子囊圆柱形，基部渐细。子囊帽半球形加厚或柱状加厚。子囊壳倾斜埋生，卵圆状，颈部不弯曲或稍弯曲，厚壁。

秋季寄生于半翅目蝽科昆虫成虫上，多出现在枯枝落叶层中。我国各地区均有分布。药用。

尖头虫草（亚黄蜂草）*Ophiocordyceps oxycephala* (Penz. & Sacc.) G.H. Sung, Hywel-Jones & Spatafora

子座由蜂的头部长出，单生，不分枝，弯曲或稍弯曲。分为可育的头部和不育的柄部。可育部位颜色较浅、生于上部，椭圆形或柱形，表面黄褐色至淡土黄色，有时具短而尖的不育顶端。不育部位，即下半部表面土灰色、灰黄色。子囊孢子8个，成熟后断裂。次生子囊孢子纺锤形，9-13 × 1.4μm。子囊圆柱形，基部渐细，子囊帽半球形加厚。子囊壳倾斜埋生，长颈瓶状，颈部弯曲，厚壁。

生于膜翅目昆虫的成虫上。分布于我国东北、东南等地区。药用。

肉座丛赤壳科 Stromatonectriaceae
树锦鸡儿肉座丛赤壳菌 *Stromatonectria caraganae* (Höhn.) Jaklitsch & Voglmayr

子座浅橙色至黑褐色，初期埋生于树皮下，裂口周围呈奶白色，成熟后显露于树皮表面呈半球形突起，裂口色深，逐渐开裂。分生孢子器簇生，黄色至橙黄色，多腔，不规则形。菌丝浅黄色，透明，光滑，部分菌丝膨大。分生孢子梗直径2.6-5μm。瓶梗轮生。分生孢子圆柱形至近梭形，8.5-10.6 × 4.4-5.7μm，两端稍尖，单细胞，无色，透明，光滑。

夏秋季散生于锦鸡儿属植物枯枝上。分布于我国东北等地区。

锤舌菌目 Leotiales

锤舌菌科 Leotiaceae
润滑锤舌菌 *Leotia lubrica* (Scop.) Pers.

子囊果钉子形，高1-4cm。头部呈扁半球形或浅裂，边缘卷，直径0.6-1cm。新鲜时黏，浅黄色、棕黄色、黄色或橄榄色。柄部近圆柱形，表面具白色细毛，黄色、棕黄色。子囊孢子狭长椭圆形至亚梭形，14-20×4.8-6.5μm，常弯曲，有隔膜，光滑，无色。子囊头状，内含8个子囊孢子。侧丝丝状，常分叉，顶端近卵形到不规则膨胀。

生于阔叶林地上。分布于我国东北、华北、西南、西北等地区。

盘菌目 Pezizales

平盘菌科 Discinaceae
赭鹿花菌（钩基鹿花菌）*Paragyromitra infula* (Schaeff.) X.C. Wang & W.Y. Zhuang

子实体马鞍形，高2-13cm，直径2-8cm，有时近杯状，表面光滑，具疏松的褶皱，棕褐色、黄棕色至红棕色、深棕色。囊盘被表面白色到棕色或红褐色，有细棱，延伸至柄上。菌肉薄而脆，白色至褐色，空心，有隔。菌柄长4-7cm，粗1-2cm，近白色，颜色似菌盖或更浅，具细棱，在底部附近形成褶皱。子囊孢子狭长椭圆形，18-23×8-9.5μm，有2个大油滴，光滑。子囊圆柱形，光滑，无色，内含8个单行或双行排列的子囊孢子。侧丝浅褐色，顶端稍膨大，含有红色颗粒物。

夏秋季单生、散生或群生于阔叶林地上。分布于我国东北、西南、西北等地区。有毒。

马鞍菌科 Helvellaceae

黑马鞍菌 *Helvella atra* J. König

子囊果小，黑灰色。菌盖呈不规则马鞍形，直径1.5-2.5cm，边缘与柄分离。上表面即子实层面为黑色至黑灰色，较平整。下表面即囊盘被表面灰色或暗灰色。菌柄圆柱形或侧扁，稍弯曲，黑色或黑灰色，往往较菌盖色浅，长2-4cm，粗0.1- 0.5cm，表面有粉粒，基部色淡，内部实心。子囊孢子椭圆形，15-22 × 7-13μm，无色，光滑，含1个油滴。子囊圆柱形，内含子囊孢子8个，单行排列。侧丝细长，有隔膜，不分枝，灰褐色至暗褐色，顶端膨大呈棒状。

夏秋季散生或群生于阔叶林地上。分布于我国东北、华北、西南、西北等地区。食用。

皱柄白马鞍菌（棱柄白马鞍菌、皱柄马鞍菌）*Helvella crispa* (Scop.) Fr.

子实体马鞍形，肉质，脆，成熟后呈不规则的瓣片，宽1.5-6cm，白色、乳白色、淡黄色、灰色，平或卷曲，边缘与柄分离。子实层面常有褶皱，生于菌盖上表面，光滑，下表面颜色较浅。菌柄有深槽，长3-9cm，粗1-3cm，白色或与盖同色。子囊孢子宽椭圆形，14-20 × 9-15μm，光滑至粗糙，无色。子囊棒状、圆柱形，内含8个单行排列的子囊孢子。侧丝无色，弯曲，顶端膨大。

夏秋季散生或群生于阔叶林地上、林缘、路旁。分布于我国东北、西南、西北等地区。食用，生食有毒。

马鞍菌（弹性马鞍菌、细柄马鞍菌）*Helvella elastica* Bull.

子实体马鞍形，菌盖直径2.5-4cm，蛋壳色、灰褐色或近黑色。子实层面平滑，常卷曲，边缘与菌柄分离，下表面颜色较浅。菌柄圆柱形，长5-10cm，粗0.6-1cm，白色，渐变蛋壳色至灰色、灰白色。子囊孢子椭圆形，18-22×9-15μm，无色，内含1个大油滴，光滑至稍粗糙。子囊圆柱形，内含8个单行排列的子囊孢子。侧丝细长，顶端膨大。

夏秋季散生或群生于混交林地上。分布于我国东北、华北、西南、西北等地区。

乳白马鞍菌（纯白马鞍菌）*Helvella lactea* Boud.

菌盖马鞍形，不规则瓣片，边缘与菌柄相连。子实层面波状，新鲜时呈白色，干后呈棕黄色。上下表面同色。菌柄长2.2-5.5cm，粗0.8-1.2cm，具纵沟条及棱脊，棱脊缘窄而往往交织，新鲜时呈白色，干后浅黄色。子囊孢子宽椭圆形，16-18×10-12μm，光滑，无色，具1个大油滴。子囊圆柱形，内含8个单行排列的子囊孢子。侧丝圆柱形，头部稍膨大，光滑，无分枝。

夏秋季单生或散生于阔叶林地上。分布于我国东北、华北、西南等地区。食用。

多洼马鞍菌（棱柄马鞍菌）*Helvella lacunosa* Afzel.

子实体马鞍形，菌盖直径2-5cm，深灰色或暗灰色并带一点紫色调，表面平整或不规则卷曲，边缘具浅波状。菌柄具纵向沟槽，长4-10cm，粗0.4-0.7cm，灰白色至灰色并带一点紫色调。无特征性气味。子囊孢子椭圆形或卵形，12-17×9-14μm，无色，光滑，内含1个油滴。子囊圆柱形，内含8个单行排列的子囊孢子。侧丝细长，有或无隔，顶部膨大呈头状。

夏秋季单生、散生至群生于混交林地上。分布于我国东北、华北、西南、西北等地区。食用，生食有毒。

乌尔文马鞍菌 *Helvella ulvinenii* Harmaja

子囊盘初期呈杯状，后平展为浅盘状，子实层面棕色到棕黑色，子层托灰棕色至棕黑色，具小绒毛。菌柄奶白色至灰白色，具纵棱，表面光滑。子囊孢子椭圆形，17.5-21.3×12.5-15μm，表面具纹饰，具有1个大油滴。子囊圆柱形，具囊盖，顶端不膨大，基部渐细，内含8个单行排列的子囊孢子，非淀粉质。侧丝线形，顶端稍膨大，具隔，分枝。

夏季散生长于杨、蒙古栎阔叶林腐殖质层上。

羊肚菌科 Morchellaceae

粗腿羊肚菌（粗柄羊肚菌）*Morchella crassipes* (Vent.) Pers.

子实体高 11-14.5cm，分头部和柄部两部分。头部呈球形、圆锥形，外观似羊肚，表面具不规则网状凹坑，凹坑内部淡黄色至浅褐色。菌柄长 4-7cm，粗 3.2-7.5cm，白色或淡黄色，粗壮，基部膨大，稍有沟壑。子囊孢子椭圆形，21-24×10-12.5μm。子囊圆柱形，顶端钝圆，内含 8 个子囊孢子，表面光滑，稍膨大，具油滴，基部足状弯曲，无色。侧丝呈圆柱状或棒状，顶端稍膨大。

春季至初夏生于草地或林地上。我国各地区均有分布。食用，药用。

羊肚菌 *Morchella esculenta* (L.) Pers.

子实体肉质，分头部和柄部两部分。头部棕色至淡黄褐色、灰褐色，卵形至椭圆形，中空，高 4.2-10.5cm，宽 3.3-6.5cm，顶端钝圆，外观似羊肚，表面具不规则形凹坑，具不规则交叉的棱纹，颜色较浅。菌柄近圆柱形，长 5.5-7.5cm，粗 2.4-5.5cm，中空，平滑，基部膨大并有不规则的浅凹槽。子囊孢子长椭圆形，18-22×12.5-15μm。子囊圆筒形，内含 8 个子囊孢子。侧丝与子囊同长，顶端膨大。

初夏散生于阔叶林地上。我国各地区均有分布。食用，药用。

小海绵羊肚菌 *Morchella spongiola* Boud.

子实体头部黄褐色或暗褐色，卵形至近圆锥形，中空，高2-5cm，宽2-4cm，顶端稍尖，表面具凹窝，棱纹不规则。菌柄圆柱形，长3-5cm，粗2-3.5cm，基部膨大呈近球形。子囊孢子椭圆形，17-25×11-13.4μm，无色。子囊长圆柱形，内含8个子囊孢子，无色，薄壁。侧丝顶端稍膨大，具分隔。

春季群生于沙地或草地上。分布于我国东北等地区。

侧盘菌科 Otideaceae
革侧盘菌 *Otidea alutacea* (Pers.) Massee

子囊盘宽2-8cm，浅黄褐色或棕褐色，初期碗状，后呈浅漏斗状，一侧开裂，上表面光滑，深棕色或淡褐色，下表面米白色至淡褐色，被绒毛，具短柄。菌肉薄，易碎。子囊孢子椭圆形，13-14×5.5-7μm，内含2个油滴，透明，光滑。子囊近圆柱形，204-255×15-17μm，内含8个子囊孢子。侧丝线形，顶端弯曲，具分隔。

秋季群生于林中枯枝落叶层。我国各地区均有分布。有毒。

褐黄侧盘菌（褐侧盘菌）*Otidea cochleata* (L.) Fuckel

子囊盘直径3-5cm，褐黄色、浅褐色或红褐色，呈耳形，边缘向内卷形成漏斗状或深杯状，上表面平滑，浅褐色，下表面深褐色，密布黑点。菌柄侧生，长1-2cm，粗0.5-0.8cm。子囊孢子卵形或椭圆形，17-20×9-11μm，光滑，内含2个油滴。子囊长椭圆形，内含8个子囊孢子。侧丝线形，具分隔，上部分叉，顶部膨大稍弯曲。

秋季群生或丛生于林中枯枝落叶层或苔藓层。分布于我国东北、西南等地区。有毒。

盘菌科 Pezizaceae
疣孢褐盘菌 *Legaliana badia* (Pers.) Van Vooren

子囊盘宽3-7cm，浅碟状、杯状，不规则起伏，无菌柄。子囊盘表面褐色至黑褐色。外表皮红棕色，表面光滑。菌肉薄，易碎，红棕色，无特殊的气味或味道。子囊孢子椭圆形，17.5-18×10-11μm，透明，表面有不规则网状纹饰，内含2个油滴。子囊圆柱形，内含8个单行排列的子囊孢子。侧丝圆柱形，具分隔，头部略膨大。

夏秋季群生或丛生于林中地上。我国各地区均有分布。食用。

地菇状马蒂菌 *Mattirolomyces terfezioides* (Mattir.) E. Fisch.

子囊果直径2-8cm，不规则球形，污白色至淡褐色，表面光滑，具凹陷，地下生，成熟后会部分露出土壤表面。产孢组织纹脉由淡黄色、白色相间组成。子囊孢子近球形，15-18×15-17μm，无色至淡褐色，透明，表面具钝刺状的纹饰。子囊椭圆形或近圆柱形，77-90×40-53μm，不具柄或具短柄，内含1-8个子囊孢子。

秋季散生于毛樱桃树地下。分布于我国东北、华北等地区。食用。

盾状厚盘菌 *Pachyella peltata* Pfister & Cand.

子囊盘直径2-8cm，幼时呈垫状紧贴在木材上，成熟后变成碟形或扁平杯形，广泛地附着在木材上，边缘翘起呈波浪状。新鲜时表面黏，棕色至深棕色，带有紫色，光滑或起皱，逐渐褪色至棕褐色。无菌柄。新鲜时菌肉呈胶状，受伤偶见变黄。子囊孢子椭圆形，18-25×13-16μm，光滑，通常具2个油滴。子囊近柱状或棒状，成熟后顶端尖，拟淀粉质。

单生或群生于潮湿腐烂的硬木上。分布于我国东北等地区。

林地盘菌（森林盘菌、林地碗）*Peziza arvernensis* Roze & Boud.

子囊盘直径3-10cm，浅盘形或囊状，不规整褶皱，无菌柄。子囊盘表面光滑，榛子棕至栗褐色。囊盘被表面颜色稍浅，边缘渐浅色，多光滑，少数糠状。菌肉薄，浅棕色，易碎。子囊孢子宽椭圆形，14-17×8-9μm，光滑至粗糙。子囊圆柱形，内含8个单行排列的子囊孢子。侧丝圆柱形，具分隔，头部棒状，略膨大。

夏秋季单生或群生于林中地上或极度腐烂的树上。我国各地区均有分布。有毒。

橙黄盘菌 *Peziza aurata* (Le Gal) Spooner & Y.J. Yao

子实体革质，直径0.7-1cm，近无柄，幼体呈圆形垫状，浅橙黄色、奶油淡黄色，成熟后呈不规则形，边缘翘起，深黄色、暗黄色，表面光滑。菌肉横截面呈黄色，坚韧，无特征性气味。子囊孢子椭圆形，14-18.5×6-8μm，光滑，透明，具刺。子囊长椭圆形，具8个单行排列的子囊孢子，淀粉质。侧丝弯曲，具分隔，光滑，透明。

丛生或群生于阔叶林地枯枝落叶上。分布于我国东北等地区。

粪生盘菌 *Peziza fimeti* (Fuckel) E.C. Hansen

子囊盘中至大型，革质，直径1.5-5.5cm或稍大，幼时近球形，逐渐伸展呈杯状。子实层表面近白色，逐渐变为淡棕色，外部米黄色，有粉状物、颗粒状。具假柄，有时无菌柄或柄极小。菌肉白色，质脆。子囊孢子椭球形，18-24×8-10μm，光滑，透明，嗜蓝。子囊圆柱形，透明，薄壁，弯曲，基部狭窄，内含8个单行排列的子囊孢子，嗜蓝。侧丝丝状，有隔，透明，无分枝，薄壁，弯曲。

单生或群生于牛粪、马粪上。分布于我国东北等地区。

毛瑞氏盘菌 *Peziza moravecii* (Svrček) Donadini

子囊盘宽0.1-5cm，半球形至浅碟形、平展或贝壳状。子囊盘表面幼时赭色，后颜色变浅至榛子褐色或栗褐色，边缘颜色稍浅，光滑。外表面颜色稍浅，具颗粒。无菌柄。菌肉薄，易碎。子囊孢子椭圆形，13-15×6-8μm，透明，光滑或微麻点。子囊柱状，顶端淀粉质，内含8个单行排列的子囊孢子。侧丝圆柱形，丝状，具分隔，顶端稍膨大，有颗粒状内含物。

夏秋季单生或群生于牛粪、马粪上。分布于我国东北等地区。

茶褐盘菌（紫褐盘菌）*Peziza praetervisa* Bres.

子囊盘直径2-5cm，幼时圆形或盘状，后平展或不规则形。子囊盘表面光滑，浅或深紫罗兰色或棕紫罗兰色，中间褐色，折光后呈银灰色。外表面稍浅，拟糠状，无菌柄。菌肉薄，易碎。子囊孢子椭圆形，12-14×6-8μm，成熟后表面具小疣，内含2个油滴。子囊内含8个单行排列的子囊孢子。侧丝圆柱形，稍弯曲，具横隔，头部有棕紫罗兰色的内含物。

散生或群生于阔叶林地上。分布于我国东北、西南等地区。

多汁盘菌 *Peziza succosa* Berk.

子实体直径0.6-1cm，高0.1-0.5cm，无菌柄，幼时垫状，近平展，红褐色至暗褐色，成熟后近碗状至不规则形，淡褐色至褐色，边缘暗褐色，近光滑至浅裂。菌肉污白色。子囊孢子椭圆形，16-19×8-9.6μm，光滑，透明，淡黄色。子囊棒状，基部稍窄，成熟的子囊具8个子囊孢子，单行排列。侧丝淡黄色，具横隔。

夏季群生于沙地上。分布于我国东北、华北和西北等地区。

变异盘菌 *Peziza varia* (Hedw.) Alb. & Schwein.

子囊盘幼时垫状，紧贴于基质上，成熟后内卷呈杯状，单体直径2-5cm，革质，脆，无菌柄或近无菌柄。子实层面棕色，幼时光滑，成熟后囊盘被表面具褶皱。菌肉浅棕色。无特殊气味。子囊孢子无色，14-17×8-10μm，具1-7个分隔。侧丝线形。子囊纺锤形至棒状，具短而窄的基部，内含8个不规则双列或相互重叠的子囊孢子。

群生于林中倒木、腐木上。分布于我国东北、华南等地区。

泡质盘菌 *Peziza vesiculosa* Bull.

子囊盘宽1.8-6.5cm或更大，幼时近球形至不规则碗形，后伸展成规则碗形至近盘形，通常在簇生时扭曲，边缘弯曲，有时侵蚀或开裂。子实层面灰白色，逐渐变为淡棕色，外部米白色至灰白色，具粉状物。菌肉厚，质脆，淡黄褐色。无菌柄。子囊孢子椭圆形，16-25×8-16μm，光滑，无油滴，无色。子囊圆柱形，内含8个单行排列的子囊孢子，尖端圆形，淀粉质。侧丝线形，细长，透明，顶端稍膨大，具横隔。

夏秋季多群生或丛生于极度腐朽的木材、肥土及粪堆上。分布于我国东北、华北、西南等地区。记载可食用，但需谨慎。

小盘菌科 Pezizellaceae

橘色小双孢盘菌 *Calycina citrina* (Hedw.) Gray

子实体盘状。子囊盘宽0.2-0.4cm，杯状至盘状，新鲜时上表面光滑，柠檬黄色至橙黄色。囊盘被表面也类似，或稍苍白一点，干后褶皱，颜色变深呈橙色。菌柄短小且下端渐细或不具柄，光滑。无特殊气味。子囊孢子长椭圆形，8.5-14×3-5μm，光滑，具大油滴，成熟后常具1或2个隔。子囊棒状，弱淀粉质。侧丝圆柱形，头部半球形或棒状。

夏秋季密集群生于腐木上。分布于我国东北、华南等地区。

垫盘菌科 Pulvinulaceae

橘红垫盘菌 *Pulvinula convexella* (P. Karst.) Pfister

子囊盘幼时透镜状，成熟后盘状，具浅凹陷，边缘波状弯曲，无菌柄，橙色。子层托橘黄色，表面平滑至稍粗糙。外囊盘细胞呈长多角形，无色，薄壁。盘下层为交错丝组织，菌丝无色，薄壁。子囊孢子球形，直径10-17μm，光滑，无色。子囊圆柱形，具8个子囊孢子。侧丝线形，顶端镰刀状弯曲，纤细。

夏季群生或密集丛生于沙土上。分布于我国东北等地区。

火丝菌科 Pyronemataceae
网孢盘菌（橙黄网孢盘菌）*Aleuria aurantia* (Pers.) Fuckel

子实体呈杯状、盘状，由于丛生而变得扁平或不规则，直径3~7cm，无菌柄，但在基部有很短的附着点。子实层面橙红色、橙黄色，光滑，囊盘被表面幼时通常具白色绒毛，成熟后暗橙色，无绒毛。菌肉淡黄色，脆骨质。无特殊气味。子囊孢子椭球形，16~20.5×8~10μm，光滑，透明，幼时光滑、椭圆形，成熟后具明显的网状纹饰。子囊圆柱形，具8个单行排列的子囊孢子，淀粉质。侧丝棒状，直立，具分隔，光滑。

夏秋季群生或丛生于沙地上。分布于我国东北、华北、西南、西北等地区。食用。

黄亮网孢盘菌 *Aleuria luteonitens* (Berk. & Broome) Gillet

子囊盘直径1~3cm，盘状，具埋生短柄。子实层面中凹，偶形成沟壑，浅橙黄色，近光滑至霜状，边缘全缘或偶浅裂，颜色加深，较钝。子囊孢子椭圆形，10.2~12.8×6.2~7.4μm，表面具疣状突起，无色，具1或2个油滴。子囊近圆柱形，具囊盖，具8个单行排列的子囊孢子。外囊盘细胞多角形，近等径，薄壁，无色。侧丝线形，分隔，直立，具橙色颗粒状物质，顶端略膨大。

夏秋季群生或丛生于潮湿土或腐殖质层上。分布于我国东北、西北等地区。

沙生地孔菌 *Geopora arenicola* (Lév.) Kers

子囊盘初期碗状或深杯状，半埋于沙土中，成熟后边缘常开裂呈浅杯状至皇冠状，宽1~2.5cm，无菌柄。子实层面新鲜时污白色，干后污黄色至淡黄褐色。子层托淡褐色，表面被褐色毛状物。菌肉白色，脆骨质。子囊孢子椭圆形至长椭圆形，22-29×4-18μm，内含1个大油滴，薄壁，光滑，非淀粉质。子囊近圆柱形，无色，具囊盖，8个孢子单行排列。侧丝线形，无色，具横隔，直立，顶端略膨大。

秋季半埋生于沙地上。分布于我国东北、华北、西北等地区。

裂边地孔菌 *Geopora cervina* (Velen.) T. Schumach

子囊果最初呈碟形至深杯状，一部分浸没在沙土中，成熟后通常呈星状分裂，浅杯状，直径0.5-1.2cm，内表面中心深灰色，边缘浅灰色、灰白色，外表面覆盖着棕色短毛。菌肉薄，脆骨质，易碎，浅灰白色、白色。子囊孢子椭圆形至近球形，21-26×10-12μm，光滑，透明，内部有2个大油滴和数个小油滴。子囊圆柱形，内含8个子囊孢子。侧丝直立，有隔，顶端膨大。

群生或半埋生于沙土上。分布于我国东北地区。药用。

沙地孔菌 *Geopora sumneriana* (Cooke ex W. Phillips) M. Torre

子实体幼体在地下为空心的球体，以通常5-8条不规则射线的形式裂开。成熟子实体高5cm，在完全打开时宽5-7cm，呈杯形。

子实层外表面浅黄色、浅褐色至红棕色，覆盖着卷曲的暗色毛状物。菌肉厚，脆，白色。无特殊气味。子囊孢子椭圆形、梭形，27-34×13-15μm，光滑，通常含2个大油滴。子囊椭圆形至纺锤形，内含8个单行排列的子囊孢子，偶见双行排列。侧丝圆柱形，稍棒状，无分枝。

春季至秋季半埋生于沙质土林中地上。分布于我国东北、华北等地区。

薄地孔菌 *Geopora tenuis* (Fuckel) T. Schumach

子囊盘直径1-2cm，无菌柄，半埋于地下，最初半球形，后似深碗状，不规则叶瓣状开裂，后扭曲，中心部位隆起。子囊盘表面光滑或稍具脉纹，灰白色或奶油白色，下表面红棕色。菌肉薄，易碎。子囊孢子长椭圆形，19-24×9-12μm，光滑，具1或2个大油滴。子囊圆柱形，有帽，内含8个单行排列的子囊孢子，基部稍细。侧丝线形或圆柱形，有分隔，头部稍膨大。

夏秋季半埋生于沙地上。分布于我国东北、华北等地区。

半球土盘菌 *Humaria hemisphaerica* (F.H. Wigg.) Fuckel

子囊盘幼时杯状，成熟时伸展，杯状变宽呈深杯状至碗状，宽2-3cm，无菌柄，边缘具绒毛。子实层面白色至灰白色，光滑，下表面淡褐色，具浓密的绒毛，绒毛延伸到杯状边缘以上，棕色。菌肉褐色或苍白，脆骨质，易碎。无特殊气味。子囊孢子椭圆形，18-24×10-14μm，有疣状纹饰。子囊近圆柱形，具8个子囊孢子，不嗜蓝。刚毛棕色，有隔，光滑，厚壁，顶端锐化。侧丝丝状，具棒状顶端，有隔。

夏秋季单生或群生于林中地上。我国各地区均有分布。

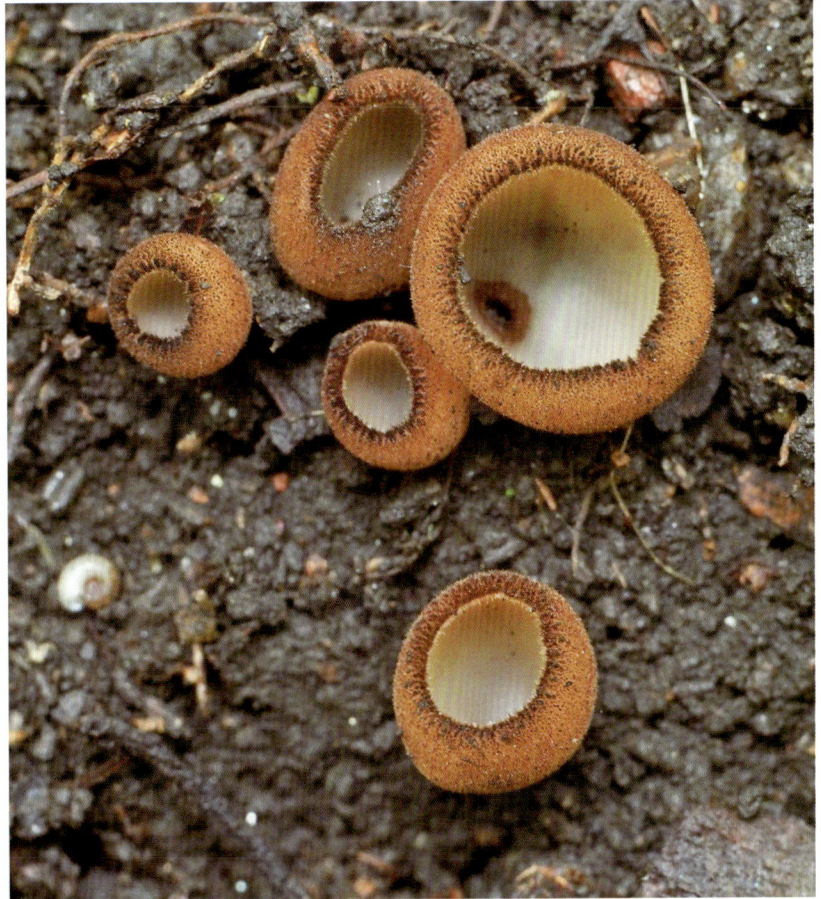

红弯毛盘菌 *Melastiza rubra* (L.R. Batra) Maas Geest.

子囊盘盘状，边缘整齐，直径0.5-2.5cm，无菌柄，覆盖着细小的绒毛，除边缘为棕色外，其余均呈橙红色至猩红色。子实层面的绒毛颜色微弱，簇更密集，边缘呈深棕色，有时呈条纹排列。外部的绒毛弯曲，不分枝，有隔，中等厚壁，顶端钝，淡黄色，最外侧的细胞边缘为黄褐色。子囊孢子椭圆形，11-15×6-8μm，具网状纹饰，无色，具2个油滴。子囊圆柱形或近圆柱形，具8个单行排列的子囊孢子。侧丝线形，顶端略膨大，直立，具分隔。

群生于林中地上或路旁、公园。分布于我国东北、华北等地区。

拟半球长毛盘菌 *Perilachnea hemisphaerioides* (Mouton) Van Vooren

子囊盘最初半球形至囊状，后以杯状存在，最后平展，直径0.5-1.5cm，边缘具绒毛，内卷。无菌柄。子囊盘表面白色至灰白色。囊盘被表面与边缘具棕色绒毛。绒毛深棕色，壁加厚，分隔，尖端渐细。子囊孢子窄椭圆形，13-16×5-7μm，无色、透明，光滑，有时具麻点，内含2个小油滴。子囊圆柱形，内含8个单行排列的子囊孢子。侧丝细长，弯曲，透明，有隔膜，头部略膨大。

夏秋季散生或群生于林中地上。分布于我国东北、华南等地区。

刺盾盘菌 *Scutellinia erinaceus* (Schwein.) Kuntze

子囊盘橙红色，直径0.2-0.3cm，幼时球形或近球形，展开时呈盘状、杯状至宽杯状。子实层面亮黄色，光滑，囊盘被表面浅橙色，密布褐色刺状的刚毛，厚壁，有横隔。菌肉薄，易碎，淡黄色。无菌柄。子囊孢子椭圆形，19-23×11-13μm，光滑至具疣突，内含油滴。子囊圆柱形，内含8个单行排列的子囊孢子。侧丝顶端稍膨大。刚毛呈褐色，厚壁，多隔，基部有分枝。

夏秋季群生于阔叶树腐木上。分布于我国东北、华北等地区。

克地盾盘菌 *Scutellinia kerguelensis* (Berk.) Kuntze

子实体盘状，子实层干后橙色至污橙色，边缘内卷，子层托橙褐色，被有褐色绒毛。毛状物近圆柱形，顶端钝圆，黄褐色，多具2或3个分隔。子囊孢子椭圆形，15-20×10-16μm，浅黄色，具细小的疣，非淀粉质，内含1个油滴。子囊棒状，基部渐窄，无色或淡黄色，具囊盖，顶端遇Melzer's试剂不变蓝，成熟的子囊内含8个单行排列的子囊孢子。侧丝无色，具横隔，无分枝，顶端膨大。

夏季单生于林中枯枝上。分布于我国东北等地区。

盾盘菌（红毛盘菌）*Scutellinia scutellata* (L.) Lambotte

子囊盘扁平呈盾状，直径0.3-1.5cm。子实层面鲜红色、深红色至橙红色，老后或干后变浅色，平滑至有小皱纹，边缘有褐色刚毛。刚毛长达0.2cm，硬直，顶端尖，有分隔，厚壁。无菌柄。子囊孢子椭圆形至宽椭圆形，16-22×11-15μm，光滑至小疣，内含油滴，嗜蓝。子囊圆柱形，嗜蓝。侧丝褐色，细长圆柱形，顶端膨大。刚毛呈褐色，厚壁，多隔，基部有分枝。

秋季群生于河边、溪流潮湿的腐木上。我国各地区均有分布。

玫果杯菌科 Pyropyxidaceae
梭孢费盘菌 *Jafnea fusicarpa* (Gerard) Korf

子囊盘椭圆形，长2–3cm，宽0.8–2cm，高1–2cm，深凹呈杯状，具柄，长0.5–0.7cm，边缘具细微浅裂。子囊盘表面光滑，污白色、米黄色或浅褐色，下表面淡褐色至褐色，具短绒毛。菌肉薄，易碎。子囊孢子扁椭圆形至近梭形，25–30 × 8.6–10μm，具1或2个大油滴。子囊圆柱形，内含8个子囊孢子，单行排列。侧丝圆柱形，顶端膨大，黄褐色，具分隔。

夏季生于阔叶林腐殖质层上。我国各地区均有分布。

平紫盘菌 *Smardaea planchonis* (Dunal ex Boud.) Korf & W.Y. Zhuang

子囊盘直径0.5-0.7cm，幼时盘形，后近平展呈垫状，深紫色，边缘完整，表面粗糙。囊盘被表面暗紫色，粗糙，被短绒毛。菌肉紫色，薄。子囊孢子近球形，9-10×8.5-11μm，淡紫色，透明，光滑。子囊近圆柱形，170-210×10-13μm，具8个单行排列的子囊孢子。侧丝顶端弯曲，膨大，具分隔。

群生于灌丛苔藓层地表。分布于我国东北、西南等地区。

肉杯菌科 Sarcoscyphaceae
白毛肉杯菌（白毛小口盘菌）*Microstoma floccosum* (Sacc.) Raitv.

子囊盘幼时棒状，逐渐成熟后呈深杯状，直径0.3-0.7cm，高0.3-0.5cm，具柄。子囊盘表面新鲜时粉红色、肉粉色，干后呈污粉色，子囊托表面被有较长的白色毛状物。菌柄长达5cm。子囊孢子长椭圆形，22-40×10-17μm，平滑，内含油滴，无色或近无色。子囊近圆柱形，基部渐细，内含8个子囊孢子。毛状物单生，刚毛状，具分隔，顶端尖锐。

春夏季群生于林中枯枝及腐木上。分布于我国东北、西南、华南等地区。

柏小艳盘菌 *Pithya cupressina* (Batsch) Fuckel

子囊盘浅杯状至盘状，直径0.2-0.4cm，具短菌柄或无菌柄，边缘明显，肉质。子实层表面新鲜时橙黄色至橙色，子层托表面较子实层颜色浅，表面平滑。子囊孢子球形至近球形，10.8-11.7×10.5-11.5μm，光滑，无色，具1个油滴。子囊近圆柱形，顶端不膨大，基部渐细，具8个子囊孢子，单行排列，210-229×13-14.5μm。侧丝线形，顶端稍膨大，具隔。

夏季散生于柏木或刺柏属植物的枯枝上。分布于我国东北、华北、西南等地区。

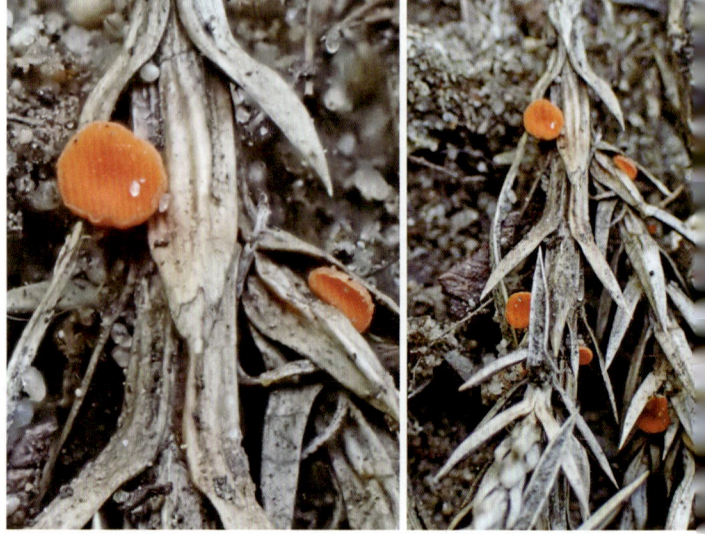

白色肉杯菌 *Sarcoscypha vassiljevae* Raitv.

子囊盘杯状、盘状至碗状，初期白色，逐渐成熟后呈米色、浅米黄色，直径2-6cm，内表面中心初期光滑或具轻微褶皱，逐渐成熟后具显著棱柱形褶皱，外表面光滑。无柄，或具短柄。子囊孢子长椭圆形，17-25×11-14μm，光滑，具大油滴。子囊圆柱状，内含8个单行排列的子囊孢子，非淀粉质。侧丝线形，弯曲，透明。

秋季单生或散生于腐木或腐殖质上。分布于我国东北、华北等地区。

肉盘菌科 Sarcosomataceae

假黑盘菌 *Pseudoplectania nigrella* (Pers.) Fuckel

子囊盘杯状或盘状，直径 1-3.5cm，无菌柄或具短菌柄，基部有绒毛状黑色菌丝状物。子囊层近白色，干时黑褐色，边缘近波浪状、干时内卷。外部黑褐色，被弯曲，褐色，具绒毛。菌肉薄，黑色，无特征性气味。子囊孢子球形，10-13μm，光滑，无色，内常具1个大油滴。子囊圆柱形，具8个单行排列的子囊孢子。侧丝线形，顶端稍有色，弯曲，稍膨大，具分枝及横隔。绒毛具稀疏横隔。

生于针叶树下地上。分布于我国东北、西南等地区。药用。

块菌科 Tuberaceae

蒙古块菌 *Tuber mongolicum* T. Bau & F. Guo

子囊果直径0.8-1.5cm，球状至不规则球状，具有凹陷，表面呈黄白色，新鲜时呈淡黄褐色至黄褐色，子实体凹陷处有小突起。产孢组织黄褐色，具有稀疏的从基部辐射状分布的白色菌脉，带有淀粉的香味香气。具有两层包被，外层棕黄色，内层无色。子囊孢子黄棕色，38-50×30-40μm，表面纹饰形成了完整的网纹结构。子囊球形或不规则球形，56-91×46-68μm，无色，具短菌柄或近无菌柄，具1-5个子囊孢子。

秋季生于杨树林地下。分布于我国东北（内蒙古）等地区。

斑痣盘菌目 Rhytismatales

地锤菌科 Cudoniaceae
地匙菌（地勺、黄地勺菌）
***Spathularia flavida* Pers.**

子实体肉质，较小，匙形至近扇形。可育部分生于菌柄上部，扁平，淡黄色至黄色，边缘色深，深黄色。菌柄长1-3cm，粗0.2-0.4cm，近圆柱形或向下变细，黄白色至米色。具菌类香气。子囊孢子线形、针形，35-45×2-4μm，无色，外表被胶样物质。子囊近棒状，基部变细，具8个子囊孢子。侧丝细长呈线形，顶部弯曲。

夏秋季生于落叶松林地面腐殖质上。分布于我国东北、华北、西南、西北等地区。食用。

炭角菌目 Xylariales

蕉孢壳科 Diatrypaceae
粗颈弯孢壳 *Eutypa spinosa* (Pers.) Tul. & C. Tul.

子座群生，突起垫状，相互分离，或多数紧密连在一起，长0.5-5cm，宽0.5-3cm，厚0.3-0.8cm，边缘不规则，与基物连接的下端收缩，表面粗糙炭质，深黑色。子囊壳位于子座上部，呈单层排列，子囊壳间及子囊壳下层组织灰白色或深灰色，木质。子囊壳卵圆形，或近球形。子囊壳孔刺突状。子囊孢子浅黄色，长椭圆形，稍弯曲，末端圆或钝圆，6×7μm，周壁光滑。子囊棒形，有长柄，内含8个子囊孢子。

密集群生于柳树倒木树皮上。分布于我国东北等地区。

炭团菌科 Hypoxylaceae

黑轮层炭壳（炭球菌、黑轮炭球菌）*Daldinia concentrica* (Bolton) Ces. & De Not.

子囊果半球形、扁球形至不规则形，宽 1.3-3.5cm，高 1.5-3cm，无菌柄或近无菌柄，多群生或相互连接，表面初期褐色或紫褐色，后变黑褐色至黑色，微颗粒状，常常沾有黑色粉末状孢子粉，切面近光滑，呈现规则的轮纹。子座内部木炭质，暗褐色，纤维状，剖面有明显的同心环带。子囊孢子不等边椭圆形或肾形，11-17 × 6-10μm，暗褐色。子囊壳近棒状，黑色，埋生，具点状孔口。子囊圆筒形，具 8 个单行排列的子囊孢子。

群生或丛生于干枯的阔叶树腐木或枯枝上。我国各地区均有分布。药用。

华美胶球炭壳（碳壳胶球）*Entonaema liquescens* Möller

子实体不规则球形，直径 5-6cm，基部狭缩，中空。新鲜时胶质，富有弹性。黄色、橙黄色至红褐色，平滑，表面密布黄色斑点，内部中空，腔室充满深橄榄色、橄榄黄色液体。菌肉薄，橄榄黑色。子囊孢子椭圆形，8.5-11 × 5.5-6.5μm，褐色，光滑，内含 1 或 2 个油滴。子囊壳卵形，黑色，单层排列，孔口稍向外突出。子囊圆柱形，内含 8 个单行排列的子囊孢子。

夏秋季丛生于腐木上。分布于我国东北、东南等地区。

草莓状炭团菌（脆形炭团菌）*Hypoxylon fragiforme* (Pers.) J. Kickx f.

子实体近球状，宽0.3-1.6cm，起初呈灰白色，成熟时变成橙红色，逐渐变成砖红色，最后变成棕黑色，成熟时表面具微小的突起，称为子囊壳，嵌在表面。菌肉黑色，质地坚硬。孢子印深棕色。子囊孢子长椭圆形或豆状，10-15×4.8-6.8μm，棕褐色，光滑。子囊圆柱形，透明，光滑，内含8个单行排列的子囊孢子。

腐生于阔叶树的树皮上，群生。分布于我国东北、西南、华南等地区。

灰赭炭团菌 *Hypoxylon vogesiacum* (Pers. ex Curr.) Sacc.

子座表生，单个子实体长0.1-0.5cm、宽0.1-0.3cm、厚0.1-0.2cm，灰紫色至紫褐色，表面凹凸不平，边缘完整，卵圆形至长条形，质地坚硬，具黑色点状颗粒。子囊孢子扁椭圆形至椭圆形，18-23×8-9μm，初期青绿色，成熟后暗褐色。子囊窄圆柱形，内含8个单行排列的子囊孢子。侧丝浅灰色，具分隔。

夏季群生于阔叶林中腐木上。分布于我国东北等地区。

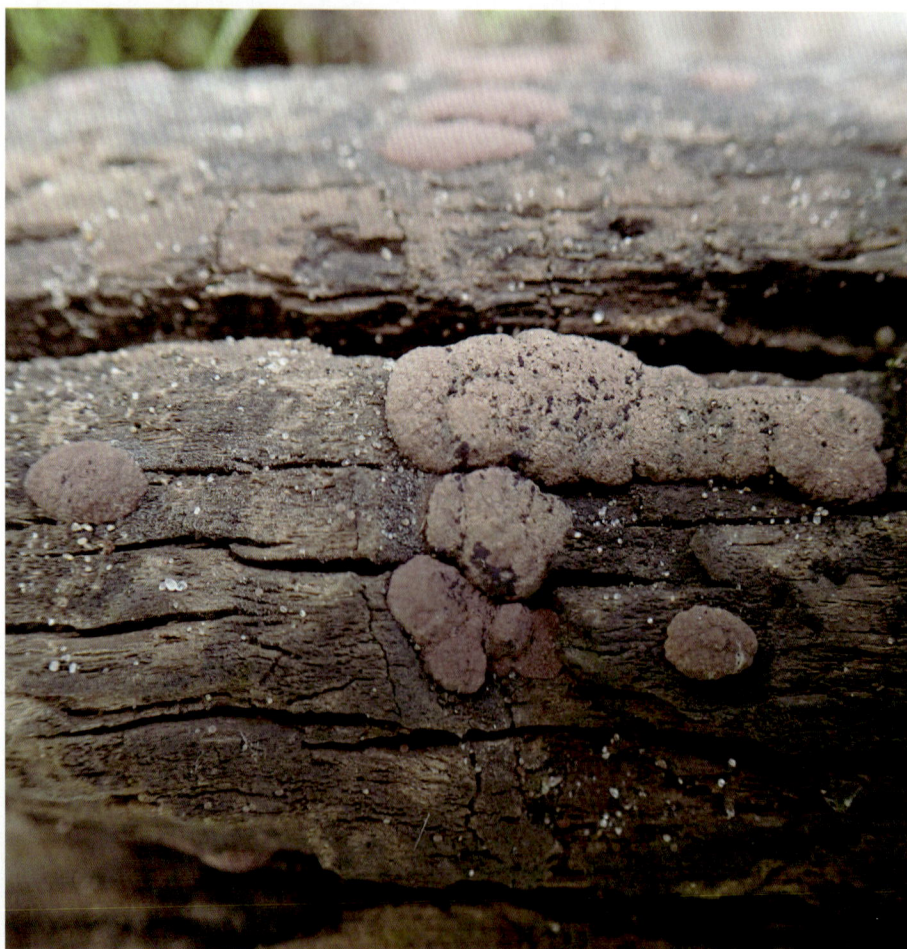

炭团菌 *Jackrogersella multiformis* (Fr.) L. Wendt, Kuhnert & M. Stadler

子实体呈不规则球状、蜂窝状，黑色，表面具近球状突起，单个子实体长0.3-0.5cm、宽0.2-0.3cm、厚0.1-0.7cm，颜色较深，深黑色，质地坚硬。子实体切开具腔室，深黑色。子囊孢子豆形、椭圆形，8.5-12.9×3.5-5μm，茶褐色，具2个大油滴。子囊长椭圆形，透明，内含8个单行排列的子囊孢子。侧丝树状，无色，光滑。

群生于阔叶树的树皮上。分布于我国东北等地区。

炭角菌科 Xylariaceae

炭墩菌 *Kretzschmaria frustulosa* (Berk. & M.A. Curtis) P.M.D. Martin

子座群生，突起垫状，相互分离，或少数紧密连在一起，一般长0.1-0.5cm、宽0.1-0.3cm、厚0.1-0.2cm，边缘不规则，与基物连接的下端略有收缩，表面炭质，深黑色。子囊壳在子座表面形成多个小突起，位于子座上部，呈单层排列，子囊壳间及子囊壳下层组织白色，木质。子囊壳卵圆形或球形，孔口乳突状。子囊孢子椭圆形，5.5×2.5μm，浅黄褐色。子囊圆柱形，有柄，内含8个子囊孢子。

群生于茶条槭枯木裸露树干上。分布于我国东北等地区。

点孔座壳 *Poronia punctata* (L.) Fr.

子座白色，初期呈棒状，逐渐成熟后顶端伸展呈盘状或不规则形，具短柄。子囊盘宽0.3-0.7cm，上表面白色，密布黑色小点，下表面黑色。菌柄黑色，常埋于基质内。子囊孢子椭圆形至豆形，20-27×10-14μm，透明，光滑，通常有1个小油滴。子囊壳近球形，黑色，埋生，孔口外突。子囊圆柱形，内含8个单行排列的子囊孢子，透明。

夏秋季群生于牛粪上。分布于我国东北、西北等地区。

绒座炭角菌 *Xylaria filiformis* (Alb. & Schwein.) Fr.

子座线状，弯曲，单根，罕分枝，长3-6cm，粗0.1-0.3cm，质地坚韧，不易断裂，表面光滑，初期白色、灰白色或灰色，成熟后为棕黑色、灰褐色。内部白色，充实，顶端不育。子囊孢子不对称椭圆形，13-18×5-8μm，单侧膨大，无隔。子囊壳生于子座表面，在表面形成疣状，近球形。侧丝细长，坚韧，无色。子囊圆柱形，内含8个单行排列的子囊孢子。

散生或群生于林中枯枝落叶层。分布于我国东北、华北、华东、西南等地区。

团炭角菌（鹿角菌、炭角菌、鹿角炭角菌）*Xylaria hypoxylon* (L.) Grev.

子座初期近圆柱形，逐渐变为扁平或扁平鹿角形，高2-7cm，弯曲，具分枝，上半部污白色至乳白色，成熟后顶端黑色，基部黑色，具细绒毛，顶部尖或扁平、鸡冠形。柄灰黑色，具绒毛。子囊孢子椭圆形或纺锤形，$10.5-13 \times 5-6.5\mu m$，黑色，光滑，无隔。子囊圆筒形，淀粉质，具8个单行排列的子囊孢子。子囊壳黑色，近球形，孔口外凸。

夏秋季群生于林中腐木或枯枝上。分布于我国东北、华东、华南、西南等地区。

山楂炭角菌 *Xylaria oxyacanthae* Tul. & C. Tul.

子座直立，基部分枝或不分枝，长4.2-8.5cm，直径0.1-0.4cm，圆柱形，呈弯曲的丝状，有短而锐尖的不育顶端，质地柔软至木质，表面粗糙，有皱纹，外部为黑色，成熟后外层白色，逐渐脱落为灰棕色，呈纤维状，内部为白色至奶油色。子囊孢子不对称椭圆形，$9.5-12.8 \times 4.8-5\mu m$，棕色至深棕色，光滑，单侧膨大，无隔。子囊壳球状到近球形，孔口圆锥形，乳突状，黑色。子囊柱状，具柄，淀粉质，内含8个单行排列的子囊孢子。侧丝丰富。

群生于山楂干果实上。分布于我国东北等地区。

多型炭棒（多形炭角菌、炭棒）*Xylaria polymorpha* (Pers.) Grev.

担子体上部棒形、圆柱形、椭圆形或扁曲，顶端稍钝，子座高2.5-11cm，粗0.8-2.2cm，单生或2个以上的基部连在一起，内部肉色、白色、密实，质地较硬，干时表皮多皱，黑褐色至黑色。不育菌柄一般较细，长短不等。子囊孢子梭形，20.5-31×5-10μm，不等边，深棕色至黑褐色。子囊壳近球形至卵圆形，埋生。子囊圆筒形，具长柄。

单生或丛生于林间倒木、树皮或裂缝间。我国各地区均有分布。

目不确定 Incertae sedis

疣杯菌科 Tarzettaceae
碗状疣杯菌（地疣杯菌）*Tarzetta catinus* (Holmsk.) Korf & J.K. Rogers

子囊果杯状或碗状。子囊盘1-4cm，通常具深埋于地下的柄，变老时平展或分裂成花瓣状。子囊盘表面奶油色至黄褐色，囊盘被表面具毡状绒毛，与子囊盘表面同色或颜色稍浅，变老时，边缘稍内卷。菌肉薄，易碎。子囊孢子椭圆形，20-24×11-13μm，光滑，无色，含2个大油滴。子囊细长柱状，略弯曲，内含8个单行排列的子囊孢子。侧丝细长，具横隔，基部分叉，头部略宽或具突起。

夏秋季单生或群生于阔叶林地上。分布于我国东北、华北、西北等地区。

蘑菇目 Agaricales

蘑菇科 Agaricaceae
银灰蘑菇 *Agaricus argenteus* Braendle ex Peck

菌盖直径3.6-7.8cm，凸镜形至平展，中部稍突起，白色或稍带褐色，具纤维质鳞片，有时龟裂。菌肉厚，白色。菌褶粉红色至黑褐色，离生，密，不等长。菌柄长3.8-7.1cm，粗0.6-1.4cm，近圆柱形，基部渐细，白色，实心，近光滑，或菌环以下具白色鳞片。菌环环生于菌柄中下位，单层，膜质，边缘稍丝膜状，易脱落，白色。担孢子椭圆形，7.7-9.6×5.5-6.3μm。担子棒状，具4（2）担子小梗。缘生囊状体未见。

夏季群生或散生于阔叶林地上。分布于我国东北、西北等地区。

野蘑菇 *Agaricus arvensis* Schaeff.

菌盖直径5.2-15cm，初期半球形至凸镜形，后渐平展。菌盖表面近白色，中部污白色、淡黄色至赭黄色。菌盖边缘常开裂。菌肉白色，较厚。菌褶离生，初期粉红色，成熟后变褐色至黑褐色，较密，不等长。菌柄长4-10cm，直径1.5-2.5cm，近圆柱形，与菌盖同色，空心，伤不变色，基部略膨大。菌环上位，膜质，较大且厚，白色，易脱落。担孢子椭圆形至卵圆形，7.3-9.7×4.8-6.1μm，光滑，黄褐色至深褐色。

夏秋季散生或群生于草地或林地上。分布于我国东北、西北等地区。食用，药用。

橙黄蘑菇（大紫蘑菇、八月蘑菇）*Agaricus augustus* Fr.

菌盖直径9-20cm，初期近球形，渐变为扁半球形，后期平展，米黄色至深黄色，具黄褐色至褐色鳞片。菌肉厚，白色，伤后变为黄色。菌褶离生，灰白色、粉红色、暗紫褐色至黑褐色，密，不等长。菌柄长8-17cm，粗2-3.5cm，基部膨大，菌环以上光滑，菌环以下具小鳞片。菌环生于菌柄上位，双层，白色或枯草黄色，膜质，不易脱落。担孢子椭圆形至近圆形，7-8.7×5-6.5μm，光滑，褐色，厚壁。担子棒状，具4担子小梗。缘生囊状体丰富，串珠状，圆形或椭圆形。

夏秋季群生于针叶林或阔叶林地上。分布于我国东北、西北、青藏等地区。食用。

北京蘑菇 *Agaricus beijingensis* R.L. Zhao et al.

菌盖直径2.5-9.6cm，半球形、斗笠形至平展，中部稍突起，灰白色至灰棕色，中部颜色深，具浅棕褐色易脱落的纤维状鳞片，边缘具白色菌幕残余。菌肉白色，伤不变色，无特殊气味。菌褶初期灰白色至粉红色，后浅棕色至黑褐色，离生，密。菌柄长3.5-9cm，粗0.6-2cm，近圆柱形，空心，基部膨大，近球形，具假根，伤变为黄色，具白色絮状鳞片。菌环生于菌柄中上部，白色，单层，膜质至丝膜质，易脱落。担孢子宽椭圆形至长椭圆形，6.2-8×4.6-5.5μm，光滑，黑棕色，厚壁。担子棒状，具4担子小梗。缘生囊状体棒状至梨形。

夏季单生至散生于林缘或草地上。分布于我国东北、华北、西北等地区。食用。

双孢蘑菇 *Agaricus bisporus* (J.E. Lange) Imbach

菌盖直径6.5-10cm，幼时半球形，成熟后扁半球形至平展，菌盖表面干，米黄色至褐色，具浅褐色鳞片。菌盖边缘内卷，具白色菌幕残留。菌肉厚，白色，伤后变为浅红褐色。菌褶离生，较密，不等长，初期浅粉红色，后浅褐色至深褐色。菌柄圆柱状，长6.5-10.5cm，粗1.3-2.2cm，基部膨大，实心，白色，具白色绒毛状鳞片。菌环生于菌柄上位，单层，不易脱落，白色。孢子印深棕色。担孢子近球形至宽椭圆形，4.2-8×4-7μm，黑褐色，光滑，厚壁。担子棒状，具2担子小梗。缘生囊状体丰富，棒状。

夏季群生于林缘或草地上。分布于我国东北、西北、西南等地区。著名食用菌。

大肥蘑菇 *Agaricus bitorquis* (Quél.) Sacc.

菌盖直径3-9.1cm，幼时半球形，成熟后平展、扁半球形，中部略凹。菌盖表面光滑，偶具少量浅褐色鳞片，污白色至浅褐色。菌盖边缘光滑，具菌幕残片。菌肉白色，伤变色不明显至浅红色。菌褶离生，浅粉色、浅褐色至深褐色、黑色，较密，不等长。菌柄圆柱状，长2.5-6cm，粗0.5-1cm，基部稍膨大。菌环生于菌柄中下部，双层，不易脱落，白色。孢子印深棕色。担孢子宽椭圆形至椭圆形，5.5-6.7×4.2-4.5μm，光滑，厚壁。担子棒状，具4担子小梗。缘生囊状体棒状，具分隔。

夏季散生或群生于阔叶林、草地。分布于我国东北、华北、西北等地区。食用。

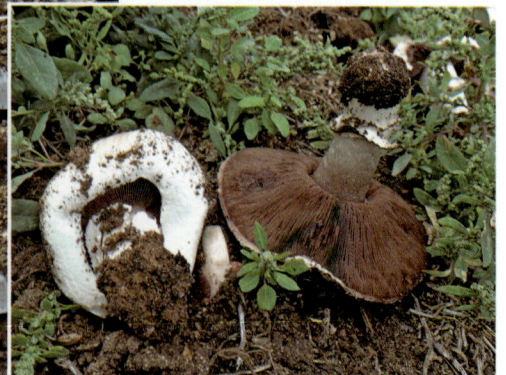

蘑菇 *Agaricus campestris* L.

菌盖直径 7.2-11cm，幼时半球形，成熟后平展。菌盖表面干，具细小毛状鳞片，白色。菌盖边缘上翘，无条纹。菌肉白色，厚，伤变色不明显。菌褶离生，密，不等长，幼时肉粉色，成熟后褐色。菌柄圆柱状，长 5-8cm，粗 0.8-1.5cm，表面白色，纤维质，实心，菌环以上光滑，菌环以下具鳞片。菌环单层，污白色，不易脱落。担孢子宽椭圆形至椭圆形，7.8-9×5.4-6.8μm，厚壁，光滑，黄褐色、棕褐色。担子棒状近圆柱形，具 4（2）担子小梗，薄壁，无色透明。褶缘细胞棒状，无色，薄壁。菌盖表皮菌丝无色，薄壁。

夏季单生或群生于草地上。分布于我国东北、华北、西北等地区。食用，药用。

大青沟蘑菇 *Agaricus daqinggouensis* T. Bau & S.E. Wang

菌盖直径2.5-12.9cm，半球形至平展，白色、灰白色至淡灰色，中部灰色，近光滑，具菌幕残余。菌肉厚，白色、灰白色，无特殊气味。菌褶幅棕黑色，离生。菌柄长4-12.8cm，粗0.6-2.4cm，基部膨大，白色、蜜黄色，伤变为黄色，中空，具假根。菌环生于菌柄上部，双层，白色，膜质，下垂，不易脱落。担孢子宽椭圆形至椭圆形，5-6.2×3.3-3.4μm，光滑，厚壁，棕色。担子棒状，具4（2）担子小梗。缘生囊状体近球形或梨形，有时呈链状。

夏季群生或散生于阔叶林、草地上。分布于东北地区。

暗黄蘑菇 *Agaricus floccularis* T. Bau & S.E. Wang

菌盖直径5-17.5cm，平圆锥形至平展，表面白色至黄白色，具丛毛状鳞片，具菌幕残余。菌肉厚，白色，具苦杏仁气味。菌褶红棕色至棕黑色，离生。菌柄长3.5-16.1cm，粗0.7-3.7cm，基部稍膨大，白色，伤变为黄色，中空，具假根。菌环双层，膜质，白色、黄白色，下表面具丛毛状鳞片，不易脱落。担孢子宽椭圆形至椭圆形，6.3-7.5×4.8-5.7μm，光滑，厚壁，棕色。担子棒状，具4（2）担子小梗。缘生囊状体近球形或短球茎形。

夏秋季单生于阔叶林地上。分布于东北地区。

灰盖蘑菇 *Agaricus griseopileatus* T. Bau & S.E. Wang

菌盖直径2-11.1cm，半球形至平展，表面白色、淡灰色，中部淡黄色，近光滑，有时龟裂，具菌幕残余。菌肉厚，白色，伤不变色，无特殊气味。菌褶红棕色至棕黑色，离生。菌柄长7.5-12.8cm，粗0.7-2.4cm，白色、黄白色，基部稍膨大，具假根。菌环生于菌柄上部，双层，膜质，白色、黄白色，不易脱落。担孢子宽椭圆形至椭圆形，5.8-7.3×4.2-5.4μm，光滑，厚壁，棕色。担子棒状，具4（2）担子小梗。缘生囊状体近球形或长椭圆形，有时呈链状或簇状。

夏季单生或群生于阔叶林、针阔混交林地上。分布于东北地区。

粗柄蘑菇 *Agaricus litoralis* (Wakef. & A. Pearson) Pilát

菌盖直径4-10cm，凸镜形至平展，中部稍突起，灰白色至灰棕褐色，中部颜色深，具浅棕褐色纤维状鳞片，有时龟裂，边缘具白色菌幕残余。菌肉厚，白色，伤变为淡棕红色。菌褶初期浅棕红色，后棕色至黑褐色，离生，密，不等长。菌柄长3.5-9cm，粗1-2.5cm，近圆柱形，空心，基部膨大，近球形，有时具假根，菌环以上白色、粉红色，光滑，菌环以下灰白色至浅棕色，具白色鳞片。菌环生于菌柄中上部，膜质，不易脱落。担孢子宽椭圆形至椭圆形，6.3-7.6×4.7-5.4μm，光滑，黑棕色，厚壁。担子棒状，具4（2）担子小梗。缘生囊状体棒状。

夏季单生至散生于阔叶林（杨树）地上。分布于我国东北、西南地区。食用。

细褐鳞蘑菇（灰鳞蘑菇）*Agaricus moelleri* Wasser

菌盖直径6-7cm，扁平状至伸展，中部钝突。菌盖表面干，污白色，成熟后常变为淡粉色，具灰色、深灰色鳞片，中部近黑色。菌肉白色，具类似苯酚气味，伤后变为黄色。菌褶离生，密，不等长，初期粉红色，后变为粉褐色。菌柄圆柱状，长6-7cm，粗0.5-0.8cm，基部近球形，白色，内部菌肉黄色。菌环膜质，污白色，不易脱落。担孢子椭圆形，4.5-5.5×3-3.5µm，光滑，褐色，厚壁。担子棒状，具4（2）担子小梗。

夏秋季单生或群生于阔叶林地上。分布于我国东北、华北等地区。有毒。

小棕蘑菇 *Agaricus parvibrunneus* M.Q. He, K.D. Hyde & R.L. Zhao

菌盖直径3-6cm，圆锥形。菌盖表面近白色至红褐色，具深褐色鳞片，中部鳞片完整，向边缘渐稀疏。菌盖边缘挂有菌幕残片。菌肉薄，污白色。菌褶离生，淡粉色，密。菌柄长4-6cm，粗0.5-1cm，具棉絮状鳞片，基部膨大呈球状。菌环上位，易消失，膜质，白色。担孢子椭圆形，6-8.6×4.8-5.9µm，光滑，无色，厚壁，拟糊精质。担子棒状，具4担子小梗。侧生囊状体未见。缘生囊状体棒状。无锁状联合。

夏秋季散生或群生于针叶林地上。分布于我国东北、华北等地区。有毒。

假草地蘑菇 *Agaricus pseudopratensis* (Bohus) Wasser

　　菌盖直径2.5-7cm，凸镜形至平展，白色至棕褐色，光滑，有时龟裂呈现鱼鳞状。菌肉厚，白色。菌褶初时白色，后浅棕色至黑褐色，离生，密，不等长。菌柄长2-5.5cm，粗0.4-2cm，圆柱形，基部略膨大，具白色细假根，灰白色至浅棕色，菌环以下具纤维状鳞片，伤后变为黄色。菌环生于菌柄中上位，单层，膜质，白色至褐色。担孢子宽椭圆形至椭圆形，5.2-6.5×4-4.9μm。担子棒状，具4（2）担子小梗。缘生囊状体棒状、梨形。

　　夏季群生或散生于针阔混交林或阔叶林地上。分布于我国东北、华北等地区。

小褐鳞蘑菇（小红褐蘑菇）*Agaricus semotus* Fr.

　　菌盖直径2.5-7cm，有时半球形，后平展，中部有钝突。菌盖表面干，污白色至棕褐色，中部颜色深，具褐色鳞片，向边缘逐渐变薄。菌盖边缘具菌幕残片。菌肉白色，具茴香或杏仁气味，伤后变为黄色。菌褶离生，密，不等长，粉红色至深褐色。菌柄长2-7cm，粗0.5-0.8cm，基部近球形，菌环以上白色，菌环以下淡黄色。菌环膜质，污白色，易脱落。孢子印深棕色。担孢子椭圆形，4.5-5.5×3-3.5μm，光滑，厚壁，褐色，非淀粉质。担子棒状，具4担子小梗。

　　夏秋季散生或单生于针叶林地上。分布于我国东北、华北、华中、西南等地区。有毒。

拟白林地蘑菇 *Agaricus silvicolae-similis* Bohus & Locsmándi

菌盖直径5-8cm，幼时半球形，成熟后扁半球形。菌盖表面干，光滑，中部白色，向边缘逐渐变为棕灰色。菌盖边缘光滑。菌肉厚，白色至淡黄色，有明显气味。菌褶离生，灰粉色至深褐色，密，不等长。菌柄长7.5-10.5cm，粗1.1-1.5cm，纤维质，中空，基部膨大，菌环以上光滑，浅棕色，菌环以下污白色至浅棕色，具鳞片。菌环单层，膜状，污白色。担孢子椭圆形，6.2-7.6×4.2-4.9μm，光滑，厚壁，棕色。

夏季散生于林缘、草地上。分布于我国东北等地区。食用。

中国双环林地蘑菇 *Agaricus sinoplacomyces* P. Callac & R.L. Zhao

菌盖直径2.5-7.5cm，斗笠形至平展，顶端平截，白色至棕褐色，中心颜色深，具褐色纤维状鳞片，有时龟裂呈现条纹状。菌肉厚，白色。菌褶初时粉红色，后浅棕色至黑褐色，离生，密，不等长。菌柄长2-10cm，粗0.5-1cm，圆柱形，基部膨大，具假根，空心，光滑，白色至浅褐色，表面摩擦呈黄色，切开后伤变为黄色。菌环生于菌柄上位，单层，膜质，幕状，有时下垂，白色至褐色。担孢子宽椭圆形至椭圆形，6.1-7.1×4.3-5.5μm。担子棒状，具4（2）担子小梗。缘生囊状体梨形、近椭圆形。

夏季群生或散生于阔叶林地上。分布于我国东北、华北、西南等地区。

林地蘑菇 *Agaricus sylvaticus* Schaeff.

菌盖直径3.5-6cm，幼时半球形，成熟后平展，中部稍凸。菌盖表面干，白色至黄褐色，具同心环纹状褐色鳞片，中部密，边缘稀少。菌盖边缘内卷，具菌幕残片。菌肉厚，白色，伤变为黄色。菌褶离生，白色、肉粉色至褐色，密，不等长。菌柄向下稍粗，长4-6cm，粗0.5-0.8cm，白色至米黄色，纤维质，空心。菌环单层，污白色，不易脱落。孢子印棕色。担孢子宽椭圆形至椭圆形，5.1-7.3×4.2-4.9μm，光滑，黄棕色至淡褐色，厚壁。担子棒状近圆柱形，具4（2）担子小梗，内部具水滴状内含物，无色，薄壁，透明。缘生囊状体棒状，无色，薄壁。

夏季散生或群生于林地上。分布于我国东北等地区。食用。

黄斑蘑菇 *Agaricus xanthodermus* Genev.

菌盖直径4.7-6.2cm，幼时半球形，后期渐平展。菌盖表面干，初期污白色，后期淡黄色，中部色深，向边缘渐浅。菌盖边缘光滑无条纹，具菌幕残片，内卷。菌肉较厚，白色，伤变为淡黄色。菌褶离生，幼时肉粉色，后褐色至黑褐色，密，不等长。菌柄长5.5-8.2cm，粗0.8-1.3cm，基部膨大近球形，表面污白色，下部颜色较深，光滑，纤维质，空心。菌环生于菌柄中部，单层，膜质，污白色，不易脱落。孢子印深棕色。担孢子宽椭圆形至椭圆形，5-5.5×3.5-4.3μm，光滑，厚壁，浅褐色至红褐色。担子棒状，具4（2）担子小梗。缘生囊状体棒状，无色，薄壁。

夏季群生或单生于针阔混交林中。分布于我国东北、华北、西北等地区。有毒。

陀螺青褶伞（蘑菇状绿褶菇、伞菌状青褶伞）
Chlorophyllum agaricoides (Czern.) Vellinga

菌盖直径3-5cm，初期卵圆形至球形，后常略撕裂、稍展开或完全不展开，仍包裹着菌柄上部，呈腹菌状，污白色至浅黄色，顶部具小突起。菌柄总长4-6cm，其中菌盖之下长1-2cm。直径1-1.5cm，向基部渐粗。外包被单层，厚0.1-0.2cm，初期光滑带粉色，后由柄处开裂，鳞片状。内部黄绿色至锈褐色，后渐浅至白色或带黄色，腔宽0.1cm，宫状，具菜褶样隔片。担孢子球形至近球形，6-8×6-7μm，光滑，黄色。

秋季单生或散生于干旱草地上。分布于我国东北、华北等地区。食用，药用。

球孢青褶伞 *Chlorophyllum sphaerosporum* Z.W. Ge & Zhu L. Yang

菌盖直径4.5-6.5cm，初期平凸形，后期平展，中部具突起。菌盖表面白色，具红褐色鳞片，中部完整，向边缘渐稀。菌盖边缘具短条纹。菌肉白色。菌褶离生，污白色，密。菌柄近圆柱形，长4-7cm，粗0.5-0.7cm，向下稍粗。菌环上位，膜质，白色。担孢子近球形，8.5-10×7-9μm，光滑，厚壁，无色，类糊精质。担子棒状，具4担子小梗，透明。侧生囊状体未见。缘生囊状体宽棒状，无色至淡黄色，薄壁。具锁状联合。

夏季单生或散生于沙地、草地上。分布于我国东北、华北等地区。

毛头鬼伞（鸡腿菇、刺蘑菇）
Coprinus comatus (O.F. Müll.) Pers.

菌盖直径6-9cm，半球状至圆柱状，成熟后从菌褶边缘开始变黑溶化，菌盖中部灰褐色，向菌盖边缘渐白色，具褐色或灰色毛状鳞片。菌肉白色，无特殊气味。菌褶初期白色，成熟后灰粉色至黑色，较密，离生，不等长。菌柄长5.6cm，粗0.7-1cm，基部稍粗，整体呈圆柱形，表面光滑，白色稍带有褐色，菌环膜质，白色，可移动，未开伞时在菌盖下，开伞后脱落。孢子印黑褐色。担孢子宽椭圆形至卵形，9.8-14.5×6.8-10.5μm，黄褐色，厚壁，光滑，顶端有一明显的扁平状萌发孔。担子宽棒状或柱状，薄壁，一般具4担子小梗。缘生囊状体较多，棒状至泡囊状或近球状，无色，薄壁。侧生囊状体未见。

春、夏、秋季单生或群生于林地、路旁、公园草地上。分布于我国东北、华北、西北、西南等地区。食用，药用。

白蛋巢菌 *Crucibulum laeve* (Huds.) Kambly

担子体鸟巢状、浅杯形至桶形，无菌柄，高0.3-0.7cm，直径0.4-1cm，成熟前顶部有褐黄色至淡黄色盖膜，内有数个扁球形的小包。包被外表淡黄色、褐黄色至黄色，被绒毛，后渐光滑，褐色，最后渐呈灰色，内侧光滑，灰色至污白色。盖膜上有深肉桂色绒毛。小包扁球形，有皱纹，由一纤细的根状菌索固定于包被内壁上。担孢子椭圆形至近卵形，7.6-12×4.5-6μm，厚壁，光滑，无色。

单生或群生于林下的枯枝、腐木上。我国各地区均有分布。

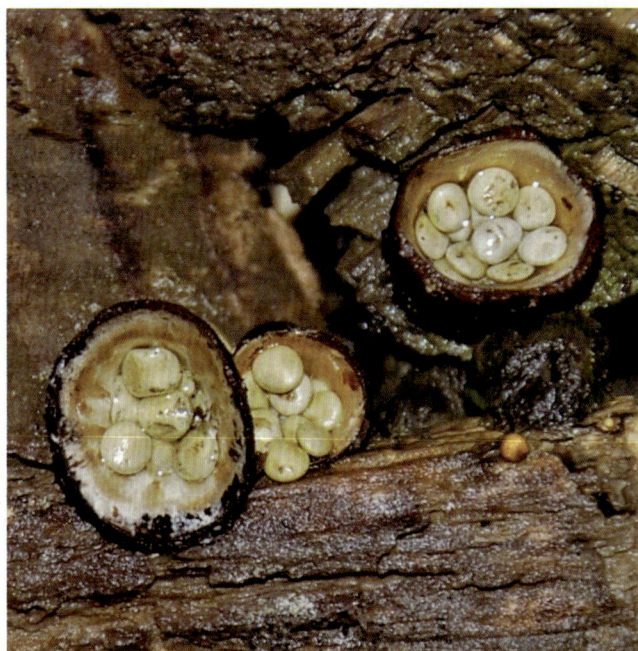

粪生黑蛋巢 *Cyathus stercoreus* (Schwein.) De Toni

担子体倒圆锥形、小碗形、鸟巢状或杯形，高1.4cm，直径0.8cm。基部狭缩延伸成短或较长的高脚杯形或漏斗形，基部菌丝垫明显，褐色。包被外侧浅色至暗色，被灰白色至浅黄色的绒毛或粗硬毛，内侧浅灰色、污褐色至近黑色，口缘平整，偶具污褐色的流苏，内外侧光滑，无条纹。小包扁圆形或近圆形，黑色，具光泽，由根状菌索固定于杯中。担孢子近球形，18-35×16-32μm，厚壁。

群生于粪便、林中腐殖质层上。分布于我国东北、西南等地区。药用。

隆纹黑蛋巢 *Cyathus striatus* Willd.

担子体倒锥形至杯形，高1-1.5cm，直径0.5-1cm，基部狭缩成短柄，成熟前顶部有淡灰色盖膜。包被外表暗褐色、褐色至灰褐色，被硬毛，褶纹初期不明显，脱落后有明显纵褶，内侧灰白色至银灰色，有明显纵条纹。小包扁球形，直径0.1-0.3cm，淡褐色至黑色，由根状菌索固定于杯中。担孢子椭圆形至短椭圆形，15-25×8-12μm，厚壁。

夏秋季群生于落叶林中朽木或腐殖质多的地上。我国各地区均有分布。药用。

纤巧囊小伞 *Cystolepiota seminuda* (Lasch) Bon

菌盖直径0.25-1.2cm，初圆锥形、抛物面形至半球形，后平展至平凸，白色至淡奶油色。菌盖中部常具一钝突，白色或淡黄色，密被粉末状至颗粒状鳞片，随担子体成熟渐稀疏，易脱落。菌盖边缘常具菌幕残余。菌褶离生，密，不等长，白色至淡奶油色。菌柄长1-4.5cm，粗0.1-0.2cm，近圆柱形，白色至奶油色，顶部光滑或具细鳞，向基部逐渐变暗，中下部灰橙色、褐色、红褐色至紫褐色，具白色至奶油色粉末状至颗粒状鳞片，易脱落。担孢子椭圆形，3.5-4.5×2.5-3μm，光滑，无色，无芽孔。

夏季单生于阔叶林地腐殖质层上。分布于我国东北、华南等地区。

脱盖灰包（脱顶灰包、脱顶马勃）*Disciseda cervina* (Berk.) Hollós

担子体扁球形，高2cm，直径2-3cm，外包被易脱落，混有菌丝、碎屑的硬壳，青黄色至灰白色，底部纵向开裂，露出内包被，内包被浅黄色至污白色，粗糙，覆有胶质层，基部突出的口碎裂。产孢组织粉末状，深紫色至紫黑色。担孢子球形，5.6-6.7μm，具小疣，暗紫褐色。外包被由辐射状菌丝构成。

夏季单生或群生于草原沙质土上。分布于我国东北、华北、西北等地区。药用。

锐鳞环柄菇（灰鳞环柄菇）*Echinoderma asperum* (Pers.) Bon

菌盖直径4-10cm，先半球形，后逐渐平展，中部稍突起，表面干，污白色至黄褐色，有平伏细绒毛和易脱落的疣状鳞片，边缘内卷并常附絮状白色菌幕。菌肉白色，肉质。菌褶离生，污白色，密，不等长。菌柄长5-12cm，直径0.5-2cm，圆柱形，基部膨大成球状。菌环上位，白色，膜质，菌环以上污白色、近光滑，菌环以下被浅褐色、锥状、易脱落的鳞片。孢子印白色。担孢子椭圆形至近圆柱形，5.5-7.5×2-3μm，光滑，无色，拟糊精质。具缘生囊状体，囊状体近粗棒状或近纺锤状。

春秋季散生或群生于阔叶林或混交林地上。分布于我国东北、华北、华中等地区。食用。

肉褐鳞环柄菇 *Lepiota brunneoincarnata* Chodat & C. Martín

菌盖直径2-6cm，初期钟形，后期平展。菌盖表面污白色，具紫褐色鳞片，中部鳞片完整、色深，向边缘渐浅且撕裂呈块状。菌肉薄，白色。菌褶离生，乳白色，密。菌柄长3-6cm，粗0.3-0.8cm，向下渐粗，基部膨大明显，中空，菌柄上具一个似菌环状的膜质区，环区以上具白色纤毛状鳞片，环区以下具带状排列的紫褐色鳞片。担孢子椭圆形，6-8×4.5-5μm，光滑，类糊精质，厚壁。担子棒状，具4担子小梗。侧生囊状体未见。缘生囊状体棒状，薄壁，无色、透明。具锁状联合。

夏秋季散生或群生于云杉等针叶树下以及路边、公园草地上。我国各地区均有分布。有毒。

栗色环柄菇（褐绒环柄菇）*Lepiota castanea* Quél.

菌盖直径1.5-3cm，初期钟形至扁平，后期平展，中部突起。菌盖表面栗褐色，中部色深，具颗粒状鳞片。菌肉薄，白色。菌褶离生，奶油色，密。菌柄长2.4-5cm，粗0.3-0.4cm，向下稍粗，内部松软至中空。菌环上位，不明显，菌环以上光滑，菌环以下具环状排列的栗色鳞片。担孢子梭形，9.3-12×4-5.2μm，光滑，无色，厚壁，类糊精质。担子棒状，具4担子小梗。侧生囊状体未见。缘生囊状体棒状，薄壁。具锁状联合。

夏秋季散生或群生于林中枯枝落叶中。分布于我国东北、华北、华南、西南、西北等地区。有毒。

绒柄环柄菇（盾形环柄菇、细环柄菇）
Lepiota clypeolaria (Bull.) P. Kumm.

菌盖直径2-8cm，初期钟形，后期半球形，中部稍突起。菌盖表面近白色，具淡粉色至浅褐色鳞片，中部鳞片密集、色深。菌盖边缘挂有絮状菌幕残片。菌肉薄，奶油色。菌褶离生，较密，白色。菌柄长5-10cm，粗0.3-1cm，上下等粗或基部稍膨大，内部软至中空，菌柄上部具膜质菌环，白色，易消失，菌环以下具白色至浅褐色绒状鳞片。孢子印白色。担孢子近梭形，10-17×4.5-7μm，光滑，无色，顶部稍尖，厚壁，类糊精质。担子棒状，具4担子小梗。侧生囊状体未见。缘生囊状体棒状，透明，薄壁。具锁状联合。

夏秋季单生或散生于林缘草地上。我国各地区均有分布。有毒。

冠状环柄菇（小环柄菇）*Lepiota cristata* (Bolton) P. Kumm.

菌盖直径1-6cm，初期半球形，后期平展，中部具钝的光滑突起。菌盖表面污白色，中部具红褐色至深褐色鳞片，呈同心环状。菌盖边缘波状，有时反卷。菌肉薄，白色。菌褶离生，白色，密。菌柄长2-8cm，粗0.3-1cm，浅红褐色，中空，菌环上位，膜质，易消失。孢子印白色。担孢子炮弹形，5-8×2.5-4μm，光滑，无色，厚壁，非类糊精质。担子棒状，具4担子小梗。侧生囊状体未见。缘生囊状体棒状，有时顶部呈乳头状，透明，薄壁，无色。具锁状联合。

夏秋季单生或群生于林缘、路边、草坪等地上。我国各地区均有分布。有毒。

拟冠状环柄菇 *Lepiota cristatanea* J.F. Liang & Zhu L. Yang

菌盖直径1.1-5.2cm，菌盖中部具一钝突起，初期近钟形，后渐平展，白色至污白色，被浅褐色至红褐色块状鳞片，向四周撕裂成同心环状块状小鳞片，向边缘渐小渐稀疏。菌褶离生，白色，密。菌柄长1.5-6.1cm，粗0.2-0.5cm，浅红褐色，光滑。菌环白色，膜质，易脱落。具难闻气味。担孢子一端近平截，两侧卵圆形鼓起，3.8-5.2×2.2-3.4μm，无色透明，光滑，壁稍厚，非类糊精质。缘生囊状体棒状。具锁状联合。

夏秋季散生于林地腐殖质层上。分布于我国东北、西南等地区。有毒。

雪白环柄菇（白环柄菇）*Lepiota erminea* (Fr.) P. Kumm.

菌盖直径3-8cm，半球形，中部往往突起。菌盖表面灰白色，中部黄褐色，具纤维状丛毛鳞片。菌肉薄。菌褶离生，白色，密，幅宽。菌柄圆柱形，长4-6cm，粗0.4-0.7cm，向下稍粗，灰褐色，内部实心至中空。菌环上位，易消失，菌环以上光滑，菌环以下具白色粉末。担孢子椭圆形，10-12×6.5-7.5μm，光滑，无色。

夏秋季单生或群生于林中腐殖质层上或草地上。分布于我国东北、华北、西北等地区。

灰褐鳞环柄菇 *Lepiota fusciceps* Hongo

菌盖直径1-2cm，初期半球形，后期平展，中部突起。菌盖表面具灰褐色且中部鳞片密集、色深。菌盖边缘表皮开裂，鳞片近放射状。菌肉薄，白色。菌褶离生，白色。菌柄长1-3cm，粗0.1-0.3cm，白色，具纤毛状鳞片，内部松软至空心。菌环不明显，易脱落。担孢子椭圆形，4-7×3-4μm，光滑，无色。

夏秋季单生或散生于混交林地上。分布于我国东北、华中、西南等地区。有毒。

浅赭环柄菇 *Lepiota pallidiochracea* J.F. Liang & Zhu L. Yang

菌盖直径1.5-4.3cm，初期钟形，后期平展，中部具突起。菌盖表面白色，具红褐色鳞片，中部鳞片完整，向边缘分裂呈环状细鳞。菌肉污白色。菌褶离生，乳白色，稀。菌柄长2.1-4cm，粗0.2-0.3cm，菌柄下部具浅褐色鳞片。菌环不明显。担孢子椭圆形，9-13×6-9μm，厚壁，光滑，无色，类糊精质。担子棒状，具4担子小梗。侧生囊状体未见。缘生囊状体棒状。具锁状联合。

夏秋季散生于杨树林地上。分布于我国东北、西南等地区。

红鳞环柄菇 *Lepiota squamulosa* T. Bau & Yu Li

菌盖直径0.5-2cm，初期半球形，后期平展，中部往往突起。菌盖表面密被粉红色鳞片。菌盖边缘挂有菌幕残片。菌肉白色，薄。菌褶弯生，白色，稍密。菌柄长1.8-3.2cm，直径0.1-0.2cm，上部白色，中下部密被与菌盖表面相同的鳞片。菌环上位，易消失。担孢子椭圆形，4.5-5.5×2.5-3.6μm，光滑，无色，非淀粉质。担子棒状，具4担子小梗。侧生囊状体未见。缘生囊状体未见。具锁状联合。

散生于阔叶林内沙地上。分布于我国东北、华北等地区。

近纤细环柄菇 *Lepiota subgracilis* Kühner

菌盖直径0.9–1.2cm，初近钟状，后渐平展，白色，被棕褐色至暗褐色刺状鳞片。菌盖中部具明显突起，菌盖中部鳞片较浓密。菌褶离生，白色，较密，不等长。菌柄长2.7cm，粗0.2cm，近圆柱形，中空，纤维质，向下渐粗，基部稍膨大，下部淡黄褐色至浅褐色。菌环白色，中部棕褐色。担孢子长椭圆形，11–13×5–6μm，无色，光滑，壁稍厚，类糊精质。担子棒状，具4（2）担子小梗。侧生囊状体未见，缘生囊状体纺锤形、棒状，无色透明，薄壁。具锁状联合。

夏季单生于蒙古栎腐殖质层上。分布于我国东北等地区。

白鳞白环菇 *Leucoagaricus albosquamosus* Y.R. Ma, Z.W. Ge & T.Z. Liu

菌盖直径2–3.8cm，初期钟形，后期平展，中部突起。菌盖表面白色，中部淡棕色，具灰白色细鳞。菌盖边缘后期稍反卷。菌褶离生，白色，密。菌柄圆柱形，长3–4cm，粗0.3–0.5cm，白色，中空。菌环下位。担孢子宽椭圆形，5–6.3×4.2–5μm，厚壁，类糊精质。孢子印奶白色。担子棒状，具4担子小梗。侧生囊状体未见。缘生囊状体近棒状，透明。无锁状联合。

夏季单生或散生于阔叶林地上。分布于我国东北、华北等地区。

雪白白环菇 *Leucoagaricus candidus* Y.R. Ma, Z.W. Ge & T.Z. Liu

菌盖直径1.5-3cm，初期卵圆形，后期平展。菌盖表面白色，具放射状纤毛鳞片。菌盖边缘具条纹，挂有菌幕残片。菌肉薄，污白色。菌褶离生，白色，密。菌柄长2.7-3.9cm，粗0.3-0.6cm，中空，基部稍膨大。菌环上位或中位，膜质，菌环以上光滑，菌环以下具白色细鳞。担孢子椭圆形，5-7.5 × 4.2-5μm，厚壁，类糊精质。担子棒状，具4担子小梗，透明。侧生囊状体未见。缘生囊状体窄棒状。无锁状联合。

夏季单生或散生于林中地上。分布于我国东北、华北等地区。

粉褶白环蘑 *Leucoagaricus leucothites* (Vittad.) Wasser

菌盖直径4-8cm，幼时半球形，后渐平展，白色至奶油色，有时伤变为淡黄色，近光滑，菌盖中部浅黄褐色。菌褶离生，白色、奶油色，后淡粉色，密，不等长。菌柄长7-12cm，粗0.3-1.8cm，圆柱形，向下渐粗，有时基部膨大，白色至污白色，近光滑。菌环白色，膜质。担孢子椭圆形，8.2-9.3 × 5.2-6μm，无色，光滑，厚壁，类糊精质，无芽孔。缘生囊状体窄棒状、纺锤状。无锁状联合。

夏秋季单生至散生于草地上。分布于我国东北、华中、华南等地区。

红顶白环蘑（红盖白环菇）
Leucoagaricus rubrotinctus (Peck) Singer

菌盖直径2-6cm，初期半球形，后期平展。菌盖表面鲜红色，后期褪色至浅红褐色，具纤丝状鳞片，向边缘撕裂。菌盖边缘挂有白色片状菌幕残片。菌肉薄，白色。菌褶离生，白色，较稀，幅较宽。菌柄长3-7cm，粗0.3-0.7cm，向下渐粗，中空。菌环白色，易消失。担孢子椭圆形，6.2-10×4-5.4μm，厚壁，光滑，透明，类糊精质。担子棒状，具4（2）担子小梗。侧生囊状体未见。缘生囊状体棒状。无锁状联合。

群生或散生于夏秋季阔叶林中。分布于我国东北、华东、华南、西南等地区。

小褐白环蘑 *Leucoagaricus sericifer* (Locq.) Vellinga

菌盖直径1.5-3cm，初期钟形，后期平展，中部稍突起。菌盖表面近白色，中部浅黄褐色，具褐色鳞片。菌盖边缘有辐射状沟纹。菌肉薄，白色。菌褶离生，米白色，密。菌柄长3-6cm，粗0.1-0.3cm，向下稍粗，中空。菌环上位，易消失，菌环以上白色光滑，菌环以下具稀的淡褐色鳞片。担孢子椭圆形，9-11×4-5μm，光滑，类糊精质。担子棒状，具4（2）担子小梗，缘生囊状体长烧瓶形。

夏秋季单生或散生于林中地上。分布于我国东北等地区。

近块鳞白环蘑
Leucoagaricus subcretaceus
Bon

菌盖直径5-9cm，半球形，白色至淡奶油色，菌盖中部浅褐色至红褐色，向四周撕裂成同心环状块状小鳞片，浅褐色，伤变为淡褐色。菌褶离生，白色至奶油色，后变为淡粉色，密。菌柄长8-13cm，粗1.2-1.5cm，圆柱形，向下渐粗，白色至污白色，光滑。菌环膜质。担孢子椭圆形，7.8-9.1×5-6.2μm，无色，厚壁，具芽孔。缘生囊状体棒状。无锁状联合。

夏秋季散生或群生于草地上。分布于我国东北等地区。

近晶囊白环蘑 *Leucoagaricus subcrystallifer*
Z.W. Ge & Zhu L. Yang

菌盖直径2-3.5cm，初近钟状，后渐平展至平凸，白色至灰白色，被灰褐色至黑褐色纤丝状鳞片。菌盖中部具明显钝突起，黑褐色。菌褶离生，白色至灰白色、青灰色，较密，不等长。菌柄长5-10cm，粗0.3-0.5cm，棒状，中空，向下渐粗，白色至黄绿色。菌环中上位，白色，膜质。担孢子椭圆形，6-7.5×4.7-5.8μm，无色，光滑，壁稍厚，类糊精质。担子棒状，具4（2）担子小梗。侧生囊状体未见，缘生囊状体形状多样，棒状、宽棒状至纺锤形。无锁状联合。

夏季散生于针阔混交林草地上。分布于我国东北、西南等地区。

天鹅色白鬼伞（灰白鬼伞）
Leucocoprinus cygneus (J.E. Lange) Bon

菌盖直径1-3.5cm，扁半球形。菌盖表面白色，中部淡黄褐色，具丝状鳞片。菌盖边缘平滑无条棱，成熟后反卷。菌肉厚，白色。菌褶离生，白色，较密。菌柄长3.5-6cm，粗0.2-0.4cm，褐色，被白色粉状物，中空。菌环上位，易消失，白色。担孢子椭圆形，6-7.4×4-5μm，光滑，无色，拟糊精质。孢子印白色。侧生囊状体未见。无锁状联合。

秋季单生或散生于阔叶林枯枝落叶层中。分布于我国东北、华北、华中、华南、西南等地区。有毒。

易碎白鬼伞 *Leucocoprinus fragilissimus*
(Ravenel ex Berk. & M.A. Curtis) Pat.

菌盖直径2-5cm，初期贝形，后期平展，膜质，易碎。菌盖表面白色，中部黄褐色，具黄色颗粒状鳞片。菌盖边缘具辐射状条纹。菌肉薄，白色。菌褶离生，污白色，较稀。菌柄脆，黄绿色，长5-12cm，粗0.2-0.5cm，向下稍粗。菌环上位，易消失，菌环以下具屑状鳞片。担孢子椭圆形，11-14×7-10μm，光滑，无色，厚壁，类糊精质。担子近棒状，具4担子小梗。侧生囊状体未见。缘生囊状体宽棒形至烧瓶形，薄壁，无色。无锁状联合。

夏秋季单生于阔叶林地上。分布于我国东北、华东、华南、西南等地区。有毒。

东方裂皮大环柄菇 *Macrolepiota orientiexcoriata* Z.W. Ge, Zhu L. Yang & Vellinga

菌盖直径7-12cm，初期钟形，后期平展。菌盖表面白色至灰白色，被淡褐色糠麸状鳞片。菌盖边缘鳞片稀疏，内卷。菌肉厚，白色。菌褶离生，幼时白色，成熟后白色至奶油色，密，不等长。菌柄长9-10cm，粗1-2.3cm，菌环膜质。担孢子椭圆形，12-14×8.5-10μm，光滑，无色，厚壁，类糊精质。担子棒状，具4担子小梗，基部具锁状联合。侧生囊状体未见。缘生囊状体纺锤状，少数近棒状，薄壁。无锁状联合。

夏秋季单生或散生于灌木丛中地上或草地上。分布于我国东北、华北、西北、西南等地区。

高大环柄菇（大环柄菇、高环柄菇）
Macrolepiota procera (Scop.) Singer

菌盖直径一般10-20cm，有时更大，初期卵圆形，后期平展，中部具突起。菌盖表面白色至灰白色，具深棕色棉絮状鳞片。菌肉薄，白色。菌褶离生，初期白色，后期淡奶油色，密。菌柄长15-35cm，粗1-2cm，向下稍粗，具暗褐色斑状鳞片。菌环上位，易消失。担孢子椭圆形，14.6-18×10-11.5μm，光滑，无色，壁厚，类糊精质。担子棒状，具4担子小梗，透明。侧生囊状体未见。缘生囊状体棒状，透明，薄壁。

夏秋季单生或散生于林中地上或草地上。我国各地区均有分布。食用。

红孢暗褶伞 *Melanophyllum haematospermum* (Bull.) Kreisel

菌盖凸镜形至近平展，中部淡黄白色至淡白棕色。菌盖边缘浅棕色至污白棕色，光滑，非水浸状，具菌幕残片。菌肉薄，白色至黄白色。菌褶密，不等长，浅棕黄色至鲑棕色，直生至延生。菌柄红棕色至棕褐色，长3-4cm，粗0.3cm，密被白色纤维状毛，向下渐少，中空。孢子印淡黄棕色。

担孢子卵圆形至圆形或近球形，4-5.5×4-5μm，淡棕褐色至淡黄褐色，表面有刺，厚壁，透明。担子无色，宽头棒状，薄壁，内含物多为微小颗粒状或近均质状，具4担子小梗。柄生囊状体无色，棒状至弯曲棒状，厚壁。

夏秋季单生或散生于阔叶林中地上。分布于我国东北等地区。

栓皮马勃（皮树丝马勃、栓皮树丝马勃）*Mycenastrum corium* (Guers.) Desv.

担子体近球形，直径5-14cm，表面有褐色颗粒，不育基部小或无，基部收缩，有菌索。外包被软，白色或土黄色，成熟后逐渐脱落，部分残留如鳞片状。内包被褐色，栓质，担子体成熟后常不规则开裂。孢体幼嫩时青黄色，后变为浅烟色、咖啡色。担孢子球形，直径8.5-11.5μm，具网纹，黄褐色。孢丝树枝状，多二叉分枝，淡黄色，直径8-10μm，表面具明显的刺。

夏秋季群生或散生于草地上，有时近丛生。分布于我国东北、华北、西北等地区。食用，药用。

褐灰锤（褐柄灰锤）*Tulostoma bonianum* Pat.

担子体锤形，包被近球形，高4-5cm，头部径约1cm，深咖啡色，具颗粒状小疣，小疣后期脱落。顶孔直径约0.1cm，圆形，灰白色，小管状，稍向外突出。菌柄长3-5cm，粗0.2-0.3cm，圆柱形，坚硬与包被同色，具鳞片，基部有一团菌丝体，内部白色，嵌于包被基部的凹穴内。孢体松软，粉质，米黄色。担孢子近球形，直径4-5.5μm，具小疣突，黄色。

夏秋季群生于阔叶林地上。分布于我国东北、华北、华中、西北等地区。药用。

灰锤 *Tulostoma brumale* Pers.

担子体高3-12cm，锤形。外包被常脱落，只留存基部。内包被直径1-2cm，近球形，有细小鳞片或近光滑，膜质，浅赭色、稻草色、褐色至污褐色，渐褪为近白色。顶孔直径0.2cm，圆形，小管状，稍向外突出，边缘完整，与包被近同色。菌柄长2-10cm，直径0.3-0.5cm，圆柱形，有纵向条纹，具小鳞片，深肉桂色、污白色、淡褐色至稻草色，被污褐色鳞片，内部白色，基部具球形的菌丝体。担孢子球形，直径4.5-7.5μm，具小疣突。

夏秋季群生于沙土上。分布于我国东北、华北、西北等地区。药用。

鳞柄灰锤 *Tulostoma fibrillosum* V.S. White

担子体孢囊近球形,直径0.7-1.7cm,内包被白色至污白色,顶口稍突起,撕裂状,灰褐色。菌柄长1.6-2.5cm,粗0.2-0.4cm,圆柱形至近纺锤形,基部稍细,有时弯曲,红棕色,菌柄顶端与包被分离,间隔宽0.1-0.2cm,中空,表面具红棕色至砖红色鳞片。担孢子5-5.7×4.6-5.5μm,球形至扁球形,表面具刺突。孢丝具分枝,隔膜处稍膨大。

秋季散生于沙地上。分布于我国东北等地区。

小孔灰锤 *Tulostoma fulvellum* Bres.

担子体高3.7-4.4cm,顶部包被球形至扁球形,直径0.8-1cm。包被两层,外包被由菌丝和沙砾组成,老熟后部分脱落,内包被纸质,黄褐色,平滑。顶端中部具孔口,呈撕裂状,稍突起,孔口周围形成环区。包领不明显。菌柄红棕色,长2-3.5cm,粗0.2-0.3cm,中空,具平伏状鳞片,基部不膨大。担孢子球形至近球形,3.5-4.5μm,厚壁,光滑,具短柄,黄褐色。

秋季散生于沙地上。分布于我国东北等地区。

内蒙古灰锤 *Tulostoma intramongolicum* B. Liu

担子体凹陷球状，高0.9-1.5cm，宽1.3-2.5cm，附着在柄的顶端，外胚层颗粒状，部分发生脱落。内胚层膜质，白色，光滑。孔口近纤维状，有非常稀少的纤维，平面或稍突起，圆形至椭圆形，直径0.1-0.3cm。柄为浅棕色，具条纹，撕裂状鳞片，长1-5cm，粗0.2-0.4cm。担孢子球形到近球形，直径5.1-7μm，浅黄棕色。

秋季生于沙地上。分布于我国东北、西北等地区。药用。

黑嘴灰锤 *Tulostoma melanocyclum* Bres.

担子体孢囊球形或扁球形，直径0.6-1.2cm，内包被初期白色，后变为淡灰色，顶孔圆孔状，稍突起，边缘完整，灰色。菌柄长2-4cm，粗0.2-0.4cm，圆柱形，顶端嵌于包被基部的圆形凹穴内，初期棕色，顶端橙黄色，后期肉桂褐色，中空，具纵条纹和鳞片。担孢子近球形、宽椭圆形至椭圆形，7-8.4×6.2-7.2μm，淡黄褐色，具明显刺突。

秋季群生或单生于干燥的沙质草原、沙丘、沙地上。分布于我国东北等地区。

相似灰锤 *Tulostoma simulans* Lloyd

担子体整体高1.7-2.5cm，上部产孢组织扁球形至球形，直径0.7-0.9cm，包被顶部中部具一管状孔口，内包被初期白色，后变为污黄色，牢固着生于菌柄的顶端。菌柄中生，圆柱状，红棕色，长0.7-1.2cm，直径0.1-0.2cm，实心，表面具有竖状条纹，外周布有横向红褐色环纹。担孢子球形至近球形，直径4.1-5μm，淡黄褐色，具明显的疣突。

夏季群生于阔叶林沙地上。我国各地区均有分布。

鹅膏科 Amanitaceae

褐黄鹅膏（杏黄鹅膏）*Amanita crocea* (Quél.) Singer

菌盖直径4.8-9.5cm，幼时近圆锥形或近钟形，成熟后渐平展，中部稍突起，浅土黄色或浅橙黄色，中部色深，表面光滑，边缘具有明显条纹。菌肉白色或淡黄色。菌褶离生，白色，稍密，不等长。菌柄长7.8-12.5cm，粗0.7-1.6cm，近圆柱形，白色或污白色，表面具有橙黄色纤毛鳞片，空心，无菌环。菌托苞状或袋状，污白色或白色。孢子印白色。担孢子球形或近球形，10.8-12.8×8.8-10.4μm，光滑，非淀粉质。担子棒状，具4担子小梗，透明。无锁状联合。

夏秋季单生或散生于阔叶林中地上。分布于我国东北、西北等地区。记载可食。

赤褐鹅膏（褐托柄菇）*Amanita fulva* Fr.

菌盖直径5-11cm，球形至近钟形，后近凸镜形，渐平展，黄褐色至土黄褐色，湿时稍黏，具明显的条纹。菌肉乳白色至白色。菌褶离生，白色，密。菌柄长6-14cm，粗0.6-1.7cm，圆柱形，白色或具褐色调，表面光滑或具有粉质鳞片，无菌环，基部具白色或浅土黄色苞状菌托。孢子印白色。担孢子球形至卵圆形，10.2-13.8×9.4-13.2μm，光滑，非淀粉质。担子棒状，具4担子小梗，无锁状联合。

夏秋季单生或散生于针阔叶林中。我国各地区均有分布。记载可食。

东方腐生鹅膏 *Amanita orientisororia* T. Bau & Zhu L. Yang

菌盖直径2-6cm，幼时近扁球形或扁半球形，成熟后渐平展，白色或污白色，表面具有锥状或块状菌幕残余，边缘常具有膜质菌幕残余。菌肉白色。菌褶离生或近离生，乳白色或黄白色，稍密。菌柄长4-7cm，粗0.7-1.2cm，近圆柱形或向下渐细，白色或污白色，表面具有环带状絮状菌幕残余，肉质，实心。菌环上位，絮状或膜质，白色，具条纹，不易消失。孢子印白色。担孢子宽椭圆形或椭圆形，9-13×7-9.5μm，无色，光滑，壁稍厚，淀粉质。担子棒状，具4（2）担子小梗，透明。具锁状联合。

夏季单生或散生于草坪或沙地上。分布于我国东北等地区。

褐盖鹅膏 *Amanita rubescens* Pers.

菌盖直径3-10cm，幼时球形至近球形，成熟后凸镜形至平展，黄褐色、灰褐色或暗褐色，伤变为红色，表面具有褐色块状菌幕残余，无条纹。菌肉乳白色至白色。菌褶离生，白色，伤变为红色或红褐色，密。菌柄长8-18cm，粗0.6-1.5cm，同菌盖颜色，伤变为红褐色，空心，上部具有花纹，菌环上位，膜质，白色，老后消失。菌托由灰褐色絮状鳞片组成。孢子印白色。担孢子宽椭圆形至椭圆形，7.5-10×6-7.2μm，光滑，淀粉质。担子棒状，28-45×9-12μm，具4担子小梗，透明。无锁状联合。

夏秋季单生或散生于林中地上。分布于我国东北、华东、华中、华南、西南等地区。记载可食。

亚球基鹅膏 *Amanita subglobosa* Zhu L. Yang

菌盖半球形，直径2-4.5cm，棕色、浅棕色至奶油白色，表面具角锥状、疣状鳞片，菌盖边缘内卷，具条纹。菌肉薄，白色。菌褶离生至近离生，白色，中密，不等长。菌柄圆柱形，长4.5-5.5cm，粗1-1.3cm，白色至米白色，基部近球形。菌环上位，膜质。具菌托。担孢子椭圆形至长椭圆形，8.9-10.5×4.3-5μm，光滑，薄壁，非淀粉质。担子棒状，具4担子小梗，基部具锁状联合。褶缘不育，具近球形细胞。

夏秋季生于沙地蒙古栎、槭树下。多地均有分布。有毒。

黄盖鹅膏（芥黄鹅膏）*Amanita subjunquillea* S. Imai

菌盖直径3-8cm，初期近钟形至扁半球形，后期扁平至平展，中部稍下凹，黄褐色、污橙色至芥黄色，中部色深。菌盖边缘平滑无沟纹或具辐射状细小沟纹，有时稍反卷。菌肉厚，白色。菌褶离生，白色，密，不等长。菌柄长4-13cm，粗0.5-1.3cm，基部膨大近球形，白色至浅黄色，具纤毛状或反卷的浅黄色鳞片，内部实心至松软。菌环膜质，白色，易脱落。菌托浅杯状，白色至污白色。孢子印白色。担孢子球形至近球形，6-8.5×5.7-7.8μm，光滑，淀粉质，薄壁。担子棒状，具4（2）担子小梗。缘生囊状体宽棒状至球头短柄状，薄壁。无锁状联合。

夏季单生于林中地上。分布于我国东北、华北、华南、西南等地区。剧毒。

灰鹅膏 *Amanita vaginata* (Bull.) Lam.

菌盖直径3-8cm，幼时扁半球形，成熟后中部突起。菌盖表面干，灰色至褐色，中部色深，向缘渐浅。菌盖边缘光滑，具棱纹。菌肉厚，白色。菌褶离生，白色，密，不等长。菌柄长4-9cm，粗0.5-1.2cm，向下稍粗，基部不膨大，白色至污白色，表面近光滑至具浅灰色、浅褐色鳞片，内部松软至中空。无菌环。菌托袋状至杯状，外表面白色至污白色。孢子印白色。担孢子球形至近球形，9-11×8.5-12μm，光滑，非淀粉质，薄壁。担子棒状，具4担子小梗，偶具1或3担子小梗，无色，薄壁。缘生囊状体卵状至近球形，无色，薄壁。无锁状联合。

夏季单生于林中地上。分布于我国东北、华北、华东、华南、西南等地区。记载可食。

茶色黏伞 *Limacella delicata* (Fr.) Earle ex Konrad & Maubl.

菌盖直径 2.5cm，扁凸镜形至近平展。菌盖表面浅棕色至红棕色，中部色深，具少量纤维状鳞片，湿时黏。菌盖边缘偶见菌幕残余。菌肉白色，无特殊气味。菌褶中密，不等长，乳白色至白色，离生。菌柄长 4-6.5cm，粗0.3-0.5cm，浅褐色至棕黄色，具纵向纤维丝，具不完整菌环残余，基部稍膨大，肉质，实心。担孢子球形至近球形，4-6×3.8-5μm，光滑，薄壁，具油滴，非淀粉质。担子棒状，具4担子小梗，薄壁，光滑。子实下层由球形至近球形细胞组成。菌褶菌髓两侧型。囊状体未见。具锁状联合。

夏秋季单生至散生于林缘草地上。分布于我国东北等地区。食用。

角孢伞科 Asproinocybaceae
海棠山十字孢口蘑 *Tricholosporum haitangshanum* Yu Li & J.Z. Xu

菌盖直径 9.5-14.5cm，初期半球形，边缘内卷，后渐平展，菌盖表面干，具毡毛状纤维丝，棕黄色至橙黄色，中部紫褐色。菌肉白色至污白色。菌褶密，浅灰色至淡紫色，弯生。菌柄长3.5-8.7cm，粗1.5-2.5cm，浅灰色至米黄色，具褐色纤维丝，肉质，实心。担孢子6-7.3×5.4-6.9μm，光滑，十字形，薄壁，具油滴，非淀粉质。担子棒状，具4（2）担子小梗，薄壁。缘生囊状体和侧生囊状体相似，圆柱形、棒状至烧瓶状。具锁状联合。

夏秋季散生或群生于阔叶林地上。分布于我国东北等地区。

粪伞科 Bolbitiaceae

双孢粪伞 *Bolbitius bisporus* E.F. Malysheva

菌盖直径1.5-3.5cm，幼时凸，后扁平至平凸，中心无突起，表面略微黏稠或干燥，中部起皱、深灰紫色，边缘浅灰棕色、具半透明条纹。菌褶离生，密，薄，淡赭褐色至橙褐色。菌肉薄，脆弱，近白色。无特殊气味和味道。菌柄长2.5-4cm，粗0.4-0.9cm，向基部渐粗，易碎，白色至淡赭黄色。担孢子狭椭圆形、椭圆形至宽椭圆形，13.5-17×6-8.5μm，黄棕色，壁略厚，有芽孔。担子宽棒状，周围有类似形状或近球形的拟担子。缘生囊状体烧瓶形，顶端稍膨大，薄壁。侧生囊状体未见。

秋季单生于阔叶林地上。分布于我国东北等地区。

粪生锈伞 *Bolbitius coprophilus* (Peck) Hongo

菌盖直径3-5cm，卵球形、钟形至斗笠形，具辐射状浅沟纹，中心稍凹陷，灰粉红色或淡粉色，幼小或湿润时表面有黏液。菌肉极薄。菌褶离生，稍密，起初近白色或淡粉色，后变为赭色或锈褐色，自溶。菌柄长6-13cm，粗0.3-0.7cm，基部略膨大，白色或淡粉色，易碎。担孢子宽椭圆形或卵圆形，12.5-16×8-11μm，厚壁，浅棕色至锈棕色，萌发孔略偏生。缘生囊状体烧瓶状或宽棒状，柄生囊状体长颈烧瓶形，侧生囊状体未见。无锁状联合。

夏季散生或群生于堆粪、牛马粪或腐烂玉米秸秆上。分布于我国东北等地区。

黄盖粪伞 *Bolbitius titubans* (Bull.) Fr.

菌盖直径0.4-2cm，斗笠形至近钟形，表面黏，光滑，有皱纹，中部淡黄色或柠檬黄色，边缘有细长条棱。菌褶离生，近弯生，不等长，稍稀或密，初期白色至草黄色，后灰褐色。菌肉薄。菌柄长3-11cm，粗0.1-0.4cm，柔弱易碎，向下渐粗，中空，基部膨大，表面有白色粉霜，白色至污黄白色，后淡黄色。担孢子椭圆形至长椭圆形，9.7-13.4×5.3-7.3μm，壁稍厚，光滑，具萌发孔，锈黄色。担子棒状，具4担子小梗。缘生囊状体近圆柱形至烧瓶形，侧生囊状体缺失。

夏秋季散生于林地枯枝落叶、公园路旁草地上。分布于我国东北等地区。有毒。

乳白锥盖伞 *Conocybe apala* (Fr.) Arnolds

菌盖直径1-3cm，斗笠形、锥形，有时近钟形，易碎，湿时光滑至稍黏，有时表面有细条纹或皱纹，菌盖表面奶油白色、淡黄白色至淡赭褐色。菌褶直生，近弯生，不等长，密，淡赭色、淡黄褐色至锈黄色。菌肉薄，白色。菌柄长6-12cm，粗0.1-0.5cm，中空，柔弱，基部膨大，表面有白色粉霜或白色纤维质细小绒毛，乳白色。担孢子宽椭圆形至长椭圆形，11.7-14.7×8.5-9.8μm，黄褐色至橙褐色或锈褐色，厚壁，具萌发孔。担子棒状，无色透明，基部具锁状联合。缘生囊状体，球顶长颈瓶形。侧生囊状体缺失。柄生囊状体多为盘旋的发丝状，基部膨大。

夏秋季散生于公园草丛中、路边草地上。分布于我国东北等地区。有毒。

短柄锥盖伞 *Conocybe brachypodii* (Velen.) Hauskn. & Svrček

菌盖直径0.5-1.5cm，圆锥形，中心淡棕褐色至红褐色，边缘污白色至浅黄色。

菌盖表面光滑，边缘具条纹。菌肉薄，污白色至浅黄色，无特殊气味。菌褶弯生，稍密，不等长，浅黄色至黄褐色，边缘锯齿状。菌柄长1.8-3.8cm，粗0.1-0.2cm，圆柱形，基部膨大至球茎状，上端浅棕褐色，下端污白色至黄褐色，表面被白色粉霜，具纵沟纹，球茎状基部具白色绒毛。担孢子椭圆形至长椭圆形，7-9.5 × 4.5-5.5μm，壁稍厚，内含油滴，萌发孔中生。担子棒状，具4（2）担子小梗。缘生囊状体球颈瓶形。侧生囊状体未见。柄生囊状体球颈瓶形。具锁状联合。

秋季散生于草地、林地上。分布于我国东北等地区。

喜粪锥盖伞 *Conocybe coprophila* (Kühner) Kühner

菌盖直径0.5-3.5cm，初期半球形至锥凸形，后期凸镜形至平凸形，非水浸状，表面黏滑，湿时奶油白色至淡赭色，黄褐色。菌褶弯生，近直生，不等长，稍密，初淡赭色，后锈褐色。菌肉薄，乳白色。菌柄长4-7cm，粗0.2-0.3cm，中空，易碎，基部膨大，菌柄顶部表面具白色粉霜，基部有白色绒毛，赭色。担孢子椭圆形至圆柱形，7.3-13.4 × 4.9-6.1μm，黄褐色至赭褐色，壁稍厚，光滑，具萌发孔。担子棒状，无色透明。缘生囊状体近烧瓶形、近纺锤形、近瓶形。柄生囊状体棒状、近圆柱形至近烧瓶形。无锁状联合。

秋季生于草地、粪上。分布于我国东北、西北等地区。

融黏锥盖伞 *Conocybe deliquescens* Hauskn. & Krisai

　　菌盖直径0.5-1cm，钟形、近圆柱形，边缘稍内卷，不展开，赭石色至黄褐色。菌盖水浸状，表面黏滑，褶皱，后自溶。菌褶弯生，不等长，密，淡赭色至锈褐色。菌肉较薄，易碎，颜色与菌盖相同。菌柄长3.5-12cm，粗0.1-0.4cm，近圆柱形，基部膨大，表面被绒毛，近于白色至奶白色。担孢子椭圆形至长椭圆形，9-12.5×7-8μm，黄褐色至赭褐色，薄壁，光滑，内有油滴。担子棒状，具4担子小梗。缘生囊状体球颈瓶形，易萎缩。具拟担子，侧生囊状体未见。柄生囊状体为非球颈瓶形囊状体与毛发状囊状体混合。

　　夏秋季散生或群生于草坪地上，可能为外来物种，多地有分布。

灰环锥盖伞（褐缘锥盖伞）*Conocybe fuscimarginata* (Murrill) Singer

菌盖直径1.3-2.5cm，初期半球形至扁半球形，后期斗笠形至凸镜形，表面光滑或稍有皱纹，有时湿有时黏，淡灰褐色、土褐色至淡黄褐色。

菌褶直生，近弯生，不等长，密，淡土黄色至黄褐色、赭褐色。菌肉较薄，易碎，污白色或灰白色。菌柄长4.5-7.5cm，粗0.2-0.3cm，中空，基部膨大，表面白色粉霜条纹状排列，污白色、灰土黄色至淡灰褐色。担孢子椭圆形至圆柱形，9.5-13.4×5.4-7.8μm，黄褐色至赭褐色，厚壁，光滑，有萌发孔。担子棒状，具4（2）担子小梗，基部具锁状联合。缘生囊状体球顶长颈瓶形。柄生囊状体近球形或椭圆形。盖生囊状体不规则纤维状、烧瓶状。

夏秋季散生于草地、碎木屑上以及林中地上。分布于我国东北地区。

肉色锥盖伞 *Conocybe incarnata* (Jul. Schäff.) Hauskn. & Arnolds

菌盖直径0.5-2cm，初钝圆锥至钟状，后圆锥形凸出，湿润新鲜时先呈粉红色、酒红色或砖红色，后褪色至棕红色、赭色，边缘水浸状，新鲜时具条纹，表面光滑。菌褶窄直生，近弯生，密，先赭色，后橙棕色至红褐色，具小齿片状边缘。菌柄长2.5-5cm，粗0.1-0.2cm，粉红色至红色；假根长，颜色较浅；表面微绒毛状，具纵向条纹。担孢子椭圆形至卵形，7.5-10×4-5.5μm，壁稍厚，有芽孔，黄棕色至淡橙棕色。担子棒状，具4担子小梗。缘生囊状体球颈瓶形。柄生囊状体圆柱形、棒状和发丝状，非球颈瓶形。具锁状联合。

秋季群生于公园、草坪、路旁。分布于我国东北地区。

中孢锥盖伞 *Conocybe mesospora* Kühner ex Watling

菌盖直径1-2.5cm，初期钟形至锥形，后期斗笠形至中部突起的凸镜形，表面水浸状，有条纹辐射状排列，湿时橙褐色至土黄褐色，干后淡黄褐色至淡褐色。菌褶直生，近弯生，不等长，密至稍密，黄褐色至赭褐色。菌肉较薄，易碎，污白色。菌柄长3-7cm，粗0.1-0.2cm，中空，基部膨大，表面具白色粉霜，污白色、淡土黄色、淡灰褐色至黄褐色。担孢子椭圆形至长椭圆形，7.3-11×3.6-4.9μm，黄褐色至赭褐色，壁略厚，光滑，有萌发孔。担子棒状，少数宽棒状。缘生囊状体球顶长颈瓶形。柄生囊状体与缘生囊状体相似。具锁状联合。

秋季散生于路旁、树下草地上。分布于我国东北等地区。

条斑锥盖伞 *Conocybe moseri* Watling

菌盖直径0.5-1.5cm，锥形、斗笠形至近钟形，表面有不等长辐射状条纹，中部褐色至灰褐色，干后灰色、灰褐色。菌褶直生，近弯生，不等长，稍密，淡土黄色、黄褐色或锈褐色至赭褐色。菌肉较薄，易碎，灰白色，无明显气味。菌柄长4-5.5cm，粗0.1-0.2cm，近圆柱形，中空，柔弱，基部膨大，具白色粉霜或絮状细绒毛，淡赭褐色、褐色至灰褐色，干后呈灰黑色。担孢子椭圆形至长椭圆形，8.5-12.2×5.4-7.3μm，黄褐色、赭褐色至锈褐色，厚壁，光滑，有萌发孔。担子棒状，具2（4）担子小梗。缘生囊状体球顶长颈瓶形。柄生囊状体近圆柱形、发丝状或烧瓶状。具锁状联合。

夏秋季散生于公园路旁草地上、木屑或林地上。分布于我国东北等地区。

绒毛锥盖伞 *Conocybe pilosella* (Pers.) Kühner

菌盖直径0.5-2cm，初期钟形至近锥形、近半球形，湿时中心褐橙色，边缘浅黄色，后期象牙色。菌盖水浸状，表面被细小绒毛，湿时具条纹，后渐消失。菌褶弯生，不等长，密，初期淡赭色，后期橙褐色至锈褐色。菌肉较薄，易碎，颜色与菌盖相同，无明显气味。菌柄长3.5-7.5cm，粗0.1-0.2cm，近圆柱形，基部膨大，表面具绒毛，初期淡黄色至赭色、象牙色，后期橙褐色至锈褐色。担孢子椭圆形至圆柱形，5.5-9.4×3.4-4.5μm，黄褐色至赭褐色，薄壁，光滑，内有油滴。担子棒状，具4担子小梗。缘生囊状体球颈瓶形。侧生囊状体未见。柄生囊状体形态多样，烧瓶形、近烧瓶形、纺锤形、瓶形、近球形或椭圆形、长发丝状近圆柱形，基部膨大。具锁状联合。

夏秋季单生或散生于草地上。分布于我国东北等地区。

假皱锥盖伞 *Conocybe pseudocrispa* (Hauskn.) Arnolds

菌盖直径0.5-1.5cm，半球形，钟状，中心米绿色至象牙色、米色，边缘纯白色，近于白色。菌盖表面被短绒毛，幼时沟纹不明显，成熟时边缘具明显沟纹。菌肉薄，亮象牙色、米色，无特殊气味。菌褶弯生，中等密，不等长，米褐色至赭石褐色，边缘平滑，不自溶。菌柄长3-5cm，粗0.1-0.2cm，圆柱形，基部稍膨大，菌柄近于白色、赭黄色，表面被粉霜和细小绒毛，稍具纵条纹。担孢子椭圆形至长椭圆形，14.5-16.8×8.7-10.8μm，壁稍厚，内含油滴。担子宽棒状至棒状，具2（1）担子小梗，担子具液泡状内含物。缘生囊状体球颈瓶形。侧生囊状体在KOH溶液中为黄色囊状体，棒状近圆柱形，具黄色色素。具不明显的周细胞，棒状至近球茎状。柄生囊状体近球形、烧瓶形、长颈烧瓶形、圆柱形、棒状、披针状、毛发状，其中混有罕见的球颈瓶形囊状体。具锁状联合。

夏季单生或散生于草地。分布于我国东北等地区。

半球锥盖伞 *Conocybe semiglobata* Kühner & Watling

菌盖直径1.5-2.5cm，半球形至近钟形，表面水浸状，湿时中部黄褐色至赭褐色，边缘颜色变浅，淡黄褐色，具条纹。菌褶直生，近弯生，不等长，密，淡黄褐色至锈褐色。菌肉较薄，易碎，与菌盖同色，无明显气味。菌柄长5-7.5cm，粗0.1-0.3cm，中空，基部膨大，有白色粉霜，初污白色至淡黄褐色，后黄褐色。担孢子椭圆形至长椭圆形，9.5-14.6×5.3-7.4μm，黄褐色、赭褐色，厚壁，光滑，有萌发孔。担子棒状，具4（2）担子小梗。缘生囊状体球顶长颈瓶形。柄生囊状体球颈瓶形、球形泡囊状。具锁状联合。

夏秋季散生于路旁、草地及牛粪上。分布于我国东北等地区。

赭叶锥盖伞 *Conocybe siennophylla* (Berk. & Broome) Singer ex Chiari & Papetti

菌盖直径0.3-1.5cm，圆锥形、近半球形，中心沙黄色至黄褐色，边缘浅黄色至象牙色，表面光滑，水浸状，湿润时具条纹。菌肉薄，沙黄色至浅黄色，无特殊气味。菌褶弯生，稍密，不等长，与菌盖同色。菌柄长1-4.5cm，粗0.1-0.2cm，圆柱形，基部稍膨大，沙黄色至黄褐色，表面被绒毛，具纵条纹。担孢子椭圆形至长椭圆形，7.5-9.5×5-7μm，壁稍厚，内含油滴，萌发孔中生。担子棒状，具4担子小梗。缘生囊状体球颈瓶形。侧生囊状体未见。柄生囊状体非球颈瓶形和毛发状囊状体混合。具锁状联合。

散生于沙地草地、阔叶林地上。分布于我国东北等地区。

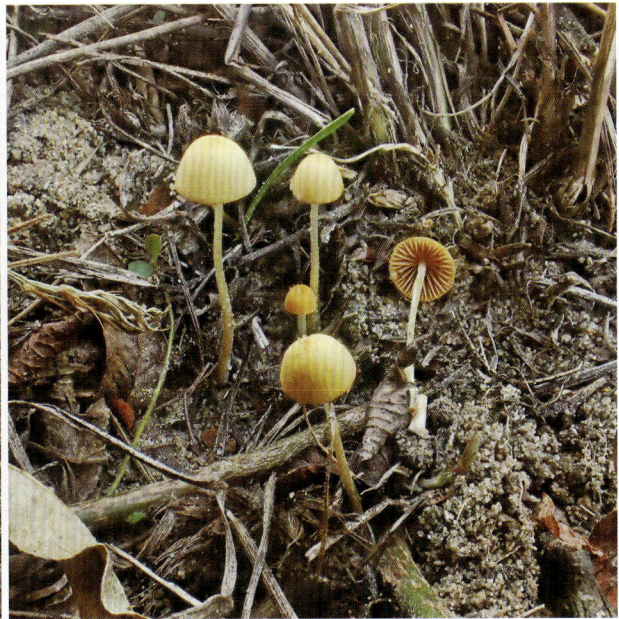

亚绒锥盖伞 *Conocybe subpubescens* P.D. Orton

菌盖直径0.5-4cm，半球形，钟状，表面光滑，具绒毛，幼时棕色、棕褐色，后香槟色，边缘水浸状，条纹延伸至中心，表面光滑，具绒毛。菌褶狭直生，密，黄褐色、红褐色。菌柄长2-9.5cm，粗0.1-0.4cm，淡黄色至橙黄色，基部很快变暗至肉桂色、干邑色至近栗褐色，表面光滑，全部被绒毛。菌肉白色至黄橙色，菌柄基部深褐色。担孢子椭圆形，非豆状，9-16×5-9.5μm，厚壁，有萌发孔，锈黄色、红棕色。担子棒状，具4担子小梗。缘生囊状体球颈瓶形，具宽的球顶。柄生囊状体为混合型，由毛发状、球颈瓶形和非球颈瓶形元素组成。具锁状联合。

夏秋季单生于林地、林缘草地上。分布于我国东北等地区。

柔弱锥盖伞 *Conocybe tenera* (Schaeff.) Fayod

菌盖直径1-2.5cm，锥形、斗笠形至近钟形，表面有不等长辐射状条纹，中部褐色至灰褐色，边缘黄褐色至灰褐色。菌褶弯生，近直生，不等长，稍密至密，黄褐色至锈褐色、赭褐色。菌肉较薄，易碎，无明显气味。菌柄长5-6.5cm，粗0.1-0.2cm，中空，柔弱，基部膨大，表面具白色粉霜，褐色至灰褐色。担孢子椭圆形至长椭圆形，9.8-13.4×5.4-7.3μm，黄褐色、赭褐色至锈褐色，厚壁，光滑，有萌发孔。担子棒状，具4担子小梗。缘生囊状体球颈瓶形。侧生囊状体未见。柄生囊状体与缘生囊状体相似，球颈瓶形。具锁状联合。

夏秋季单生或散生于公园、路边草地、草坪上。分布于我国东北等地区。有毒。

黄环圆头伞 *Descolea flavoannulata* (Lj.N. Vassiljeva) E. Horak

菌盖初半球形，直径5-8cm，后渐平展。菌盖表面不黏，中部棕黄色至深棕色，边缘深黄色。被深黄色细小鳞片，鳞片贴生或直立，易脱落，初淡黄色，后深锈色，菌盖边缘具不明显沟纹。菌肉肉质，稍厚，棕黄色。菌褶弯生，密，黄色、锈褐色至褐色。菌柄向下渐粗，具近球茎基部，肉质，实心。菌柄长6-10cm，粗0.7-1cm，菌柄棕黄色，向上颜色渐浅至奶油色。菌环膜质，具辐射状条纹。担孢子柠檬形，12-16×8-9μm，锈褐色。担子棒状，具4担子小梗。缘生囊状体棒状，表面具结痂。

夏秋季单生或散生于阔叶林地上。分布于我国东北、华中、西南等地区。食用。

蓝柄小鳞伞 *Pholiotina cyanopus* (G.F. Atk.) Singer

菌盖直径0.5-1.5cm，初钝圆锥形至凸镜形，中部突起，表面赭棕色，菌盖水浸状，被细小短绒毛，边缘具沟纹。菌肉薄，米黄色。菌褶弯生，不等长，赭石棕色，边缘稍齿状。菌柄长3-5cm，粗0.1-0.2cm，牡蛎白色，伤后变粉蓝色至淡蓝色，表面被粉霜和短绒毛，具纵向纤维状条纹。担孢子椭圆形至长椭圆形，8.3-9.8×4.9-5.6μm，厚壁，棕色。担子棒状，具4（2）担子小梗。缘生囊状体烧瓶形至长颈烧瓶形，顶端略头状。具锁状联合。

秋季单生或散生于混交林间、林缘草地上。分布于我国东北等地区。

珊瑚菌科 Clavariaceae

锐角珊瑚菌（细珊瑚菌、小勺珊瑚菌）
Clavaria acuta Sowerby

担子体小型，高3–6cm，粗0.2–0.8cm。初期白色，后期呈奶油色或黄色，圆柱形或棒形，不分枝，直立或稍弯曲，表面光滑或有褶皱。初期顶部锐尖，成熟后顶端膨胀而圆润。菌柄稍细，长约1cm，呈灰色，半透明状。肉质，脆。孢子印白色。担孢子宽椭圆形至椭圆形，7.2–8.8×4.8–5.6μm，少数近球形，透明，光滑。担子薄壁，透明，基部有分叉，具4担子小梗，少数2担子小梗，成熟后有油滴等内含物。囊状体未见，菌丝往往有次生隔膜。

群生或丛生于阔叶林地上。分布于我国东北、华东等地区。

黄柄珊瑚菌 *Clavaria flavipes* Pers.

担子体小型，高0.3–0.8cm，粗0.1–0.3cm。初期淡黄色，成熟后亮黄色至橙色，圆柱形至近棒状，不分枝或极少分枝，直立，有时稍弯曲，表面光滑，顶端圆润。菌柄细，长0.1–0.3cm，黄色至暗黄色，半透明，肉质，脆。担孢子球形至近卵圆形，6–8×5–7.8μm，薄壁，光滑。担子棒状，薄壁，透明，具4担子小梗。菌丝圆柱形，透明，壁薄至稍厚。

群生于阔叶林腐殖质层上。我国各地区均有分布。

脆珊瑚菌（虫形珊瑚菌）*Clavaria fragilis* Holmsk.

担子体高3-9cm，粗0.3-0.5cm，长圆柱形或长梭形，稍弯曲，顶端钝圆或渐尖，不分枝，基部变细，白色、乳白色，尖端淡黄色或淡灰色，脆，空心。子实层体表面光滑。担孢子椭圆形，4.7-6.1×3-4.3μm，无色，光滑，具油滴。担子棒状，薄壁，光滑，具油滴。菌髓无色，由生殖菌丝组成，排列规则。

夏秋季生长在蒙古栎林地上，群生。我国各地区均有分布。

梭形黄拟锁瑚菌（梭形珊瑚菌、梭形豆芽菌）*Clavulinopsis fusiformis* (Sowerby) Corner

担子体近梭形或扁平状，不分枝，直立或扭曲，表面光滑，多数担子体有纵向凹槽，顶端尖锐且略扁平，少数圆钝。菌柄不明显，黄色，随着成熟逐渐褪色，成熟后基部颜色略深，尖端呈褐色或黄色。菌肉淡黄色，伤不变色，易碎，味苦。担孢子宽椭圆形至近球形，7-9×6-7μm，薄壁，透明，光滑，有油滴等内含物，淀粉质。担子纤细，薄壁，近透明，近棒状，具4（2）担子小梗。

夏秋季生长于潮湿的针阔混交林地上，簇生。我国各地区均有分布。

金黄拟枝瑚菌 *Ramariopsis crocea* (Pers.) Corner

担子体小型，高1.9-4.1cm，宽1-2.4cm，鲜时深黄色、橘黄色或铬黄色，干后橘色至橘红色，帚形，二叉状分枝，分枝稀疏，节间距较长。分枝向上渐细，尖端钝圆或略尖，子实层两面生。菌肉肉质，稍脆，实心，横截面与子实层同色。无明显气味和味道。担孢子近球形、宽椭圆形或卵圆形，3-4.5×3.2-3.7μm，无色，表面粗糙，具稀疏微小刺突，内含无色透明油滴，非淀粉质。担子棒状，具4担子小梗，薄壁，透明。具锁状联合。

夏秋季单生或群生于林下草地。分布于我国东北、华中、西南等地区。

白拟枝瑚菌 *Ramariopsis kunzei* (Fr.) Corner

担子体雪白色、象牙白至乳白色，高2-12cm，多分枝或少分枝，柔顺具弹性，易碎，柄部0.5-2.5cm，有时基部黄色或粉红色，被短绒毛。主枝直立，反复二叉分枝，扁平，密集或松散，通常圆筒状，有时扁平，顶端锐尖或钝，不呈冠状。无明显气味和味道。担孢子宽椭圆形到近球形，3-5.5×2.3-4.5μm，无色，有细刺，瘤状或仅具微刺，短而钝，壁稍厚。担子棒状，具4（2）担子小梗。具锁状联合。

秋季单生、群生或丛生于树林和牧场地上。分布于我国东北、华东等地区。

美丽拟枝瑚菌 *Ramariopsis pulchella* (Boud.) Corner

担子体紫罗兰色，高1-2cm，一到三次二叉分枝，纤细，基部稍短，一般浅色、黄白色或黄色，被白色绒毛，蜡质坚硬。无明显味道。担孢子近球形，3-4.5×2.5-3.5μm，无色，具微小的疣，壁稍厚，具1个油滴。担子棒状，具2（4）担子小梗。具锁状联合。菌柄基部具绒毛，壁薄或稍厚。

秋季单生或群生于林中地上。分布于我国东北地区。

杯伞科 Clitocybaceae

漏斗形杯伞 *Clitocybe infundibuliformis* (Schaeff.) Quél.

菌盖直径5.2-10cm，初期平展，成熟后中部下凹至漏斗状。菌盖表面污白色、淡黄褐色至赭色，光滑，干燥。菌盖边缘薄，呈不规则细锯齿状、波状。菌褶延生，白色，成熟后略带淡黄色，不等长，稠密，薄。菌肉薄，白色，气味温和。菌柄长3-7cm，粗0.4-1cm，光滑，白色、奶油白色或略带污白色，纤维状，基部略膨大，具白色棉絮状绒毛。孢子印白色。担孢子椭圆形，5.2-6.9×3.4-4.3μm，无色，光滑，非淀粉质。担子棒状，具4担子小梗。囊状体未见。具锁状联合。

夏秋季单生或群生于阔叶林腐枝落叶层中。分布于我国东北、西北、西南等地区。食用。

烟云杯伞 *Clitocybe nebularis* (Batsch) P. Kumm.

菌盖直径3-10cm，初期凸面状，后渐平展，中部钝状突起。菌盖表面棕灰色至灰褐色，边缘平滑，内卷。菌肉厚，白色，气味难闻，伤后不变色。菌褶直生至短延生，白色或奶油色，不等长，边缘平整。菌柄长4.5-7.5cm，粗0.7-1.9cm，灰白色，中实，光滑，基部膨大。孢子印奶油色。担孢子椭圆形，5.9-7.9×3-5μm，光滑，无色，非淀粉质。担子棒状，具4担子小梗。囊状体未见。具锁状联合。

夏秋季群生或散生于林下落叶层中。分布于我国东北、华北、西北、西南等地区。可食。

落叶杯伞（白杯蕈、白杯伞）*Clitocybe phyllophila* (Pers.) P. Kumm.

菌盖直径2.5-6.5cm，扁半球形至凸镜形，后平展或中部略凹。菌盖表面白色，伤后呈黄褐色至褐色，水浸状，边缘内卷、波状。菌褶白色、乳白色，直生至稍延生，密，不等长。菌肉较厚，白色，具香气。菌柄长3-10cm，粗0.5-1.3cm，白色，棒状，中空，基部略膨大，具丰富白色绒毛。担孢子宽椭圆形或椭圆形，4-5×3-4.3μm，无色，光滑，淀粉质。担子棒状，无色，具4担子小梗。囊状体未见。具锁状联合。

秋季散生或群生于杨树林地上。分布于我国东北、华北、华南、西南等地区。有毒。

平头杯伞 *Clitocybe truncicola* (Peck) Sacc.

菌盖直径3.5-4cm，初期凸镜形，后期平展，中部凹陷呈漏斗状，薄。菌盖表面平滑，有光泽，纯白色、奶油白色至淡褐色，局部水浸状，边缘平滑无条纹，呈不规则波浪状，向下弯曲。菌褶稍直生至延生，白色或污白色，密，边缘光滑。菌肉白色至污白色，气味似霉味。菌柄长3-8cm，粗0.4-1.2cm，基部颜色逐渐加深至淡红棕色，内实。孢子印白色。担孢子宽椭圆形或近球形，3.4-5×2.4-4.2μm，光滑，白色，薄壁，非淀粉质。担子具4担子小梗。侧生囊状体和缘生囊状体未见。具锁状联合。

散生于阔叶树的腐木或树干上。分布于我国东北等地区。食用。

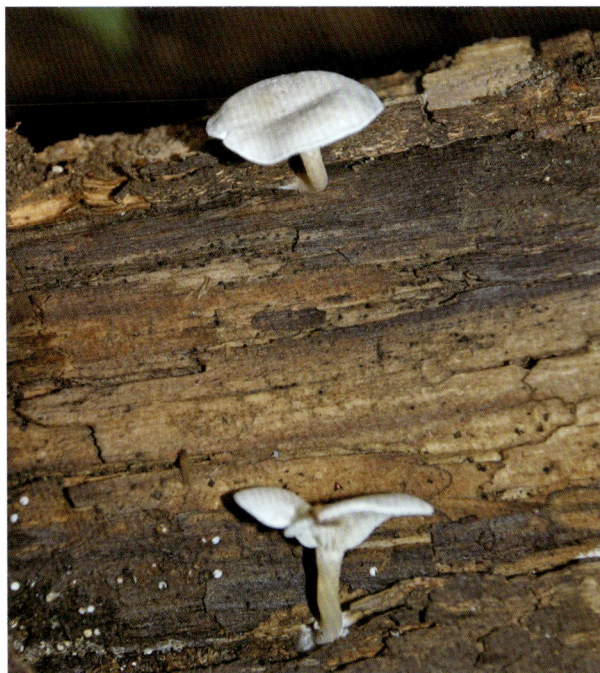

深凹漏斗伞（大杯伞）*Infundibulicybe gibba* (Pers.) Harmaja

菌盖直径3-10cm，扁半球形至浅漏斗状，表面淡黄褐色、橙褐色。菌褶白色，延生，不等长，密。菌肉薄，白色。菌柄长3-7cm，粗0.5-1.2cm，淡黄褐色，中生，中空，纤维状，基部不膨大至略膨大，具白色绒毛。担孢子椭圆形，5-7×3.5-4.2μm，无色，光滑，具油滴，非淀粉质。担子棒状，具4担子小梗。囊状体未见。菌盖表皮菌丝平伏排列，非淀粉质，薄壁。具锁状联合。

夏秋季单生或群生于腐枝落叶层中地上。分布于我国东北、西北、西南等地区。食用。

细鳞漏斗伞 *Infundibulicybe squamulosa* (Pers.) Harmaja

菌盖直径1.5-6cm，伞形或扁半球形，后平展。菌盖表面橙棕色、棕色至肉桂色，光滑至近水浸状，幼时表面具细小鳞片或布满纤维状毛，易脱落。菌盖边缘稍下垂，边缘内卷，有时呈波状、圆锯齿形或有棱纹。菌褶延生，白色至淡黄色，有时有横脉。菌肉白色或淡棕色，薄。菌柄长2-6cm，粗0.3-0.7cm，橙棕色至灰棕色，圆柱状至棒状，中空。担孢子椭圆形至长椭圆形，5.2-6.8×3.4-4μm，光滑，无色，非淀粉质。担子长棒状，具4担子小梗。囊状体未见。具锁状联合。

秋季散生于林下枯枝落叶层上。分布于我国东北等地区。食用。

密褶香蘑 *Lepista densifolia* (J. Favre) Singer & Clémençon

菌盖直径3-8cm，凸镜形、扁凸镜形至扁杯状，中部下凹。菌盖表面白色至奶油色或具浅黄褐色调，近光滑。菌褶延生，密，不等长，米色、肉色至浅粉色。菌肉白色，伤不变色或呈粉褐色，具甜香味。菌柄长4-8cm，粗1-1.5cm，上下近似等粗，光滑，白色，伤变为粉褐色，基部具白色菌丝。孢子印粉红色。担孢子椭圆形，3.8-5.2×2.5-3.5μm，具疣状突起或近似光滑，非淀粉质，嗜蓝。担子近棒状，具4担子小梗。囊状体未见。具锁状联合。

夏秋季散生于林地上。分布于我国东北、华南等地区。

肉色香蘑（淡色香蘑）*Lepista irina* (Fr.)
H.E. Bigelow

菌盖直径4-13cm，初期半球形，后期凸镜形至近平展。菌盖表面肉色、浅黄色至浅黄褐色，表面光滑或带水渍小污点，边缘微裂，波浪状。菌褶直生至稍延生，肉色至黄褐色，密。菌肉厚，乳白色、浅粉色或淡褐色，具微弱的香气。菌柄长4-8cm，粗1-2.5cm，初污白色，后浅褐色，实心，表面纤维状，具纵条纹，上部具白色粉霜。担孢子椭圆形至长椭圆形，6-9.2×3.5-5μm，无色，薄壁，具疣突，具油滴，非淀粉质。担子棒状，具4担子小梗。囊状体未见。具锁状联合。

夏秋季群生或散生于针阔叶林地上。分布于我国东北、华北、华中、西北等地区。

紫丁香蘑（紫晶蘑、紫蘑、花脸蘑）*Lepista nuda* (Bull.) Cooke

菌盖直径4.2-12.2cm，半球形至扁平或中间下凹。菌盖表面光滑，初期紫色或紫褐色，后至浅棕黄色，边缘初期内卷后稍呈波浪状，非水浸状。菌褶直生或近弯生，紫色或紫褐色，密，不等长。菌肉厚，淡紫色至乳白色，具有较强的淀粉香气。菌柄长3-9cm，粗0.5-2.5cm，淡紫色或紫褐色至棕黄色，具白色絮状粉末，基部略膨大。担孢子椭圆形，5.8-7.8×3.5-5μm，无色，薄壁，具疣突，具油滴，非淀粉质。担子棒状，具4担子小梗。囊状体未见。具锁状联合。

夏秋季群生或单生于针阔叶林地上。分布于我国东北、华北、华南、西北、西南等地区。食用。

花脸香蘑（紫晶口蘑、丁香蘑、花脸蘑）
Lepista sordida (Schumach.) Singer

菌盖直径3.4-6cm，初期半球形，后渐平展，中部有时凹陷。菌盖表面中部褐色，向边缘渐为灰紫色至紫色，后呈黄褐色，光滑。菌盖边缘呈波浪状，湿润时呈水浸状。菌肉较厚，淡紫色。菌褶直生至近弯生，密，淡紫色。菌柄长4.4-6cm，直径0.5-0.8cm，紫色，基部稍膨大，具白色菌丝，纤维质，实心。担孢子长椭圆形，6-8×3.5-4.5μm，表面具疣突，透明，薄壁，具油滴，非淀粉质。担子棒状，具油滴，具4（2）担子小梗。具锁状联合。

夏秋季群生或丛生于林地、草地上。分布于我国东北、华东、华中、西北、西南等地区。食用，药用。

丝膜菌科 Cortinariaceae
白紫丝膜菌 *Cortinarius alboviolaceus* (Pers.) Zawadzki

菌盖直径2.5-9cm，初时半球形，中部稍突起，边缘内卷，后平展，表面干，光滑，边缘白色至淡紫色，中间部位为淡黄褐色，稍带紫色。菌肉浅紫色，较厚，伤后颜色变深。菌褶较密，初期浅紫色，后变为褐色至锈褐色，不等长，弯生，边缘平整至波浪状。菌柄长4-8cm，粗1-2cm，向下渐粗，基部稍膨大，淡紫色至白紫色，伤后变灰紫色，实心。菌环上位，丝膜状，易消失。担孢子椭圆形至长椭圆形，8-11×5-6μm，粗糙有疣突，锈褐色。缘生囊状体和侧生囊状体未见。

夏秋季散生于林中地上。分布于我国东北、西南等地区。食用。

蜜环丝膜菌 *Cortinarius armillatus* (Fr.) Fr.

菌盖初半球形至钟形，直径3-8cm，中部突起，边缘内卷，后平展，砖红色至红褐色，中部红褐色至深褐色，平滑。菌肉淡红褐色至淡褐色，较薄。菌褶直生至弯生，初时肉桂色，后期黄褐色至锈褐色，较稀，褶缘平整。菌柄长6-12cm，粗0.5-1cm，近圆柱形，中上部常残留多个砖红色环带，基部稍膨大，呈根状，实心。菌环丝膜状或蜘蛛丝状，锈褐色，易消失。担孢子椭圆形，8.5-12×5.5-7.5μm，黄褐色至褐色。担子棒状，具4担子小梗。缘生囊状体窄棒形。具锁状联合。

秋季群生或散生于针阔混交林地上。分布于我国东北、华北、西南等地区。食用。

蓝紫丝膜菌 *Cortinarius caerulescens* (Schaeff.) Fr.

菌盖直径3.5-11.5cm，初期近球形，干燥，边缘下卷，渐平展，中部稍隆起至扁平。盖面光滑，湿时黏，紫蓝色，后变淡紫色，中部淡锈色，往往有土黄色污斑，干后全部锈褐色。菌肉厚，致密，淡紫蓝色。菌褶直生至稍弯生，密，幅宽，厚，蓝紫色至锈褐色。菌柄长5-11cm，粗1-1.7cm，基部球茎膨大，实心，不黏，蓝紫色至堇色。菌环丝膜状，堇色，易消失。担孢子椭圆形至杏仁形，12-19×5-6μm，土黄色，表面具小疣突。

夏秋季群生至丛生于阔叶林或混交林地上。分布于我国东北、华东、云南等地区。食用。

黄棕丝膜菌 *Cortinarius cinnamomeus* (L.) Gray

菌盖初呈球形，后逐渐凸出至钟形，边缘内

弯，具褶皱。菌盖表面干燥，鳞片纤维状、绒毛状、鲜黄赭色至黄色或橄榄铜色，成熟时呈棕橄榄色或浅橄榄色，边缘常带藏红花色。菌肉浅橘黄色或稻草黄色至褐色，薄。菌褶直生至弯生，密，铬黄色、橘黄色或青黄色，老后褐色或锈褐色。菌柄长5-8cm，粗0.3-0.7cm，上下等粗或稍弯曲，有时基部膨大呈球茎状，黄色至土黄色，有菌索。菌环蛛丝网状，黄色，易消失。担孢子柠檬形至宽椭圆形5.5-8.5×4-5.5μm，稍粗糙，有麻点，淡锈褐色。担子棒状，具4担子小梗。

秋季群生或丛生于混交林地上。分布于我国东北、西南等地区。食用。

栗褐丝膜菌 *Cortinarius epipurrus* Chevassut & Rob. Henry

菌盖直径1-3cm，初期半球形、凸镜形，成熟后平展，中部具钝圆突起，初期深棕色至栗棕色，成熟后颜色变深，棕黑色至深棕色，边缘初期内卷，后稍展开至有时上卷，波浪状，开裂。菌肉薄。菌褶弯生至直生，棕色至红棕色，不等长。菌柄长1.5-4.5cm，粗0.4-0.7cm，圆柱形，中空，纤维质，白色至棕色。担孢子宽椭圆形、椭圆形，8-9×4.7-6.3μm，淡褐色，具疣突，薄壁。担子具4担子小梗。具锁状联合。

秋季散生或群生于阔叶林地上。分布于我国东北等地区。

半毛盖丝膜菌 *Cortinarius hemitrichus* (Pers.) Fr.

菌盖直径2-4.5cm，栗褐色、灰褐色至棕褐色，中部突起，褐色，边缘近白色，呈絮状。菌肉淡黄色，较薄。菌褶直生或弯生，初浅黄褐色，后锈褐色，不等长，较密，幅宽。菌柄长12-14cm，粗0.7-1.6cm，污白色至紫褐色，老后黄褐色至污褐色，内部松软至实心。菌环丝膜状，初白色，后锈

褐色。孢子锈褐色，担孢子卵形，8-9×4.5-5μm，黄锈褐色，表面有细疣和小麻点。缘生囊状体和侧生囊状体未见。

夏秋季群生于阔叶林或混交林地上。分布于我国东北、西北、西南等地区。食用。

土生丝膜菌 *Cortinarius humicola* (Quél.) Maire

菌盖直径2-7cm，初期近钟形，成熟后扁平，中部略突起，赭黄色至黄褐色，表面被棕黄色丛毛状鳞片。菌肉淡黄色至赭黄色，中部稍厚，边缘薄，赭色，后红棕色，气味宜人，具萝卜味。菌褶直生至延生，窄，与菌盖同色。菌柄长6-8cm，粗0.8-1.2cm，米黄色，通常弯曲，圆柱形，上下几乎等粗，表面具黄褐色至浅褐色鳞片。担孢子椭圆形，7.5-9.5×5.5-6μm，淡黄褐色至赭色，薄壁，具疣突。担子棒状，透明，薄壁，淡黄色，具4（2）担子小梗。侧生囊状体和缘生囊状体未见。

秋季丛生于杨树林地上。分布于我国东北等地区。

钝顶丝膜菌 *Cortinarius obtusus* (Fr.) Fr.

菌盖直径2-5cm，圆锥形、钟形至扁球形，顶部具明显突起，红褐色至橙褐色或黄褐色，边缘浅色。菌褶弯生至近离生，黄褐色。菌肉棕褐色。菌柄褐锈色，长5-8cm，粗0.4-1cm，基部渐细，浅黄褐色，表面有白色绒毛，松软至空心。孢子印红褐色。担孢子近椭圆形、杏仁形，6.5-8.5×4.5-6μm，表面具明显疣突，糊精质。担子具4孢子小梗。

群生或丛生于杨树林地上。分布于我国东北、西北等地区。

紫丝膜菌 *Cortinarius purpurascens* Fr.

菌盖直径4-11cm，初时钟形，边缘内卷，后平展，中部稍突起，湿时稍黏，紫罗兰色，后期变土黄色至淡褐色。菌肉厚，淡紫色至蓝紫色。菌褶弯生，密，幅窄，蓝紫色、深紫色，老后或干后土黄色至锈褐色。菌柄长4-12cm，粗1.2cm，基部膨大，淡紫色至污白色，表面往往具有少量紫色纤毛，实心。菌环丝膜状，蓝紫色，易消失。担孢子卵圆形至椭圆形，8.5-10.5×4.5-5.5μm，具小疣，锈褐色。担子棒状，具4担子小梗。具锁状联合。

秋季生于阔叶林地上。分布于我国东北、华中、华南等地区。食用。

靴耳科 Crepidotaceae

美鳞靴耳 *Crepidotus calolepis* (Fr.) P. Karst.

菌盖直径1.5-5cm，扇形至近圆形，初期钟形，后期凸镜形至平展，湿时黏，边缘内卷，表面密被细绒毛或细鳞片，淡褐色、淡锈色，后褪为浅色，水浸状。菌褶稍密，较窄，弓形，奶油色至肉桂色。菌肉奶油色至橄榄黄色，稍带苦味，无特殊气味。菌柄极短，基部具白色绒毛。孢子印黄褐色至锈褐色。担孢子椭圆形至近球形，7-8.7×5.7-7.2μm，光滑，无色至淡褐色，壁稍厚。担子宽棒状，具4担子小梗，偶2担子小梗，薄壁。缘生囊状体近囊状、烧瓶形或棒状，薄壁。无锁状联合。

夏秋季生于阔叶树腐木上。分布于我国东北、华北、华南等地区。

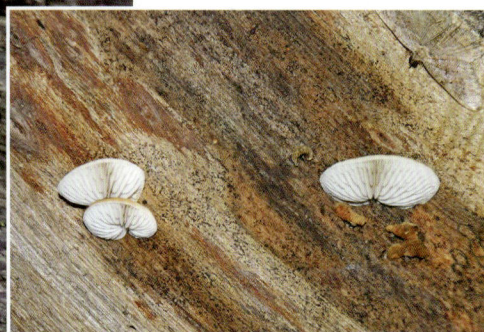

趾状靴耳 *Crepidotus carpaticus* Pilát

菌盖直径1.2-2.5cm，扇形或半球形，后凸镜形，浅褐色或米黄色，盖缘有细长天鹅绒状般绒毛。菌褶稍密，黄色、栗褐色至锈色，褶缘白色，有微细绒毛。菌肉薄，近膜质，白色。菌柄不明显，被绒毛。担孢子球形至近球形，5.2-6.1×4.8-5.3μm，表面具小疣或疣状隆起纹饰。担子棒状，具4担子小梗。缘生囊状体棒状、囊状，顶端具短突起。具锁状联合。

夏季群生于阔叶树枯枝上。分布于我国东北、华北、西南等地区。

粗孢靴耳 *Crepidotus caspari* Velen.

菌盖4.5-6cm，扇形、半圆形或近圆形，幼时淡黄色，中部突起，成熟后白色至污白色，有时淡褐色，边缘污黄色至淡黄褐色，近平展，表面具细小的白色丛毛状鳞片，边缘波浪形，无条纹，非水浸状。菌褶幼时白色，成熟后污白色至淡锈色。菌肉白色，无特殊气味和味道。无菌柄。担孢子卵圆形、宽椭圆形至椭圆形，6.3-7.3×4.7-5.3μm，表面具不明显小麻点。担子棒状，薄壁，无色，具4担子小梗。缘生囊状体保龄球形至烧瓶形，侧生囊状体未见。具锁状联合。

群生或叠生于杨树倒木树皮上。分布于我国东北、华北等地区。

铬黄靴耳 *Crepidotus crocophyllus* (Berk.) Sacc.

菌盖2.8-5cm，半圆形至近圆形、凸镜形，表面具密锈褐色丛毛状鳞片，边缘内卷，边缘无条纹，非水浸状。菌褶幼时橙色至橙红色，成熟后黄色至淡土褐色，弯生至近离生。菌肉白色，无特殊味道和气味。无菌柄。担孢子球形至近球形，5.6-6.5×5.3-6.5μm，浅褐色，表面具小麻点至疣状突起。担子宽棒状，少数长棒状，具2（4）担子小梗，薄壁。侧生囊状体未见。缘生囊状体圆柱形至棒状。菌盖鳞片由近交织的褐色圆柱形细胞构成。具锁状联合。

秋季群生于阔叶树腐木上。分布于我国东北、华中、华南、西南等地区。

黏靴耳（软靴耳）*Crepidotus mollis* (Schaeff.) Staude

菌盖直径2-6cm，半圆形、扇形或贝壳形，突起至扁平，表面光滑，有胶质层，水浸后半透明，湿时黏，污白色、乳黄色，老后黄褐色至淡褐色，平滑。菌盖边缘有条纹，波状或浅裂。菌褶延生，稍密，密，幅窄，白色至褐色、深肉桂色或淡锈色。菌肉薄，胶质，近白色，后变为淡肉桂色或褐色。无菌柄。孢子印黄土褐色、赭色或锈色。担孢子宽椭圆形或卵圆形，7.5-10×5-6μm，光滑，淡锈色至黄褐色，有内含物，非淀粉质。担子宽棒状，具4担子小梗。缘生囊状体近柱状或近囊状。菌盖皮层菌丝不规则交织，有胶黏物。无锁状联合。

夏秋季覆瓦状叠生或群生于各种阔叶树的活立木和倒木上。我国各地区均有分布。

条盖靴耳 *Crepidotus striatus* T. Bau & Y.P. Ge

菌盖扇形至半圆形，0.8-1.8cm，幼时白色、蹄形、贝壳形，盖面黏，边缘具不明显条纹，成熟后污白色，表面光滑，无绒毛及鳞片，边缘具明显条纹，非水浸状。菌褶白色、污白色至土褐色，延生。菌肉薄，近透明，无特殊味道和气味。菌柄极小，表面具白色菌丝。担孢子椭圆形至宽梭形，7.1-8×4.6-5.4μm，浅茶色至土褐色，光滑，具油滴。担子圆柱形至棒状，薄壁，常具2担子小梗。侧生囊状体未见。缘生囊状体细囊状至泡囊状。菌盖表皮由平伏长圆柱状细胞构成，部分菌丝末端特化成盖生囊状体、细囊状至泡囊状，具厚凝胶层。无锁状联合。

秋季群生于阔叶树腐木上。分布于我国东北、西南等地区。

亚疣孢靴耳 *Crepidotus subverrucisporus* Pilát

菌盖直径 0.1-0.2cm，初期蹄形，后半球形、扇形至平展，表面白色至米白色，幼时盖面被天鹅绒般细绒毛，后光滑，米白色至橙棕色，基部有丛毛，边缘内卷。菌肉白色至浅灰色，薄。菌褶初期白色，后变为淡赭色，稍密，中等宽，贴生，褶缘具有白色细绒毛。担孢子椭圆形至杏仁形，3.7- 5.2×4-4.9μm，表面具细小疣，粉灰色至黄灰色。担子棒状，具4担子小梗，基部具锁状联合。缘生囊状体烧瓶形至纺锤形，向上顶端逐渐变细，基部具锁状联合。具锁状联合。

夏秋季呈覆瓦状群生于阔叶树倒腐木上。分布于我国东北等地区。

榆生靴耳 *Crepidotus ulmicolus* T. Bau & Y.P. Ge

菌盖宽0.3-0.5cm，半圆形至近圆形，白色，污白色至淡橙黄色，具白色短绒毛，边缘稍内卷，非水浸状，无条纹，侧生，少数背生。菌褶长疏，白色至淡黄色至黄色，老后带锈色，弓形，弯生至延生。菌肉白色，极薄，无特殊味道和气味。菌柄圆柱形，淡黄色。担孢子宽椭圆形至椭圆形、近豆形，7.5-8.7×5.6-6.7μm，黄色至淡褐色，光滑。担子棒状，薄壁，具4担子小梗，少数为2担子小梗。侧生囊状体未见。缘生囊状体烧瓶形，少数棒形，不分枝，多波浪形弯曲，基部膨大。具锁状联合。

单生或散生于黄榆活立木树皮上。分布于我国东北等地区。

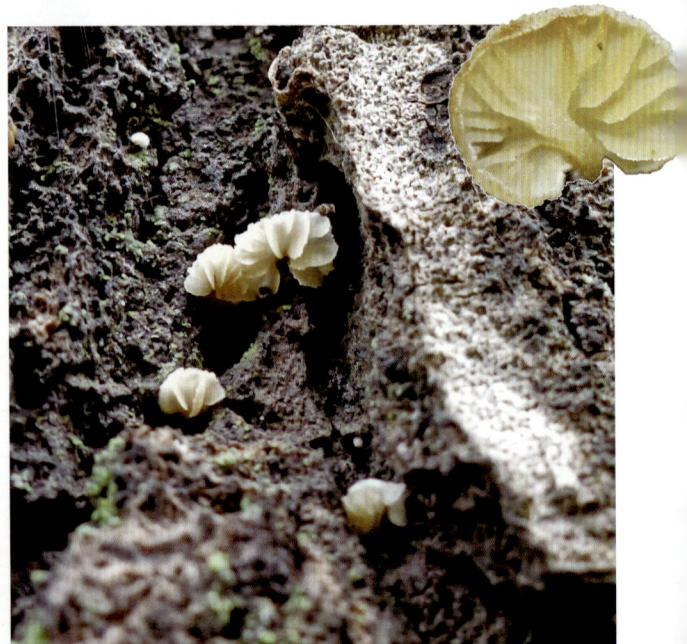

变形靴耳（变形锈耳、多变靴耳）***Crepidotus variabilis*** (Pers.) P. Kumm.

菌盖宽1-3.5cm，肾形、扇形或半圆形。菌盖表面污白色、灰白色、灰黄色至褐红色，被白色绒毛。菌盖边缘近光滑，内卷。菌肉白色至近赭色，薄，无特殊气味。菌褶密，白色、土黄褐色、淡肉桂色、淡黄棕色至红褐色。几乎无菌柄。担孢子椭圆形，近球形或近杏仁形，5.5-7×3-3.5μm，近无色或淡锈色，具细小刺或小疣，薄壁。担子宽棒状，具4担子小梗。侧生囊状体未见。缘生囊状体形状多样，近棒状或细囊状，弯曲。具锁状联合。

夏秋季叠生或群生于多种阔叶树的枯腐木或枯腐枝上。我国各地区均有分布。

黄侧火菇*Pleuroflammula flammea* (Murrill) Singer

菌盖凸镜形至肾形，直径1-3cm，表面黄色至黄褐色，成熟后变光滑，不黏，非水浸状，边缘菌幕残片呈齿状。菌肉浅黄色，味苦。菌褶离生，稍密，肉桂色至褐色，老后变深褐色。菌柄长0.2-0.6cm，粗0.1-0.2cm，偏生，等粗至基部稍膨大，具绒毛状物。菌环膜质，黄色至黄褐色，易消失。孢子印深锈褐色。担孢子卵圆形至椭圆形，7.8-8.8×5.4-5.9μm，光滑，厚壁，无芽孔。担子棒状，具4担子小梗。侧生囊状体未见。缘生囊状体丰富，棒状，顶端呈头状，透明至浅锈褐色。具锁状联合。

秋季群生于阔叶树腐木及枯木上。分布于我国东北等地区。

绒盖菇 Simocybe centunculus (Fr.) P. Karst.

菌盖直径 5-16cm，半球形、凸镜形至近平展或扁平，通常中部无突起，表面暗色，水浸状，潮湿时呈浅红褐色或橄榄褐色，具透明条纹，干时呈亮赭色。菌肉亮赭色至褐色，薄，气味不明显，味道温和。菌褶弯生至近离生，亮褐色至锈褐色、橄榄色，边缘具近白色的纤毛状物。菌柄长 1-3cm，粗 0.1-0.2cm，弯曲，近光滑，具白色纤毛状物，基部具白色绒毛状的菌丝体。孢子印浅红褐色。担孢子椭圆形、卵形至肾形或豆形，6-8.5×4-5.5μm，光滑，亮黄色，厚壁，萌发孔不明显。担子圆柱形或宽棒状，具 2（4）担子小梗。缘生囊状体棒状、圆柱形至烧瓶状，薄壁。侧生囊状体未见。柄生囊状体近似缘生囊状体。

夏秋季单生或群生于阔叶林腐木上。分布于我国东北、西南地区。

靴耳状绒盖菇 Simocybe quebecensis Redhead & Cauchon

菌盖直径 0.2-0.3cm，扇形，初期米白色，成熟后浅褐色，表面具细绒毛，边缘弯曲稍内卷，挂有细小菌幕残片。菌肉薄。菌褶延生，淡黄褐色，薄，稀，不等长。菌柄偏生至退化，长 0.1-0.2cm，粗 0.1-0.2cm，圆柱形，中空，具细小纤毛状鳞片。担孢子卵圆形，4-4.9×2.9-3.8μm，厚壁。担子近棒状，无色，透明，具 4 担子小梗。侧生囊状体未见，缘生囊状体不规则形，具枝状突起，表面具浅黄色结痂。菌盖表皮菌丝无色，透明，薄壁，具锁状联合。

夏秋季散生于阔叶林中腐木上。分布于我国东北等地区。

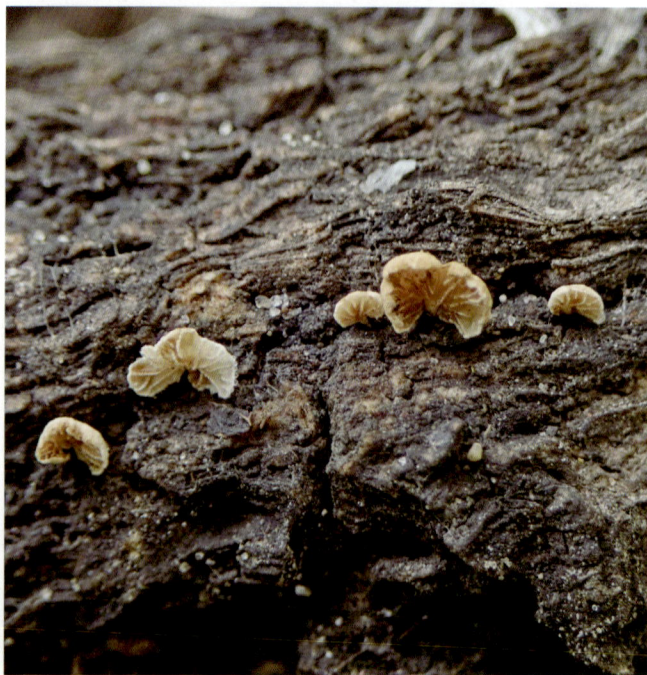

挂钟菌科 Cyphellaceae

肉色胶韧革菌（榆耳、肉蘑、胶韧革菌）
Gloeostereum incarnatum S. Ito & S. Imai

担子体新鲜时肉质，胶质，有弹性，初期平伏，2.5-8.5×3.5-5cm，厚0.3-0.5cm，浅肉粉色。菌盖近圆形，边缘向上反卷呈花瓣状，较钝，部分具环纹，表面具短细绒毛层，具泡状突起。担孢子椭圆形或腊肠形，5.5-8.3×3-4.2μm，无色，薄壁，光滑，非淀粉质。担子近棒状，具4担子小梗。囊状体柱形或棒状，有时具微细结晶体。具锁状联合。

秋季单生或叠生于榆树、槭树等阔叶树树干、腐木、枯枝或树洞。分布于我国东北、西北等地区。食用，药用。

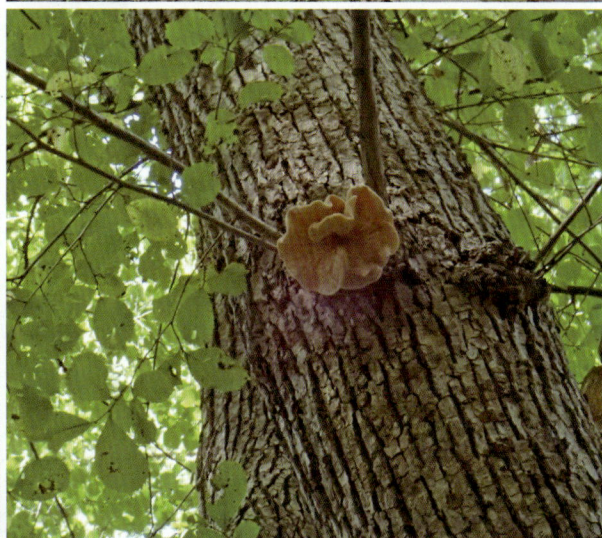

粉褶菌科 Entolomataceae

褐盖斜盖伞 *Clitopilus brunneiceps*
S.P. Jian & Zhu L. Yang

菌盖直径2.5-5.3cm，扁凸镜形至平展或中部下凹，灰色至浅褐色，表面光滑，未见水浸状，边缘内卷。菌肉稍厚，白色。菌褶延生，初白色，后黄白色，密，不等长。菌柄偏生，长1.5-4.2cm，粗0.4-0.6cm，实心，污白色至浅灰色，基部被白色菌丝体。担孢子纺锤形、椭圆形，8.4-11.6×5.3-7.6μm，具5或6棱纹，无色透明。担子棒状，具4（2）担子小梗。缘生囊状体和侧生囊状体未见。无锁状联合。

夏秋季单生或散生于阔叶林地上。分布于我国东北、华中、华南等地区。

辣斜盖伞 *Clitopilus piperitus* (G. Stev.) Noordel. & Co-David

菌盖凸镜形至平展，中部凹陷，浅黄色至肉色，表面光滑，边缘内卷。菌肉乳白色。菌褶延生，杏黄色至肉粉色，密，不等长。菌柄长2.9-3.2cm，粗0.4-0.6cm，圆柱形，基部稍膨大，具细小纤毛，肉质，中实。担孢子椭圆形，8.7-9.6×6.3-7.5μm，具纵向条棱，水中呈淡黄色，薄壁，非淀粉质。担子棒状，具4（2）担子小梗，透明。

夏秋季散生于阔叶林地上。分布于我国东北等地区。

斜盖伞 *Clitopilus prunulus* (Scop.) P. Kumm.

菌盖2.5-6.5cm，凸镜形至平展，中部钝突，有时具脐凹，白色至污白色，表面具细小纤毛，未见水浸状，边缘内卷。菌肉中部厚，边缘薄，白色。菌褶延生，初白色，后淡粉色，密。菌柄长1.5-5.5cm，粗0.3-1.1cm，偏生，向下渐细，实心，肉质，表面白色至污白色，基部具白色菌丝体。担孢子长椭圆形，8-11.3×5.1-6.2μm，具6-8棱纹，光滑，透明。担子棒状，具4担子小梗。缘生囊状体和侧生囊状体未见。无锁状联合。

夏秋季单生或散生于林中地上。分布于我国东北、华中、华南等地区。食用。

粗毛粉褶菌（类铁刀木粉褶菌）*Entoloma dysthaloides* Noordel.

菌盖直径0.3-1.1cm，半球形至凸镜形，灰褐色至褐色，表面具银色粗毛，中部具纤维状鳞片，非水浸状，边缘具不明显条纹。菌褶直生至具延生的小齿，灰褐色至褐色，稀疏。菌肉灰褐色，气味和味道不明显。菌柄长1.2-4.1cm，粗0.1-0.2cm，灰褐色至褐色，中空，被细小的短绒毛，基部具黄褐色纤毛。担孢子异径，10.1-12.5×6.5-9μm，具5-7角，厚壁，浅棕色。担子棒状，具4担子小梗。缘生囊状体棒状、近纺锤形，薄壁，具淡褐色结痂色素。侧生囊状体未见。无锁状联合。

夏秋单生或散生于草地上。分布于我国东北等地区。

侧柄粉褶菌 *Entoloma jahnii* Wölfel & Winterh

菌盖扇形至圆形，直径0.2-1cm，中部平凸，边缘下弯，直，成熟后呈波浪状，无条纹，白色，成熟呈粉色，表面被绒毛。菌肉薄，白色。菌褶中密，幼时白色，成熟后呈粉色，顶端微凹，弯生。菌柄偏生，长0.1-0.3cm，直径约1cm，圆柱形，白色，被绒毛。担孢子10.4-12.9×8.1-9.4μm，具5-7角，具油滴，粉色，厚壁。担子宽棒状，具油滴，具4（2）担子小梗。

夏秋季群生于腐木上。分布于我国东北等地区。

臭粉褶菌（红灰色粉褶菌、臭赤褶菇、褐盖粉褶菌、突顶粉褶菌）
Entoloma rhodopolium (Fr.) P. Kumm.

　　菌盖直径3-4.6cm，初半球形，后平展，中部微凹，肉桂色至棕灰色，平滑，中部偏灰色，轻微水浸状，边缘具放射状条纹。菌肉薄，白色，臭味明显。菌褶乳白色至浅粉色，稀，直生，不等长。菌柄偏生，长6-8.5cm，粗0.3-0.5cm，中空，脆骨质，灰白色至淡褐色，具丝光，基部膨大。担孢子近等径，7.5-9.31×7.2-8.7μm，具5-7角。担子棒状，具4担子小梗，基部具锁状联合。囊状体未见。少具锁状联合。

　　秋季散生于针阔混交林或阔叶林地上。我国各地区均有分布。有毒。

锈红粉褶菌 ***Entoloma rusticoides*** (Gillet) Noordel.

　　担子体小型，亚脐菇状。菌盖直径0.8-1.4cm，凸镜形至半球形，中部具脐凹，水浸状，具条纹，光滑，深灰色至黄褐色，密被绒毛，边缘弯曲，波浪状。菌褶浅米色至浅棕粉色，延生。菌肉薄，米色至白色，气味和味道不明显。菌柄长1-1.5cm，粗0.1-0.2cm，圆柱形至近棒状，表面光滑，灰色至褐色，基部具白色纤毛。担孢子近等径，8.5-10.5×8-10.3μm，具5或6角，厚壁。担子圆柱状至棒状，具4（2）担子小梗，厚壁。缘生囊状体、侧生囊状体缺失。无锁状联合。

　　夏秋单生或散生于草地上。分布于我国东北、华北等地区。

粗糙粉褶菌 *Entoloma scabiosum* (Fr.) Quél.

菌盖直径 1.4-6.2cm，凸镜形，中部微凹，非水浸状，棕褐色至深褐色，表面粗糙，中部密被鳞片，边缘内卷。菌褶灰色至粉灰色，密，离生。菌柄长 1.5-7.6cm，粗 0.2-0.6cm，中空，淡棕色，表面被纵向纤维，基部膨大，具白色菌丝体。担孢子近等径至异径，7.3-8.4×5.3-7.5μm，具5或6角，厚壁。担子棒状，具4担子小梗。缘生囊状体圆柱状至细颈瓶形，薄壁。侧生囊状体未见。无锁状联合。

秋季单生或散生于阔叶林地上。分布于我国东北地区。

纤弱粉褶菌 *Entoloma tenuissimum* T.H. Li & Xiao L. He

菌盖直径 0.3-1.1cm，凸镜形或半球形、钟形，干，非水浸状，表面灰褐色，具明显沟纹，密被白色纤毛，边缘无条纹。菌褶浅粉色，较疏，直生，具延生的齿。菌柄长 1.6-3.4cm，粗 0.2-0.3cm，中空，脆骨质，灰褐色，基部膨大，表面被白色纤毛。担孢子异径，15.7-19×10.76-12.5μm，具7或8角，厚壁。担子近棒状，具4担子小梗。缘生囊状体棒状至近球形，厚壁，黄褐色。侧生囊状体未见。无锁状联合。

秋季散生于阔叶林地上。分布于我国东北地区。

轴腹菌科 Hydnangiaceae
紫晶蜡蘑（紫蜡蘑、假花脸蘑）*Laccaria amethystina* Cooke

菌盖直径0.5-3cm，半球形，后渐平展，中部凹陷呈脐状，初期灰紫色，渐变浅黄褐色，表面具纤鳞，非水浸状或近水浸状。菌肉同菌盖色，气味温和，无味道。菌褶直生至延生，深波状至弓形，不等长，稀疏，紫色。菌柄长2.5-6cm，粗0.1-0.3cm，同菌盖色，圆柱形，具纤维状纵向条纹。担孢子球形，4.9-9μm，无色，表面具小刺。担子棒状，具4担子小梗。

缘生囊状体棒状。侧生囊状体未见。具锁状联合。

夏秋季散生或群生于杨树林地上。我国各地区均有分布。食用。

红蜡蘑（漆亮蜡蘑、红皮条蜡蘑）
Laccaria laccata (Scop.) Cooke

菌盖直径2.1-4.5cm，半球形，后渐平展，中部凹陷呈脐状，初期红褐色，渐变黄褐色，表面具细小鳞片，边缘缺刻状，具条纹，非水浸状或近水浸状。菌肉粉褐色，气味温和，无味道。菌褶延生，不等长，稀疏，同菌肉色。菌柄长2.5-8cm，粗0.1-0.5cm，同菌盖色，具细鳞片，具纤维状纵向条纹，内部松软。担孢子近球形或球形，7-9.5×7-10.7μm，无色，表面密布小刺。担子棒状，无色，具4担子小梗。偶见缘生囊状体，棒状。具锁状联合。

夏秋季散生或群生于阔叶树林中地上。我国各地区均有分布。食用。

条柄蜡蘑 *Laccaria proxima* (Boud.) Pat.

菌盖直径1.2-7cm，钟形，后渐平展至上翘，中部微凹陷，红棕色至米黄色，表面具纤鳞，边缘具半透明的条纹或无条纹。菌肉粉褐色，气味温和，无味道。菌褶直生，不等长，稀疏，褶间肉色至粉红色。菌柄长2.5-10cm，粗0.2-0.8cm，同菌盖色，具细鳞片，具纤维状纵向条纹，内部松软。担孢子近球形至椭圆形，6-11×5.5-8μm，表面密布小刺。担子棒状，无色透明，具4担子小梗。缘生囊状体棒状，无色透明。具锁状联合。

夏秋季单生或群生于林缘草地上。分布于我国东北、华北、西北、西南等地区。食用，药用。

刺孢蜡蘑（二孢蜡蘑）*Laccaria tortilis* (Bolton) Cooke

菌盖直径0.5-2.5cm，凸镜形，后渐平展至上翘，中部微凹陷，黄褐色，表面光滑，具深条纹，水浸状。菌肉淡粉色，气味温和，无味道。菌褶近延生，厚，不等长，稀疏。菌柄长0.8-3cm，粗1-3.5cm，同菌盖色，具细鳞片，具纤维状纵向条纹，内部松软。担孢子近球形或球形，10-15×10-14.5μm，无色透明，表面密布小刺。担子棒状，具2担子小梗。偶见缘生囊状体，棒状。具锁状联合。

夏秋季单生或群生于阔叶林地上。分布于我国东北、华北、华南、西北、西南等地区。食用，药用。

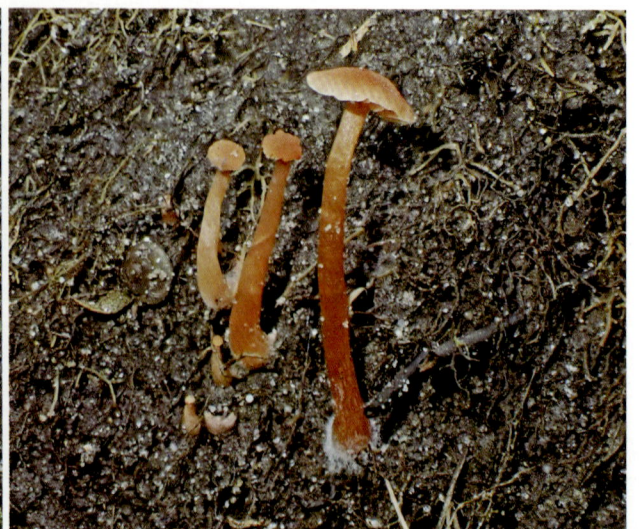

蜡伞科 Hygrophoraceae

外溶健伞（外溶健孔菌）*Arrhenia epichysium* (Pers.) Redhead et al.

菌盖直径 0.7-2.8cm，初期平凸镜形或近漏斗形，中部明显凹陷，边缘具条纹，波浪状，外翻或稍内卷，棕色至米褐色，黏，有时具粉霜或鳞片。菌肉薄，具明显的天竺葵香味。菌褶弯生，窄，中密，不等长，灰白色，褶缘暗褐色，波浪状。菌柄中生，与菌柄同色，向基部颜色深，具绒毛。孢子印白色。担孢子长椭圆形，7.3-9.6×4.7-5.3μm，光滑，透明，非淀粉质。担子棒状，具4担子小梗。

秋季散生于腐木上。分布于我国东北等地区。

棕黑健伞 *Arrhenia fusconigra* (P.D. Orton) P.-A. Moreau & Courtec.

菌盖中部下凹，边缘下弯，浅漏斗形，具纵向条纹，表面光滑，中部深棕色至棕黑色，向边缘渐浅呈棕色。菌肉浅棕色。菌褶中密，延生，棕色至深棕色，边缘呈棕黑色。菌柄长 1-2.8cm，粗 0.2-0.6cm，浅棕色至棕黑色，圆柱形，直，具绒毛。担孢子长椭圆形，5.3-11.3×3.3-6.6μm，厚壁，棕黄色，非淀粉质。担子棒状，具4（2）担子小梗。缘生囊状体和侧生囊状体未见。具锁状联合。

夏秋季散生于阔叶林地上。分布于我国东北等地区。

淡灰健伞 *Arrhenia griseopallida* (Desm.) Watling

菌盖直径2-2.5cm，初期突起，后期凹陷，表面干且粗糙，深棕色至棕黑色，中部色深，向边缘渐浅，具白色粉末状鳞片，边缘皱缩且具有半透明的放射形条棱，反卷。菌肉薄，深棕色。菌褶延生，淡褐色，密，幅宽，较厚。菌柄长2.1-3cm，粗0.2-0.8cm，深棕色，等粗或向下稍粗。孢子印白色。担孢子椭圆形，7-8.5×6-7.8μm，担子近球形，具4担子小梗。

夏秋季群生或散生于潮湿的沙地上。分布于我国东北、西南等地区。

草地拱顶伞（草地湿伞、草原拱顶菌、草地蜡伞）***Cuphophyllus pratensis* (Pers.) Bon**

菌盖直径1.7-5.3cm，半球形，平凸镜形或不规则平展，中部常具钝突，表面干燥，初期棕黄色，后期呈浅黄褐色，中部暗棕褐色，边缘波状，内卷。菌肉白色，无味。菌褶稀，延生至长延生，肉色至粉黄色，不等长。菌柄圆柱形或扁圆柱形，长2.1-3.2cm，粗0.3-1.2cm，白色至黄白色。孢子印白色。担孢子椭圆形，表面光滑，薄壁，5.2-8.4×4.2-5μm，非淀粉质。担子棒状，具4担子小梗。侧生囊状体未见。具锁状联合。

秋季单生或群生于混交林或草地上。分布于我国东北、华南、西南等地区。食用。

洁白拱顶伞（洁白蜡伞、雪白蜡伞、雪白拱顶伞）*Cuphophyllus virgineus* (Wulfen) Kovalenko

菌盖直径1.6-2.1cm，半球形、近半球形，成熟时平凸镜形，中部微凹，表面稍黏，初期乌白色，后期呈浅灰白色，边缘半透明，内卷。菌肉白色，无味。菌褶稀，延生，白色，半透明，不等长。菌柄圆柱形，长2.3-2.6cm，粗0.3-0.4cm，白色。孢子印白色。担孢子椭圆形至宽椭圆形，光滑，薄壁，无色，8.5-9.2×6.5-7.3μm，具油滴，非淀粉质。担子棒状，具2担子小梗。侧生囊状体未见。无锁状联合。

秋季散生或群生于阔叶林中草地上。我国各地区均有分布。

尖顶湿伞（橙红湿伞、尖顶金蜡伞、尖锥蜡伞）*Hygrocybe acutoconica* (Clem.) Singer

菌盖直径2-6.8cm，初期圆锥形，后渐平展，中部具锐突，表面黏，初期黄色、镉黄色，后期呈赭黄色，中部色稍深呈红褐色，边缘波状，放射状开裂，内卷或外翻。菌肉黄色，无味。菌褶稀，弯生，黄色，不等长。菌柄长7-12cm，粗0.3-0.7cm，黄色，后变镉黄色、赭黄色，基部白色。孢子印白色。担孢子椭圆形，9-15.3×5.2-9.1μm，光滑，无色，薄壁，具油滴，非淀粉质。担子棒状，具4（2）担子小梗。囊状体未见。具锁状联合。

秋季单生于针阔混交林地上。分布于我国东北、华中等地区。

鸡油菌状湿伞（舟湿伞、凹顶湿盖伞、鸡油湿伞）***Hygrocybe cantharellus*** (Schwein.) Murrill

菌盖直径1.2-1.6cm，凸镜形至平展，中部微凹，表面稍黏，金黄色至橙黄色，边缘波状，内卷。菌肉淡黄色，无味。菌褶延生，黄白色，稀疏，不等长。菌柄长3.5-4.2cm，粗0.3-0.9cm，橙黄色、橙红色，下部渐变成白色。孢子印白色。担孢子椭圆形至长椭圆形，8.1-8.9×5.5-7.9μm，光滑，薄壁，无色，具油滴，非淀粉质。担子棒状，具4担子小梗。囊状体未见。具锁状联合。

夏秋季群生或群生于混交林地上。分布于我国东北、华北、华东、华南、西南等地区。食用。

尖锥湿伞（变黑湿伞、变黑湿盖伞、变黑蜡伞、橙黄蜡伞）***Hygrocybe conica*** (Schaeff.) P. Kumm.

菌盖直径1.3-2.2cm，凸镜形至半球形，中部锐突，表面湿时黏，初期橙红色，后期橘黄色、暗黄色，中部色稍深，边缘波状，稍内卷。菌肉白色，无味，伤后变黑色。菌褶密，弯生，白色至米白色，不等长。菌柄长1.5-2.5cm，粗0.2-0.4cm，橙红色、黄色，向下渐变至淡橘黄色，基部浅黄色、白色。孢子印白色。担孢子椭圆形至长椭圆形，11.1-11.8×6.5-6.9μm，光滑，薄壁，无色，具油滴，非淀粉质。担子棒状，具1（2）担子小梗。囊状体未见。无锁状联合。

夏秋季群生或丛生于针阔混交林或阔叶林地上。我国各地区均有分布。有毒。

小红湿伞（朱红湿伞、朱红湿盖伞、朱红蜡伞、小红蜡伞） *Hygrocybe miniata* (Fr.) P. Kumm.

菌盖直径 2.4-4.3cm，凸镜形至半球形，成熟后稍平展至平凸镜形，中部微凹，表面稍黏，有时有细小鳞片，初期橙黄色、橙色，中部橙红色，边缘具半透明条纹。菌肉黄色至橙黄色，无特殊气味。菌褶稀，近延生，浅橙色至肉黄色，不等长。菌柄长 0.6-2.6cm，粗 0.2-0.3cm，橙黄色至橙红色。孢子印白色。担孢子椭圆形至长椭圆形，9.2-10.3 × 5.8-6.7μm，光滑，薄壁，无色，具油滴，非淀粉质。担子棒状，具 4 担子小梗。囊状体未见。具锁状联合。

秋季群生于阔叶林地或溪流附近。我国各地区均有分布。食用。

小湿伞 *Hygrocybe turunda* (Fr.) P. Karst.

菌盖初期扁半球形，成熟后稍平展，中部凹陷，浅橙色、橙黄色，具红色调，中间颜色较深，表面被细小鳞片，湿时黏，不变黑，边缘稍内卷，常波状。菌肉白色，气味温和。菌褶延生，奶油色至淡黄色，稀，褶缘光滑。菌柄长 6-11.5cm，粗 0.15-0.3cm，近圆柱形，橙黄色至橙红色，表面湿黏，基部颜色较浅，脆骨质，空心，基部稍膨大。担孢子椭圆形，9.5-13.5 × 5.5-7.5μm，无色，薄壁，透明，光滑，具油滴。担子棒状，具 4（2）担子小梗，薄壁，光滑，具油滴。缘生囊状体和侧生囊状体未见。具锁状联合。

夏秋季散生于阔叶林地上。分布于我国东北、华中、西南等地区。

层腹菌科 Hymenogastraceae
黄褐盔孢伞 *Galerina helvoliceps* (Berk. & M.A. Curtis) Singer

菌盖直径 1-4cm，半球形至平展，有时中部有乳状突起，表面光滑，米黄色、黄色至赭黄色，边缘有条纹。菌褶直生、延生或弯生，不等长，稍疏，污黄色、赭黄色或黄褐色。菌肉污白色，薄。菌柄长 1.5-7cm，粗 0.1-0.7cm，中空，深褐色。菌环膜质，薄。孢子印锈褐色。担孢子椭圆形至杏仁形，8-11 × 5-6.5μm，浅黄褐色，有疣突，有脐上光滑区，无萌发孔，非淀粉质。担子棒状，具 2（4）担子小梗。缘生囊状体近纺锤形至中部腹鼓状，头部钝圆呈圆头状。侧生囊状体近纺锤状，近基部膨大。

夏秋季群生于腐木苔藓丛中。分布于我国东北、西北等地区。有毒。

纹缘盔孢伞（秋盔孢伞）*Galerina marginata* (Batsch) Kühner

菌盖直径 1-2.8cm，幼时半球形或扁半球形，顶端具小突起，成熟后渐平展，黄色至黄褐色，中部暗褐色，表面光滑，边缘具条纹，水浸状。菌肉薄，乳白色至淡黄色，伤不变色。菌褶淡黄褐色，弯生，不等长。菌柄长 1.5-3.8cm，粗 0.1-0.4cm，棕色，脆骨质，实心，基部有白色菌丝。菌环膜质，易脱落。担孢子椭圆形、长椭圆形或杏仁形，7.5-12.5 × 5-6.5μm，浅黄色，表面有疣突，有脐上光滑区，表面被膜状物，无萌发孔，非淀粉质。担子棒状，具 2（4）担子小梗。缘生囊状体近纺锤形至中部腹鼓状，头部钝圆呈圆头状。侧生囊状体近纺锤状，近基部膨大。

夏秋季群生于腐木上。分布于我国东北、西南、西北等地区。有毒。

沟条盔孢伞 *Galerina vittiformis* (Fr.) Singer

菌盖直径 0.8-1.5cm，圆锥形、钟形或平展，有时中部具有脐状尖突起，表面黄褐色，光滑，表面由中心处向四周具放射性条纹，菌肉薄。菌褶直生，稀，黄褐色。菌柄长 2.5-3cm，粗 0.1-0.2cm，黄褐色，表面被微小的同盖色的纤毛，中空。孢子印淡锈色。担孢子长椭圆形，8.7-12×5.4-7μm，黄色或亮黄色，具有细疣，脐上区光滑。担子棒状，具 2（4）担子小梗。缘生囊状体近纺锤形至中部腹鼓状，头部钝圆呈圆头状。侧生囊状体近纺锤状，近基部膨大。

秋季生于腐木苔藓层中。我国各地区均有分布。

绿褐裸伞 *Gymnopilus aeruginosus* (Peck) Singer

菌盖直径 3.5-11.3cm，扁半球形至平展，黄褐色、紫褐色，伤后变绿褐色，表面具纤维状鳞片，后呈褐色鳞片，菌盖边缘有菌幕残片，后脱落，干。菌褶淡黄绿色至锈褐色，直生至弯生，不等长。菌肉污白色至淡黄色，伴有淡绿色，味苦，无明显气味。菌柄紫褐色至紫色，有纵条纹，实心。菌幕膜质，柄上往往有残留。担孢子卵圆形至椭圆形，6.2-8.3×4.2-5.5μm，黄褐色至锈色，粗糙，具疣突。担子棒状，具 4 担子小梗。缘生囊状体烧瓶形、近瓶形，中部腹鼓状，顶部头状。侧生囊状体棒状，黄褐色。具锁状联合。

夏秋季单生或群生于林中腐木上。分布于我国东北、华北、华中、华南、华东、西北、西南地区。有毒。

橘黄裸伞 *Gymnopilus junonius* (Fr.) P.D. Orton

菌盖直径4-15cm，半球形至平展，橙黄色、橙色，表面被绒毛、细小鳞片，无条纹。菌肉黄色至暗橙色，较薄，无明显气味，微苦。菌褶直生至弯生，橙黄色至红棕色，不等长，密。菌柄长2-5.5cm，粗0.2-0.6cm，向下膨大，实心，橙色至黄褐色，纤维质，向下渐细，具环状菌幕残留。担孢子椭圆形、杏仁形，7-9×4.5-6.5μm，黄褐色至砖红色，具疣突。担子棒状，具4担子小梗。缘生囊状体颈瓶形、纺锤形，上部近头状，中部腹鼓状。

夏秋单生或丛生于阔叶树腐木上。分布于我国东北等地区。有毒。

糙孢滑锈伞 *Hebeloma asperosporum* Beker & U. Eberh.

菌盖直径2.2-3cm，凸镜形，中部突起，中心棕褐色，边缘污白色至浅褐色。菌肉薄，污白色。菌褶弯生，灰褐色，稍密，不等长。菌柄长1.4-1.8cm，粗0.4-0.6cm，圆柱形，污白色至奶油色，上端具白色粉霜。担孢子柠檬形至杏仁形，9-11.9×6.4-7.6μm，棕褐色，表面粗糙，具纹饰，内含油滴。担子圆柱形至棒状，具4担子小梗。柄生囊状体和缘生囊状体棒状至头状。具锁状联合。

秋季散生或群生于混交林地上。分布于我国东北等地区。

大毒滑锈伞（大毒黏滑菇）*Hebeloma crustuliniforme* (Bull.) Quél.

菌盖直径3.5-7.5cm，半球形至凸镜形，后渐平展，中部圆钝突起，浅黄色，边缘乳白色、灰米黄色，湿时黏滑。菌肉乳白色，厚，具有强烈的萝卜味，微苦。菌褶近直生，不等长，密，乳白色、浅土黄色至深灰黄色。菌柄基部膨大，表面具纤维状小鳞片，污白色。孢子印锈褐色。担孢子杏仁形，9.7-13.1×5.7-6.4μm，淡黄色，具小疣，无芽孔，非拟糊精质。担子圆柱状至棒状，常具4（2）担子小梗。缘生囊状体和柄生囊状体圆柱形，淡黄色。具锁状联合。

单生或群生于阔叶林或针叶

林地上。分布于我国东北、华北、西北、西南等地区。有毒。

沙地滑锈伞 *Hebeloma dunense* L. Corb. & R. Heim

担子体很小。菌盖直径1-1.5cm，幼时半球形，中部圆锥形或钟形，后平展，边缘内卷，表面光滑，湿时黏滑，非水浸状。菌盖淡黄棕色至黄褐色，边缘颜色浅，具白色菌幕，后渐脱落，有菌幕残片。菌褶直生至近延生，黄棕色至赭褐色，较密。菌柄长3.5-5.5cm，粗0.2-0.3cm，基部略膨大，纤维质，呈乳白色、米黄色至棕色，菌柄上部具有明显的丝膜质菌环。担孢子椭圆形至长椭圆形，7.5-11×4.5-6μm，浅黄色，表面近光滑，微具疣状突起。担子棒状，具4担子小梗。缘生囊状体圆柱形，顶部圆头状，有时近基部一侧略膨大。具锁状联合。

秋季散生于柳树下的沼泽地或沙丘上。分布于我国东北等地区。

大孢滑锈伞 *Hebeloma sacchariolens* Quél.

菌盖直径2-5cm，凸镜形、近扁凸镜形，中部突起，中心黄褐色，边缘奶油色至浅黄色，湿时稍黏，边缘呈弱流苏状。菌肉污白色，易碎。菌褶弯生至具下延生小齿，肉粉色至淡褐色，密，不等长。菌柄长2.5-4.5cm，粗0.4-0.7cm，圆柱形，基部稍厚，污白色至奶灰色。担孢子柠檬形至杏仁形，9.2-12×6-7.5μm，黄褐色至褐色，表面具纹饰，内含油滴。担子圆柱形至棒状，具4担子小梗。柄生囊状体与缘生囊状体棒状至球茎状，圆柱形。具锁状联合。

夏秋季散生或群生于混交林地上。分布于我国东北、华北、西南等地区。有毒。

芥味滑锈伞（大黏滑菇）*Hebeloma sinapizans* (Paulet) Gillet

菌盖直径3.2-6.7cm，半球形、凸镜形至平展，表面稍黏至黏滑，浅黄色、淡赭色、边缘内卷。菌肉白色，厚，有强烈的芥菜味或萝卜味。菌褶弯生，不等长，密，淡锈色或淡咖啡色。菌柄基部略呈球茎状膨大，白色至乳白色，表面具白色的纤维状鳞片。孢子印锈褐色。担孢子杏仁形至宽柠檬形，9.6-13.1×6.2-8.3μm，淡锈色，具小疣，无芽孔。担子圆柱状至棒状，常具4（2）担子小梗。缘生囊状体和柄生囊状体圆柱形，下部略膨大，淡黄色。具锁状联合。

单生或群生于杨树阔叶林地上。分布于我国东北、华北、西北、西南等地区。有毒。

茶褐顶滑锈伞 *Hebeloma theobrominum* Quadr.

菌盖直径3.1-5.5cm，半球形，后平展，中部突起，边缘稍内卷，茶褐色、肉桂褐色或近红棕色，光滑，湿时稍黏。菌肉白色或污白色，具明显的刺激性气味。菌褶直生，较密，不等长，随着成熟老化近白色、乳黄色或淡黄褐色、淡褐色。菌柄淡黄褐色或淡褐色，具白色粉霜，易消失，脆骨质，空心。担孢子长椭圆形或长杏仁形，8.3-11.2×4.7-6.1μm，淡黄褐色至淡褐色，具疣突，非淀粉质。担子棒状，顶端稍膨大，薄壁，具4担子小梗。缘生囊状体棒状，基部稍膨大或不膨大，顶端钝圆指状。侧生囊状体未见。柄生囊状体与缘生囊状体形状相似。具锁状联合。

散生于蒙古栎林地上。分布于我国东北、华北、华中、华南、西南等地区。

沙生层腹菌 *Hymenogaster arenarius* Tul. & C. Tul.

担子体近球形，直径1.3-1.9cm。包被新鲜时白色，近光滑，干后呈黄褐色，平滑，孢体新鲜时棕色，干后棕褐色，小腔呈圆形至不规则形。包被双层，红棕色，由淡黄色菌丝和近球形细胞组成，无锁状联合。菌髓厚51-123μm。担孢子宽椭圆形至长椭圆形，15-22×10-15μm，黄褐色，具淡黄色的孢鞘，有折皱，孢壁具有短脊和小瘤。担子棒状，具2担子小梗。

生于蒙古栎附近地下沙土中。分布于我国东北、华北、西北、华南等地区。

裸盖菇 Psilocybe liniformans Guzmán & Bas

菌盖直径0.5-2.2cm，近扁球形至凸透镜形或平展，灰褐色或近肉桂色，水浸状，黏，有不明显条纹，边缘常具有菌幕残余。菌肉白色，薄。菌褶直生，土黄色至黄褐色、紫褐色，稀疏。菌柄长1.2-3.5cm，粗0.1-0.2cm，基部膨大呈圆头状，白色或淡褐色，中空，伤变为蓝绿色。担孢子椭圆形，12.5-14.8×7.8-10μm，黄褐色至褐色，光滑，厚壁，具芽孔。担子棒状，具4担子小梗。缘生囊状体长颈烧瓶状，具有细长的颈部。菌盖表皮菌丝平伏状，有凝胶层。具锁状联合。

夏秋季生于草地、沙地或马粪上。分布于我国东北等地区。

丝盖伞科Inocybaceae

星孢丝盖伞 Inocybe asterospora Quél.

菌盖直径2-3cm，土黄褐色，菌盖中部突起，具平伏鳞片及放射状条纹，边缘开裂，盖缘无丝膜状菌幕残留。菌肉白色，有土腥味。菌褶宽，弯生或稍离生，初期白色，后变灰色，中等密，褶片较薄，褶缘带白色。菌柄长6-8cm，粗0.3-0.5cm，圆柱形，实心，与菌盖同色，向下渐粗，被细密白霜，基部球形膨大。担孢子星形，10-11×8-9.5μm，淡褐色。

夏秋季单生于阔叶林地上。分布于我国东北、西北等地区。

刺孢丝盖伞 *Inocybe calospora* Quél.

菌盖直径1.3-1.7cm，初期圆锥形至半球形，后期钟形，中部突起，灰褐色、棕褐色至深棕色，表面纤维状，具丛毛状鳞片。菌肉薄，污白色至淡黄色。菌褶弯生，污白色、浅褐色至褐色，中等密，不等长。菌柄长2.2-3cm，粗0.1-0.2cm，圆柱形，基部稍加厚，酒红色至红褐色，表面被白色粉霜。担孢子近球形至宽椭圆形，7.5-11.7×7.1-11μm，柱状突起，具棒状纹饰，黄褐色。担子圆柱形至棒状，具4（2）担子小梗。侧生囊状体与缘生囊状体棒状至纺锤形，厚壁，顶部具结晶体。具锁状联合。

夏秋季群生于阔叶林或混交林地上。分布于我国东北等地区。

多疣丝盖伞 *Inocybe decemgibbosa* (Kühner) Vauras

菌盖直径2-2.8cm，中部具钝状突起，边缘伸展并开裂，土黄色至土褐色，突起处色深。菌褶密，直生，幼时灰白色至污白色，成熟后带褐色，褶缘色淡。菌柄长7-8.5cm，粗0.4-0.5cm，等粗，基部球形膨大，中实，表面被细密的灰白色粉末状颗粒，淡肉色至肉色，中下部被白色绒毛状菌丝。菌肉味道不明显。担孢子椭圆形，9-11.5×6-8μm，黄褐色，具10-13个小疣突。担子棒状，具4（2）担子小梗。侧生囊状体纺锤形至长纺锤形，偶细长形，顶部钝、具块状结晶物质，基部缢缩形成柄，有时无菌柄。缘生囊状体与侧生囊状体形态相似。

夏秋季生于阔叶林地上。分布于我国东北、西北等地区。

蓝紫丝盖伞 *Inocybe euviolacea* E. Ludw.

菌盖直径1-1.5cm，幼时锥形，中部突起，深紫丁香色，突起处黄褐色，光滑。菌褶灰白色至黄褐色，直生，褶缘不平滑。菌肉淡土味，白色。菌柄长2.2-3.2cm，粗0.1-0.2cm，等粗或向下渐粗，蓝紫色，基部膨大，膨大处淡黄色，顶部具有白霜状鳞片，中实。担孢子近杏仁形，8.5-10×5-6μm，黄褐色，光滑。担子棒状，具4担子小梗。侧生囊状体棒状、纺锤形至囊状，厚壁，顶部具结晶体。缘生囊状体与侧生囊状体形态相似。具锁状联合。

秋季散生于混交林或阔叶林地上。分布于我国东北等地区。

糠皮丝盖伞 *Inocybe furfurea* Kühner

菌盖直径0.4-2cm，钟形，中部突起，中心棕褐色至深褐色，边缘浅褐色至黄褐色，表面纤维状，具细裂，被糠皮状小块鳞。菌肉薄，白色至浅黄色。菌褶弯生，黄褐色，稍密，不等长。菌柄长2.1-3.4cm，粗0.1-0.3cm，圆柱形，基部稍膨大，紫褐色至黄褐色。担孢子柠檬形至杏仁形、近梨形，7.5-10.1×5.3-6.3μm，薄壁，内含油滴。担子圆柱状至宽棒状，具4担子小梗。侧生囊状体与缘生囊状体相似，圆柱形至纺锤形，顶部具结晶体。柄生囊状体棒状至纺锤形，顶部具结晶体。具锁状联合。

夏秋季群生于阔叶林地上。分布于我国东北等地区。

土味丝盖伞 *Inocybe geophylla* P. Kumm.

菌盖直径1.1-1.5cm，幼时锥形，后渐平展，中部具突起。菌盖表面光滑，具丝状质感，白色或稍带淡黄色，有时淡紫色，菌盖边缘具蛛丝状菌幕残留，易消失。菌褶直生，稍疏，白色、灰色至淡褐色。菌肉具浓土腥味，白色或带淡黄色。菌柄长3-5.5cm，粗0.2-0.3cm，基部稍膨大，白色或淡紫色，顶部具白色霜状鳞片，中实，基部略膨大。担

孢子椭圆形，8.5-10.5×4.8-6.2μm，光滑，淡褐色。担子棒状，具4担子小梗。侧生囊状体梭形，厚壁，顶部被结晶体。缘生囊状体与侧生囊状体近似。缘生薄囊体头状、宽椭圆形，薄壁。柄生囊状体壁厚或稍厚，顶部有少许结晶体。具锁状联合。

夏秋季单生或散生于阔叶林地上。分布于我国东北、华南、西南等地区。有毒。

具纹丝盖伞 *Inocybe grammata* Quél.

菌盖直径2.2-3.5cm，幼时钟形，后渐平展，具钝状突起，肉粉色至粉褐色，突起乳白色至污白色，表面干，光滑。菌褶直生，密，微锯齿状，灰白色、灰褐色，带肉粉色。菌肉白色带肉粉色，带土腥味。菌柄长1-5.5cm，粗0.3-0.4cm，上下等粗，基部球状膨大，肉粉色，被白霜，具纵条纹，中实。担孢子多角形，7.5-9.2×5-6μm，黄褐色。担子棒状，具4（2）担子小梗。侧生囊状体梭形至纺锤形，厚壁，顶部具结晶体，基部钝圆或具短柄。缘生囊状体与侧生囊状体相似。缘生薄囊体和柄生薄囊体棒状，薄壁。具锁状联合。

夏秋季单生于阔叶林地上。分布于我国东北等地区。

毛缘丝盖伞 *Inocybe hirtella* Bres.

菌盖直径1.5-2cm，半球形，渐平展，具钝突，土黄色至赭黄色，鳞片色深，近光滑，向边缘具平伏至稍翘起鳞片，边缘下垂、伸展，有时开裂。菌肉灰白色，苦杏仁味至土腥味。菌褶密，直生，白色至灰白色，带褐色。菌柄长3.5-4.5cm，粗0.3-0.4cm，基部膨大或不明显，具纵条纹、白色粉末状颗粒，基部具白色菌丝，中实。担孢子近杏仁形至椭圆形，8.3-9.6×5-6μm，光滑，黄褐色，顶部钝至稍锐。担子棒状，具4担子小梗。侧生囊状体纺锤形至长纺锤形，厚壁，透明，顶部被结晶体，具黄色素。缘生囊状体宽纺锤形、梭形至细长形，厚壁，顶部被结晶体。柄生薄囊体棒状，薄壁。具锁状联合。

夏秋季散生于阔叶林地上。分布于我国东北、华北、西北、西南等地区。有毒。

水浸丝盖伞 *Inocybe hygrophana* Glowinski & Stangl

菌盖直径0.8-1cm，近钟形，中部淡褐色至褐色，边缘褐色至污褐色，表面具纤维状丛毛鳞片。菌肉污白色。菌褶弯生，淡紫色，密，不等长。菌柄长2.4-2.7cm，粗0.2-0.3cm，圆柱形，上下等粗，上部淡紫色，向下颜色渐浅，基部近白色，菌柄表面具白色纤丝状鳞片。担孢子卵圆形至椭圆形，8.2-9.3×4.8-5.7μm，光滑，厚壁，淡褐色。担子棒状，具4担子小梗。侧生囊状体与缘生囊状体52-69×16-17μm，近烧瓶形至纺锤形，厚壁，顶部具结晶体。菌盖皮层表皮型。具锁状联合。

夏季生于阔叶林地上。分布于我国东北等地区。

暗毛丝盖伞 *Inocybe lacera* (Fr.) P. Kumm.

菌盖直径1.1-2.4cm，钟形、斗笠形，成熟后逐渐平展，中部突起，暗褐色，向边缘渐淡，表面粗糙，暗褐色，被细密的褐色鳞片，幼时边缘内卷，后伸展。菌褶直生，灰白色至黄褐色。菌柄长2.5-4cm，粗0.2-0.3cm，表面纤维丝状至绒纤维状，菌柄上部淡褐色，下部渐色深，中实。担孢子椭圆形，9.5-12.5×5.5-6.5μm，光滑，黄褐色。担子棒状，具4担子小梗，少数2担子小梗。侧生囊状体壁厚，纺锤形，顶部被结晶体。缘生囊状体亚球形至椭圆形或不规则，薄壁。具锁状联合。

夏季至秋季散生于云杉树下。分布于我国东北、华北、华中等地区。有毒。

棉毛丝盖伞 *Inocybe lanuginosa* (Bull.) P. Kumm.

菌盖直径8-15cm，半球形、斗笠形，表面被深褐色刺毛鳞，中部无，稍突起，边缘鳞片平伏放射状。菌褶直生，灰白色至淡褐色。菌肉乳白色，带褐色。菌柄长2.5-8cm，粗0.2-0.7cm，上下等粗，中实，被烟褐色纤毛状麟片，顶部有少许白色粉状颗粒覆盖，基部不膨大。孢子印黄褐色。担孢子椭圆形，8-9.5×4.5-6.5μm，具小疣，淡褐色。担子棒状，具4担子小梗。侧生囊状体梭形或倒卵形，稍加厚，顶部有结晶体。缘生囊状体多数与侧生囊状体相似，或仅顶部加厚。具锁状联合。

夏秋季单生或散生于针叶树附近地上。分布于我国东北、华南、西南等地区。有毒。

狮黄丝盖伞 *Inocybe leonina* Esteve-Rav. & A. Caball.

菌盖直径1.5-2.6cm，凸镜形至近平展，表面呈均一的金黄色至橘黄色，边缘无丝膜状残留。菌褶直生，初期灰白色，后变淡黄色至褐色，褶缘色淡。菌肉奶油色。菌柄长3.2-5.2cm，粗0.3-0.5cm，圆柱形，中实，白色至带黄色、基部白色，上下等粗，基部略膨大，表面被细密白霜。担孢子多角形，10-11.5×6-7.5μm，淡黄褐色。担子棒状，淡黄色，具4担子小梗。侧生囊状体纺锤形至囊状，顶部被结晶体，基部常具柄。缘生囊状体与侧生囊状体形态相似。具锁状联合。

夏秋季生于沙地云杉附近地上。分布于我国东北地区。

变黑丝盖伞 *Inocybe melanopus* D.E. Stuntz

菌盖直径4-6cm，半球形至凸镜形，边缘内卷，后渐平展，中部具钝突，表面具毡毛状纤维状鳞片，赭色、赭褐色至赭灰色，向边缘渐浅至灰褐色。菌肉白色，具腥臭味。菌褶直生，密，不等长，白色至米白色、赭褐色，老后变黑。菌柄长4-6cm，粗0.4-1cm，菌柄下部弯曲，有时稍膨大，表面淡赭色、深褐色，基部白色。担孢子椭圆形至杏仁形，7-10×4-5.5μm，光滑，淡褐色。担子棒状，具4担子小梗。缘生囊状体棒状至近纺锤形，顶端稍尖或钝圆，顶端具结晶体，薄壁。侧生囊状体与缘生囊状体形态相似。具锁状联合。

夏秋季群生于杨树林地上。分布于我国东北等地区。

相似丝盖伞 *Inocybe similis* Bres.

菌盖直径1.7-2.5cm，初期半球形至钟形，后期凸镜形，中部突起，赭石色至棕黄色，表面被丛毛状鳞片，无细裂。菌肉纤维状，污白色至淡黄色，无特殊气味。菌褶弯生，浅黄色至赭石色，中等密，不等长。菌柄长2.5-5cm，粗0.3-0.5cm，圆柱形，基部膨大至弱球茎状，浅棕色至棕褐色，具纵沟纹。担孢子椭圆形至长椭圆形、卵圆形，9.8-14.6×6.1-7.5μm，厚壁，内含油滴。担子棒状、近圆柱形，具4担子小梗。侧生囊状体与缘生囊状体相似，棒状、近纺锤形，厚壁，顶部具结晶体。具锁状联合。

夏秋季群生于杨树林地上。分布于我国东北等地区。

光亮丝盖伞（华美丝盖伞）*Inocybe splendens* R. Heim

菌盖直径2.3-4.5cm，半球形至钟形，渐平展，中部突起，表面突起处近光滑，向边缘呈平伏深褐色至棕褐色纤维丝状鳞片，幼时有菌幕残留，突起处米黄色至赭黄色，边缘内卷，渐伸展至外翻。菌褶直生，白色至灰白色，褐色。菌肉白色、米黄色。菌柄长4.2-9cm，粗0.7-1cm，基部明显膨大，中实，肉褐色，表面具白色霜状颗粒。担孢子近杏形，8.5-14.5×5-7μm，光滑，黄褐色。担子棒状，具4担子小梗。侧生囊状体壁厚，无色，纺锤形至宽纺锤形，顶部被结晶体。缘生囊状体形态与侧生囊状体相似。具锁状联合。

夏季散生于杨树林地上。分布于我国东北、华北、华南等地区。有毒。

荫生丝盖伞 Inocybe umbratica Quél.

菌盖直径3-4.5cm，钟形至圆锥形，中心灰褐色，边缘污白色至浅褐色，表面纤维状，具细裂，被小绒毛。菌肉厚，污白色。菌褶弯生，奶油白色至污白色，稍密，不等长。菌柄长3.3-4.5cm，粗1-1.5cm，圆柱形，纤维状，具纵条纹。担孢子多角形，9.2-11×6.1-7.9μm，具4-6角，厚壁。担子圆柱形至棒状，具4担子小梗。侧生囊状体与缘生囊状体相近，棒状、纺锤形，厚壁，顶部具结晶体。具锁状联合。

夏秋季单生于混交林地上。分布于我国东北、华中等地区。

翘鳞歧盖伞（翘鳞丝盖伞）Inosperma calamistratum (Fr.) Matheny & Esteve-Rav.

菌盖直径1.2-2.4cm，钟形至半球形、扁半球形，表面褐色至棕土色，被细密、反卷的鳞片，向边缘鳞片渐稀至逐渐平伏。菌褶乳白色至褐色、橄榄色，较密，直生。菌肉白色，伤后呈淡红色。

菌柄长4.1-6.1cm，粗0.2-0.3cm，基部稍粗，中实，表面被褐色的粗糙鳞片，基部稍具墨绿色调。担孢子长椭圆形，8.3-10×4.9-6.1μm，褐色，光滑。担子细长棒状，具黄色内含物。缘生囊状体细长棒状，薄壁。具锁状联合。

夏季至秋季单生于阔叶林或针叶林下。分布于我国东北、华南、华东、西北、西南等地区。有毒。

亚黄歧盖伞 *Inosperma cookei* (Bres.) Matheny & Esteve-Rav.

菌盖直径2-5cm，幼时近锥形，后平展，中部突起，表面黄土色至带黄褐色，被纤毛状条纹及鳞片，边缘容易撕裂。菌肉白色至黄白色。菌褶近离生，青褐色，不等长。菌柄近柱形，长2-6cm，粗0.2-0.8cm，表面有纤维状条纹，基部膨大，内部实心。担孢子椭圆形或菜豆形，7-10×4-5.5μm，表面光滑。缘生囊状体短棒状，薄壁。

夏秋季群生于针阔混交林地上。分布于我国东北、华中、西南、华南等地区。有毒。

沙生茸盖伞 *Mallocybe arenaria* (Bon) Matheny & Esteve-Rav.

菌盖直径1.9-3.4cm，半球形至钟形，中心淡黄褐色至黄褐色，边缘污白色至浅褐色，表面纤维状、粉末状，边缘具丝膜状菌幕与菌柄相连。菌肉奶白色至淡黄色。菌褶直生，近延生，淡黄色至黄褐色，密，不等长。菌柄长3.6-5cm，粗0.3-0.5cm，圆柱形，污白色至淡黄色，表面被疣状鳞片。担孢子椭圆形、杏仁状至倒卵圆形，7.6-10×4.5-5.6μm，光滑，厚壁，内含油滴。担子圆柱状至棒状，具4担子小梗。缘生囊状体棒状，近球茎状。侧生囊状体未见。具锁状联合。

夏秋季群生于杨树林地上。分布于我国东北等地区。

漂米苷盖伞 *Mallocybe heimii* (Bon) Matheny & Esteve-Rav.

菌盖直径1.5-3cm，半球形至凸镜形，成熟后近平展，金黄色至黄褐色，表面密被绒毛鳞片。菌肉薄，黄褐色。菌褶直生至延生，金黄色至黄褐色，密，不等长。菌柄长3-4cm，粗0.4-0.6cm，粗壮，中空，纤维质，黄褐色，具纵向条纹状鳞片。

担孢子卵形至椭圆形，10-12 × 4.7-5.4μm，厚壁。担子棒状，具4（2）担子小梗，基部具锁状联合。侧生囊状体未见。缘生囊状体由1-3个细胞组成，梨形至棒状。具锁状联合。

夏秋季散生于松树附近或阔叶林地上。分布于我国东北等地区。

西西里苷盖伞 *Mallocybe siciliana* (Brugal., Consiglio & M. Marchetti) Brugal., Consiglio & M. Marchetti

菌盖直径1.5-3.5cm，初期半球形，后渐平截形至平展形，中心深褐色，边缘浅褐色，表面纤维状，光滑。菌肉黄褐色至褐色。菌褶弯生，近直生，黄色至淡褐色，稍密，不等长。菌柄长2.5-3cm，粗0.3-0.4cm，圆柱形，中空，与菌盖同色，菌幕残留在柄上呈环状。担孢子椭圆形、杏仁形至柠檬形、倒卵圆形，6.7-9.6 × 5.3-6.9μm，厚壁，内含油滴。担子圆柱形至棒状，具4担子小梗。缘生囊状体宽棒状至球茎形。侧生囊状体未见。

具锁状联合。

夏秋季散生或群生于柳树附近地上。分布于我国东北等地区。

沙地裂盖伞 *Pseudosperma arenarium*
Y.G. Fan, Fei Xu, Hai J. Li & Vauras

菌盖直径 3.5-6.5cm，幼时球形至半球形，成熟时顶端突起呈圆顶状、粗糙纤维状至存在细小纤维，淡黄色至污白色，向外较浅。菌褶凹生至近离生，不等长，白色至浅黄色。菌柄长 4-10cm，粗 0.7-2cm，实心，圆柱形等粗或向下稍变细，有时基部略膨胀，但不具边缘，表面纵向纤维丝上分散着鳞片，白色到象牙白色，新鲜时带有粉红色调，干燥后淡黄色到浅褐色。菌肉实心，菌盖菌肉白色肉质，菌柄菌肉纤维质，条纹状，有光泽，白色至略粉色。蘑菇味或略腥味。担孢子圆柱状或圆柱至椭圆状，14-20 × 7-9.2μm，黄褐色，光滑。担子棒状，具4担子小梗。侧生囊状体缺失。缘生囊状体壁薄，无色，宽棒状或纺锤状，壁淡黄色。柄生囊状体未见。夏秋季生于沙地杨树林地上。分布于我国东北、西北地区。

喜乐裂丝盖伞 *Pseudosperma conviviale*
Cervini, Bizio & P. Alvarado

菌盖钟形，成熟后近平展，直径 1.2-2cm，浅黄褐色，表面具纤丝状鳞片，辐射状，中部具突起，鳞片平伏，边缘撕裂。菌肉薄，近白色。菌褶离生，乳白色至浅褐色，密，不等长。菌柄长 7-8cm，粗 0.3-0.5cm，上下等粗或向下稍粗，实心，纤维质，表面乳白色至浅黄褐色，具细鳞。担孢子卵形，9.3-11 × 4.8-6μm，厚壁。担子棒状，具4担子小梗。侧生囊状体未见。缘生囊状体近棒状，无色，薄壁，透明。

秋季散生于阔叶林沙地上。分布于我国东北等地区。有毒。

裂盖伞（黄丝盖伞、裂盖毛锈伞、裂丝盖菌）*Pseudosperma rimosum* (Bull.) Matheny & Esteve-Rav.

菌盖直径3-7cm，近圆锥形至钟形或斗笠形，中部色较深，干燥时龟裂。菌盖表面密被纤毛状或丝状条纹，淡乳黄色至黄褐色。菌盖边缘多放射状开裂。菌肉白色。菌褶弯生，近直生，淡乳白色或褐黄色，较密，不等长。菌柄长2.5-6cm，粗0.5-1.5cm，污白色至浅褐色并有纤毛状鳞片，实心，基部稍膨大。孢子印锈色。担孢子椭圆形或近肾形，10-12.6×5-7.5μm，光滑，锈色。侧生囊状体瓶状，厚壁，顶端有结晶体。

单生或散生于杨树附近地上。分布于我国东北、华北、华南等地区。有毒。

茶褐裂盖伞 *Pseudosperma umbrinellum* (Bres.) Matheny & Esteve-Rav.

菌盖直径2.2-4.5cm，圆锥形，中部突起，中心棕褐色，边缘米白色，表面纤维状，具细裂。菌肉米白色至淡褐色。菌褶弯生，近直生，污白色至淡褐色，稍密，不等长，边缘具白色圆齿。菌柄长3-4.5cm，粗0.3-0.5cm，圆柱形，基部稍膨大，表面被白色粉霜和疣状鳞片。担孢子椭圆形至长椭圆形、肾形，10.1-12.8×5.7-7.5μm，厚壁，内含油滴。担子圆柱形，近棒状，具4担子小梗。缘生囊状体圆柱形至棒状，纺锤形，薄壁。侧生囊状体未见。柄生囊状体圆柱形，近棒状。具锁状联合。

夏秋季散生于杨树等阔叶林地上。分布于我国东北等地区。

马勃科 Lycoperdaceae

梨形马勃（梨形灰包）*Apioperdon pyriforme* (Schaeff.) Vizzini

担子体梨形至近球形，宽 1-2.7cm，高 1.1-2.5cm，不育基部发达，由白色菌丝束固定在基物上，包被双层。外包被污白色至淡黄色，干后姜黄色至黄褐色，表面有颗粒状小疣，老后脱落。内包被薄，淡黄色至烟色。孢体青黄色、青褐色或褐色。担孢子球形至近球形，$3.3-4.5 \times 3-4.5\mu m$，黄棕色至黄褐色，厚壁，近光滑，内含1个大油滴，非淀粉质。孢丝黄褐色至暗褐色，厚壁，近平滑，具分枝。

夏秋季群生或丛生于林中腐木或腐殖质层上。我国各地区均有分布。药用。

夏灰球 *Bovista aestivalis* (Bonord.) Demoulin

担子体扁球形、近球形或卵形，宽 1-2cm，高 0.5-2cm。基部皱缩，不育基部无或小，由菌索固定在基物上，包被双层。外包被光滑，奶白色、杏黄色至黄褐色，表面具粉粒，脱落后露出光滑的内包被。内包被薄，纸质，烟灰色至褐色，成熟时顶端开口。成熟孢体棕褐色或烟褐色，棉絮状。担孢子球形，直径 $3.5-4.5\mu m$，青褐色，厚壁，内含1个小油滴，具1短柄，光滑或稍粗糙，非淀粉质。孢丝壁厚，多分枝，无明显主干。

秋季群生于蒙古栎林地上。分布于我国东北、华北、西北等地区。

黑灰球菌 *Bovista nigrescens* Pers.

担子体球形、近球形或不规则球形，直径约 5cm，由不育基部固定于地上，成熟时易从地表脱落，包被双层。外包被新鲜时白色至奶油色，有微绒毛至光滑，成熟时灰白色至橄榄褐色，有时具不规则龟裂。内包被薄，纸质，烟褐色。孢体幼嫩时白色，柔软，成熟时黄褐色或橄榄褐色，呈棉质的粉状物。担孢子近球形至球形，$7-8 \times 7-7.5 \mu m$，黄褐色，厚壁，表面具长刺，非淀粉质。

夏秋季生于草地或沙地上。分布于我国东北、西北等地区。药用。

小灰球（小马勃、小灰包）*Bovista pusilla* (Batsch) Pers.

担子体小型，梨形或近球形，直径1-1.5cm，高0.7-1.2cm，无不育基部，新鲜时白色至土黄色，干后浅黄褐色或浅茶色，包被双层。外包被有细小粉粒，易脱落，露出较薄的内包被。内包被烟灰色，光滑。担子体成熟时顶尖开裂小口。孢体青黄色至青褐色，由菌丝团固定在基物上。担孢子球形至近球形，$2.5-3.5 \times 2.5-3 \mu m$，青黄色至黄褐色，厚壁，内含1个小油滴，粗糙，有时具短小柄，非淀粉质。孢丝淡黄色，壁稍厚，少分枝，向两端渐细。

夏秋季群生或散生于针阔叶林地上。分布于我国东北、西南等地区。药用。

长根静灰球菌 *Bovistella radicata* Pat.

担子体直径2-4cm，近球形至球形，有时顶部呈星状开裂，具粗壮假根，包被双层。外包被白色至奶油色，成熟后污白色至淡褐色，呈不规则块状，易脱落。内包被浅黄褐色，膜质，光滑。担孢子近球形至椭圆形，4-5×3-3.7μm，褐色至暗褐色，光滑或具不明显疣状小突起。孢丝离生，具分枝。

夏秋季单生或散生于阔叶林地上。分布于我国各地区。药用。

龟裂静灰球 *Bovistella utriformis* (Bull.) Demoulin & Rebriev

担子体近陀螺形或近不规则球形，宽6-18cm，高8-16cm，白色，渐变为淡锈色、浅褐色，包被双层。外包被常龟裂。内包被薄，成熟时顶部裂成碎片，露出青色的孢体。不育基部较大，有横隔与孢体隔开。孢体锈褐色。担孢子球形至近球形，3.5-5.8×3.5-5.5μm，光滑，青黄色。

秋季散生于草地上。分布于我国东北等地区。食用，药用。

头状秃马勃（头状马勃）*Calvatia craniiformis* (Schwein.) Fr.

担子体陀螺形，宽2.5-4.2cm，高3.5-5.5cm。

包被双层，无明显分离，黄色、烟灰色、锈褐色至黑褐色，干后表面近光滑，成熟后上部开裂并成片脱落。孢体黄褐色，不育基部发达。担孢子球形或近球形，3-4.5×3-4μm，青褐色，表面具颗粒或毛刺，厚壁，内含1个油滴，非淀粉质。孢丝壁厚，少分枝，向尖端渐细。

夏秋季单生或散生于林地或草地上。我国各地区均有分布。食用，药用。

杯形秃马勃 *Calvatia cyathiformis* (Bosc) Morgan

担子体近球形至扁椭圆形，宽6-7cm，高3.2-5cm，不育基部发达，包被双层。外包被污白色至淡黄褐色，成熟后变为灰白色。内包被薄，灰白色至淡褐色，孢体棕褐色至暗褐色。担孢子球形至近球形，4-4.8×3.8-4.7μm，淡黄色至黄褐色，厚壁，光滑，非淀粉质。孢丝褐色至暗褐色，厚壁，光滑，具分枝。

夏季散生于林缘草地上。我国各地区均有分布。药用。

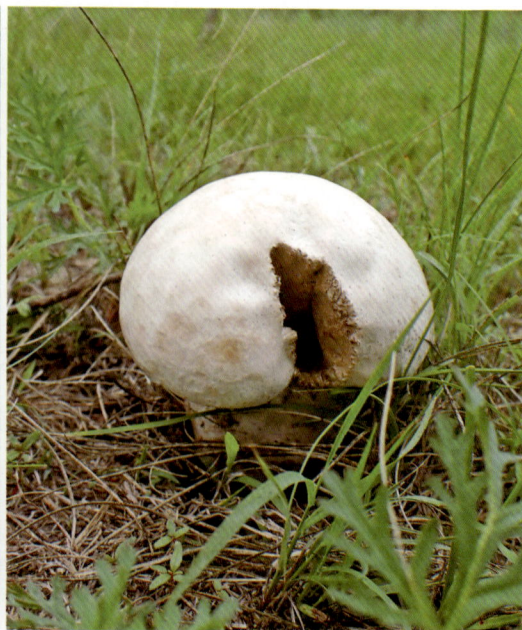

大秃马勃 *Calvatia gigantea* (Batsch) Lloyd

担子体近球形或球形，直径12-30cm。无不育基部，由白色菌索连接在基物上，包被双层。外包被白色，光滑或具细绒毛。内包被较厚，成熟后开裂，成片脱落，露出孢体。孢体青黄色至青褐色，棉絮状。担孢子球形至近球形，直径4-5μm，淡青褐色，内含油滴，厚壁，光滑或稍粗糙，有时具短小柄。孢丝青黄色，厚壁，分枝。

夏秋季单生或群生于林中地上或空旷草地上。我国各地区均有分布。食用，药用。

钩刺马勃 *Lycoperdon caudatum* J. Schröt.

担子体梨形、陀螺形或近球形，宽1.5-2.6cm，高1.6-2cm，不育基部短小，包被双层。外包被由棕色至褐色的钩刺组成，顶部的易脱落，留下凹点，逐渐光滑，下部的刺较细小，不脱落。内包被棕褐色或烟褐色，纸质，薄，成熟时顶端开裂一个孔口。孢体青褐色或褐色。担孢子球形至近球形，4-5.5×3.5-5μm，青褐色，厚壁，具长柄，近光滑，内含1个油滴，非淀粉质。孢丝青黄色至青褐色，具分枝，厚壁，两端渐细。

夏秋季单生或群生于林中地上。分布于我国东北、华东、华中等地区。食用。

黄皮马勃 *Lycoperdon dermoxanthum* Vittad.

担子体球形至扁球形，宽0.9-1.7cm，高0.4-1cm，根部具根状菌丝束。包被两层。外包被薄，幼时白色至奶白色，有小刺，干时刺易脱落或呈絮状附于外包被。内包被薄，纸质，成熟时污黄色至黄褐色。内包被顶端具一撕裂状孔口。孢体未成熟时呈白色，成熟后呈黄棕色，棉絮状。不育基部缺失。孢丝黄绿色，厚壁，具隔，具分枝。担孢子球形，直径4.1-4.7μm，厚壁，外壁有分散小疣突，内含1个大油滴，具1短柄。

夏季群生于沙地上或草地上。分布于我国东北、华北等地区。

长刺马勃 *Lycoperdon echinatum* Pers.

担子体近球形，宽3-3.2cm，高2.8-3.2cm，具不育基部，包被双层。外包被密布褐色长刺，刺长0.1-0.3cm，顶端聚集，后脱落。内包被上留下白色斑点，形成网纹，内包被黄褐色，薄脆。孢体淡黄色。担孢子球形至近球形，直径3-4μm，青黄色至青褐色，厚壁，具透明长柄，易脱落，表面具小疣，非淀粉质。孢丝青黄色，壁稍厚，分枝。

秋季单生或散生于阔叶林地上。分布于我国东北、华东、华中、华南等地区。食用，药用。

长柄马勃（长柄梨形马勃）*Lycoperdon excipuliforme* (Scop.) Pers.

担子体近陀螺形，高4.5-5cm，头部宽2-3cm，具较长的不育基部，包被双层。外包被表面覆盖土黄色粉粒和黑色小毛刺，成熟后上部光滑，不育基部表面黄色粉粒和黑色小毛刺永存。内包被浅黄褐色，薄，成熟后顶端开孔口。孢体暗褐色，棉絮状。担孢子球形，直径3.5-4.5μm，青褐色，厚壁，具长柄，易脱落，多残留1短柄，内含1个小油滴，表面具明显的刺或疣，非淀粉质。孢丝表面光滑，厚壁，分枝，无横隔。

夏季单生于林中腐殖质层。分布于我国东北、华北、华东、西南等地区。食用，药用。

褐皮马勃 *Lycoperdon fuscum* Bonord.

担子体陀螺形或近梨形，宽1-2.8cm，高1.5-2cm，不育基部较短，包被双层。外包被褐色，基部黄褐色，表面具褐色小刺，顶端聚集，脱落后变光滑。内包被烟色，成熟后顶端开口。孢体烟色，粉末状。担孢子球形至近球形，直径4-5μm，青黄色，内含1个小油滴，稍粗糙，具短柄。孢丝青黄色，厚壁，少分枝。

秋季散生于林中地上。分布于我国东北、华北、西北等地区。食用。

光皮马勃（光皮灰包）*Lycoperdon glabrescens* Berk.

担子体梨形，宽1.5-2cm，高2-2.5cm，具不育基部，包被双层。外包被土黄色，具少许黑色小鳞片，部分脱落。内包被薄，膜质，浅黄色，基部呈短柄状，与头部连接处有明显的皱褶。孢体青黄色，形成很多不规则腔室。担孢子球形至近球形，3.5-5×3.5-4.5μm，青黄色，壁稍厚，光滑或稍粗糙，具长柄，不易脱落，拟淀粉质。孢丝厚壁，少分枝，无横隔。

秋季单生于林中地上。分布于我国东北、华北、华中、华南、西南等地区。食用。

白鳞马勃 *Lycoperdon mammiforme* Pers.

担子体陀螺形，宽2-2.2cm，高1.8-2.1cm，新鲜时白色，干后淡黄色，不育基部发达，为紧密的白色海绵状组织，包被双层。外包被为白色的平伏鳞片，后期成块脱落，露出淡黄色的内包被。孢体青褐色，基部由白色菌丝固定在基物上。担孢子球形，直径3.9-5.1μm，青褐色，厚壁，内含1个小油滴，具明显刺疣，具短柄，非淀粉质。孢丝厚壁，具分枝，无横隔，两端渐细。

夏秋季单生于阔叶林地上。分布于我国东北、华北、西北等地区。药用。

变黑马勃（黑灰球）*Lycoperdon nigrescens* Pers.

担子体近球形，宽2.5-5cm，高3-7cm，具不育基部，包被双层。外包被膜质，灰白色，成熟后分裂成碎片，脱落。内包被膜质，暗红褐色至近黑红色，顶端具不规则孔口。孢体粉末状，黄褐色至深棕色。担孢子球形，直径5-6μm，表面具突起小刺，内含油滴，有无色小柄。孢丝有明显主干，无纹孔。

春秋季群生或散生于林中地上。分布于我国东北、华北、西北等地区。食用。

网纹马勃 *Lycoperdon perlatum* Pers.

担子体梨形、陀螺形，宽2.1-4cm，高2-4.2cm，幼时白色，成熟后烟灰色，不育基部发达，向下伸长为柄，包被双层。外包被密布褐色疣刺，成熟后脱落，留下网状分布的斑点。内包被膜质，极薄，土黄色至黄褐色，成熟时顶端开裂一个小孔。孢体青黄色，后黄褐色至褐色。担孢子球形至近球形，3.5-4.7×3.3-4.7μm，淡黄色至黄褐色，表面具微细小疣，内含1个小油滴，非淀粉质。孢丝较长，淡黄色或黄褐色，厚壁，少分枝，具横隔，向两端渐细。

夏秋季群生于林中地上或草地上。我国各地区均有分布。食用，药用。

草地马勃 *Lycoperdon pratense* Pers.

担子体近球形、陀螺形，宽1-3cm，高0.8-2cm，不育基部发达，海绵状，青褐色，包被双层。外包被具白色至土黄色小疣刺，成熟后部分脱落。内包被薄，纸质，白色、土黄色、棕黄色，成熟后顶端开裂孔口。孢体成熟后为青褐色粉末状或软丝状。担孢子球形，直径3-4.5μm，青黄色，内含1个小油滴，厚壁，稍粗糙，有时具1短小柄，非淀粉质。孢丝无，拟孢丝丰富，无色，具横隔，少分枝。

夏秋季群生或丛生于林间或林缘草地上。我国各地区均有分布。食用。

赭色马勃（粒皮马勃）*Lycoperdon umbrinum* Pers.

担子体梨形或陀螺形，宽1-3cm，高1.5-4cm，具不育基部，较短，包被双层。外包被上部灰褐色、烟褐色，下部黄白色，或同于上部分，表面覆盖褐色或黑色粉粒，部分脱落，露出内包被。内包被薄，褐色，成熟后顶端开孔口。孢体幼时呈青黄色，粉末状，成熟后栗褐色，棉絮状。担孢子球形，直径3-5μm，青褐色至褐色，内含1个小油滴，厚壁，表面具明显的疣突，具短柄。孢丝青褐色，厚壁，无横隔，少分枝。

夏秋季单生于林中地上。我国各地区均有分布。食用，药用。

离褶伞科 Lyophyllaceae

肉色丽蘑 *Calocybe carnea* (Bull.) Donk

菌盖直径 3-7cm，半球形至扁半球形或扁平，平滑，无条纹，浅土黄色至浅柿黄色，边缘薄，反卷。菌肉稍厚，白色，具淡水果香气。菌褶直生至弯生，乳白色，边缘呈波状。菌柄长 3-8cm，粗 0.3-1.3cm，白色或乳黄色，上部粗糙，内部松软，近纤维质，有的基部变细。担孢子椭圆形，光滑，无色，4.5-6 × 2.5-3.5μm。

夏秋季单生于林地或草地上。分布于我国华中、华北、华南等地区。食用，药用。

变色丽蘑 *Calocybe decolorata* X.D. Yu & Jia J. Li

菌盖直径 3-4cm，平展，逐渐下凹，表面呈水浸状，黄色至深黄褐色，中部色深，向边缘渐浅。菌褶延生，白色，密，幅窄，较薄。菌柄长 2.5-4cm，粗 0.2-0.4cm，等粗或向下稍粗，基部稍膨大，光滑，纤维状，黄色至橙色。担孢子近球形，2.6-3.8 × 2.4-3.1μm。担子棒状，具4担子小梗。囊状体圆柱形至纺锤形，少数呈近葫芦状，薄壁。

夏秋季散生至群生于林地上。分布于我国东北、华中等地区。食用，药用。

延生丽蘑 *Calocybe decurrens* J.Z. Xu & Yu Li

菌盖直径3.5-6.5cm，初期略微突起，后期平展，表面光滑，干燥，成熟时呈红棕色，边缘幼时内卷，浅裂。菌肉幼时略带白色，向边缘渐被粉色和浅紫色。菌褶延生，白色，密。菌柄长4-5cm，粗0.6-1.2cm，中空，基部具白色短绒毛。担孢子长圆形、近圆柱形至梭形，5.8-8.5×2.1-4.3μm，光滑，淀粉质。担子棒状，具4担子小梗。侧生囊状体未见。具锁状联合。

秋季散生于林缘草地上。分布于我国东北、华北等地区。食用，药用。

香杏丽蘑（虎皮口蘑、虎皮香信）*Calocybe gambosa* (Fr.) Donk

菌盖直径6-12cm，半球形至平展，表面光滑，不黏，白色或淡土黄色至淡土红色，边缘内卷。菌肉肥厚，白色，杏香味。菌褶弯生，白色或稍带黄土色，稠密，窄，不等长。菌柄长3.5-10cm，粗1.5-3.5cm，白色、黄白色，具条纹，内实。担孢子椭圆形，5-6.2×3-4μm，光滑，无色。

夏秋季在草原上群生、丛生或形成蘑菇圈。分布于我国东北、华北、华中等地区。食用，药用。

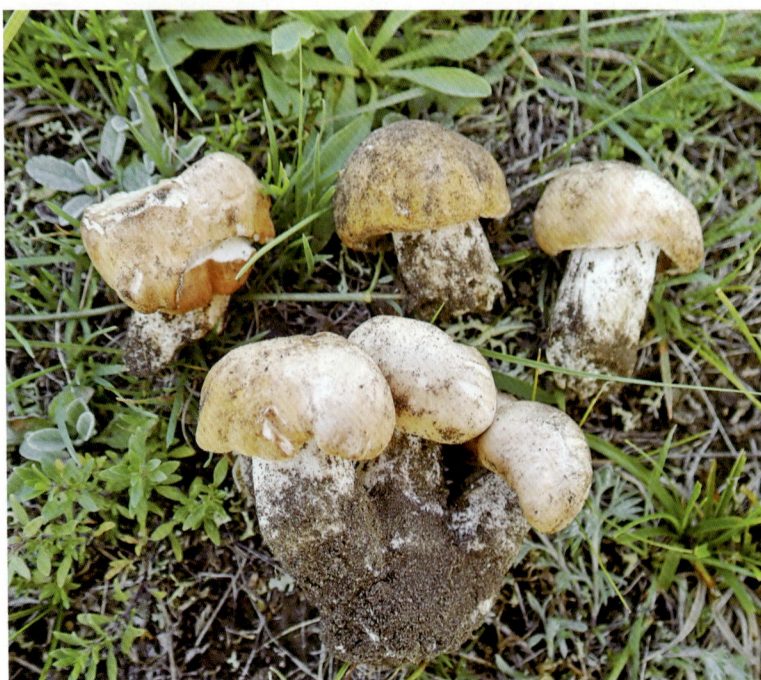

白褐丽蘑 *Calocybe gangraenosa* (Fr.) V. Hofst. et al.

菌盖直径3-8.5cm，初期近锥形至扁半球形，后期近扁平，中部稍突起，表面近光滑，污白色至灰褐色或污褐色，边缘薄，内卷。菌肉厚，边缘薄，污白色，伤后变暗色，松软，具香气。菌褶直生至近弯生，较稀，窄，不等长，幼时污白色，后期灰褐色至深褐色，伤处色变暗。菌柄长5-8cm，粗0.5-2.3cm，基部稍膨大，污白色至灰白色，实心，剖开后变铅灰色。担孢子长椭圆形或柱状椭圆形，5.5-8×2.8-4.5μm，无色，具小疣。担子棒状，具4担子小梗。侧生囊状体棒状，近纺锤形。

夏秋季单生或群生于针叶林、阔叶林或针阔混交林地上。我国各地区均有分布。食用，药用。

紫皮丽蘑 *Calocybe ionides* (Bull.) Donk

菌盖直径2-5cm，扁半球形至平展，表面光滑，湿润时呈半透明状，灰紫蓝色，边缘平滑。菌肉白色或带紫蓝色。菌褶弯生，白色，稠密，不等长。菌柄长2-5cm，粗0.3-0.5cm，与菌盖同色，内部松软。担孢子短椭圆形至近球形，4-5×3-3.5μm，光滑或近光滑，无色。

秋季生于针叶林和阔叶林地上。分布于我国东北、华北、西南、华南等地区。食用，药用。

黄盖丽蘑 *Calocybe naucoria* (Murrill) Singer

菌盖直径1.5-4cm，微凸或近平面，少数中部凹陷，表面光滑，潮湿，无毛，干燥时呈淡黄色、红黄色，边缘光滑或弯曲，淡黄色。菌肉黄色，微苦。菌褶黄色，较密，幅窄。菌柄长3-5cm，粗0.2-0.6cm，较硬挺，淡黄色，基部稍被绒毛，等粗或向下稍细，中空，上下同色。担孢子椭圆形，3-4×1.8-2.5μm，光滑，非淀粉质。

夏秋季生于针叶林和阔叶林地上。分布于我国东北、华中、华北等地区。药用。

近赭褐丽蘑 *Calocybe subochracea* X.D. Yu, Ye Zhou & H.B. Guo

菌盖直径2.2-3cm，近平展，中部略凹陷，砖红色至浅红棕色，边缘淡褐色带黄色调，表面光滑。菌肉淡奶油色至米白色。菌褶近延生，米白色至淡黄色，密，不等长。菌柄长2-2.5cm，粗0.7-1cm，圆柱形，基部稍细，淡褐色至灰褐色，表面近光滑。担孢子椭圆形至长椭圆形，4.4-5.4×2.7-3μm，光滑，薄壁。担子棒状，具4担子小梗，透明。侧生囊状体和缘生囊状体未见。

夏季群生于阔叶林附近沙地上。分布于我国东北等地区。

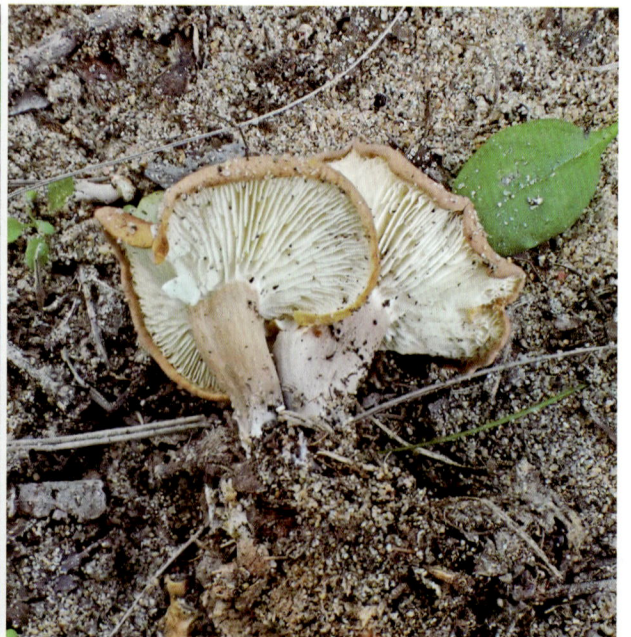

肉褐格氏菇 *Gerhardtia incarnatobrunnea* (Ew. Gerhardt) Krieglst.

菌盖初期半球形，后期平展，光滑，黄褐色至红褐色，中部色深，向边缘渐浅，边缘平滑无条棱。菌肉白色至污白色。菌褶初期白色，后期浅黄色。菌柄近圆柱形，上下等粗或向下稍粗。担孢子长椭圆形至梭形，6-8.5×2.5-4μm，无色，非淀粉质。

夏秋季群生或散生于针阔叶林中阔叶树根际。分布于我国东北地区。食用，药用。

玉蕈 *Hypsizygus tessulatus* (Bull.) Singer

菌盖直径2-4.5cm，幼时凸镜形，成熟后扁凸镜形至近平展，中央略下凹，表面乳白色至奶油色，中部褐色、暗褐色至深棕褐色，具圆形至不规则形斑块状大理石纹，光滑，边缘稍内卷。菌褶白色，弯生或近直生，密。菌肉奶白色，厚。菌柄圆柱形，长3-7cm，粗0.3-1cm，白色、污白色至灰白色，上下等粗或基部稍粗，中空，光滑。担孢子近球形至宽椭圆形，5-5.3×3.5-4μm，无色，光滑，厚壁。担子棒状，具4（2）担子小梗。具锁状联合。

秋季丛生于水曲柳树干、根际及周围土壤上。分布于我国东北地区。食用。

荷叶离褶伞（丛生口蘑、荷叶蘑）
Lyophyllum decastes (Fr.) Singer

菌盖直径5-16cm，幼时菌盖半球形，成熟后平展，中部略下凹，灰白色至灰黄色，表面光滑、灰褐色，中部颜色深，边缘整齐，幼时内卷，成熟后往往呈波浪状瓣裂。菌肉白色，厚。菌褶白色，稍密至稠密，直生至延生，不等长。菌柄近柱形或稍扁，长3-8cm，粗0.7-1.8cm，白色，光滑，内实。孢子印白色。担孢子圆形或近圆形，2.5-6×4-6μm，光滑，无色，淀粉质。担子棒状，具4担子小梗。侧生囊状体未见。具锁状联合。

秋季在草地或林下成丛生长。分布于我国东北、华东、西北、西南等地区。食用，药用。

大囊伞科 Macrocystidiaceae
栗绒大囊伞 *Macrocystidia cucumis* (Pers.) Joss.

菌盖直径1.5-5cm，半球形至扁半球形，中部稍凸似斗笠形，表面具绒感，棕红褐色至暗红褐色，边缘色浅至污白黄色，有条纹，水浸状。菌褶直生至近弯生，污白色至带红褐色，稍密。菌肉近褐色，似鱼腥气味。菌柄长4-8cm，粗0.2-0.6cm，暗褐色，上部浅色细毛，成熟后中空，基部有白色细绒毛。孢子印白色、粉红色、浅粉棕色。担孢子椭圆形，7-9×3-4.5μm，平滑，无色，淀粉质。囊状体大，顶端尖。

夏秋季群生或单生于林地、草地上。分布于我国东北、西北等地区。

小皮伞科 Marasmiaceae

二型拟金钱菌 *Collybiopsis biformis* (Peck) R.H. Petersen

菌盖扁凸镜形至平展，直径0.7-1.2cm，中部具脐状凹陷，深红棕色至红棕色，边缘水浸状，具明显的棱纹，褶缘平滑。菌肉薄。菌褶离生，奶油白色，薄，密，不等长。菌柄直生，长2.5-5cm，粗约0.1cm，圆柱形，中空，纤维质，浅红棕色至红棕色至深红棕色，基部稍膨大，菌柄中下部被白色细短绒毛。担孢子长椭圆形，6-8×2.5-3μm，无色，光滑，薄壁，非淀粉质。担子棒状，具4担子小梗，基部具锁状联合。缘生囊状体长棒状，基部具锁状联合。

秋季散生于蒙古栎、松树混交林的朽叶上。分布于我国东北等地区。

绒柄拟金钱菌（绒柄小皮伞、合生裸脚伞、绒柄裸脚伞）*Collybiopsis confluens* (Pers.) R.H. Petersen

菌盖直径2-4cm，半球形至扁凸镜形。成熟后菌盖表面白色、污白色至乳白色，中部淡黄褐色。菌盖边缘平滑，幼时内卷。菌肉薄，白色或灰白色。菌褶污白色至乳白色，弯生至离生，稍密至稠密，幅窄，不等长。菌柄长5-13cm，粗0.2-0.4cm，浅褐色至棕褐色，密被白色至污白色绒毛，脆骨质，空心。担孢子椭圆形至长椭圆形，7.2-8.3×3.1-4.5μm，无色，光滑，非淀粉质。担子棒状，具4担子小梗。缘生囊状体圆柱状，薄壁。具锁状联合。

夏秋季群生或近丛生于林中落叶层上，我国各地区均有分布。食用，药用。

薄盖拟金钱菌 *Collybiopsis menehune* (Desjardin, Halling & Hemmes) R.H. Petersen

菌盖直径2-3.5cm，幼时凸镜形，后渐近平展至漏斗，表面红棕色至浅棕色，具条纹或皱纹，边缘上卷。菌肉白色。菌褶浅棕色至棕黄色，密，不等长，延生。菌柄长5-8cm，粗0.1-0.3cm，基部稍膨大，浅棕色，纤维质，空心。担孢子椭圆形至长椭圆形，6.5-8.7×3.5-5.2μm，光滑，薄壁，非淀粉质。担子棒状，具4担子小梗。缘生囊状体圆柱形至不规则棒状。具锁状联合。

夏秋季群生于针阔混交林松树基部。分布于我国东北等地区。

盾状拟金钱菌（靴状裸脚伞）*Collybiopsis peronata* (Bolton) R.H. Petersen

菌盖直径2.5-5cm，凸镜形，渐平展，边缘常内卷，中部略突起，浅棕色至黄褐色，边缘具条纹，近水浸状。菌肉薄，韧，黄褐色，伤不变色。菌褶离生，稍密，黄褐色，不等长。菌柄长5-8cm，粗0.3-0.5cm，浅棕色至黄褐色，表面具细小鳞片，基部覆近黄色菌丝。担孢子椭圆形至镰刀形，7.5-11.2×3.6-4.5μm，光滑，无色，非淀粉质。囊状体细棒状，顶端钝尖，薄壁。具锁状联合。

夏秋季散生于林缘枯枝落叶上。分布于我国东北、华北、华南、西南等地区。有毒。

根生毛皮伞 *Crinipellis rhizomaticola* Antonín, Ryoo & H.D. Shin

菌盖半球形至平展，直径0.4-1.3cm，初期栗棕色，后棕褐色至棕黄色，边缘水浸状，具棱纹，幼时边缘内卷。菌肉白色，薄。菌褶弯生至直生至近延生，奶油白色，薄，疏，不等长，褶缘平滑。菌柄长1.5-7cm，粗约0.1cm，圆柱形，中空，纤维质，初期白色至棕黄色，后颜色变深棕色，菌柄表面具淡褐色丛毛状鳞片，基部稍膨大。担孢子椭圆形至长椭圆形，8.4-11×3.8-5.5μm，光滑，薄壁。担子棒状，具4担子小梗。囊状体短棒状，有时顶端具分枝。具锁状联合。

秋季散生于路旁草地枯枝上。分布于我国东北等地区。

毛皮伞 *Crinipellis scabella* (Alb. & Schwein.) Murrill

菌盖直径0.3-1.5cm，凸镜形、半球形，表面具放射状褐色至红褐色纤毛，中心颜色稍深。菌肉薄，白色，伤不变色。菌褶离生至直生，稀疏，不等长，白色至米白色。菌柄长0.5-3cm，粗0.1-0.2cm，棕褐色，质粗，内部松软至空心，具纤细绒毛。担孢子宽椭圆形至长圆形，8.5-10×4.5-6μm，光滑，无色，非淀粉质，有1个油滴。担子棒状，具4担子小梗。侧生囊状体和缘生囊状体棒状。具锁状联合。

夏秋季簇生或散生于土中埋伏的腐木或枯枝上。分布于我国东北等地区。

灰白小皮伞 *Marasmius albogriseus* (Peck) Singer

菌盖近平展，乳白色至淡褐色，中部具灰褐色脐凹，边缘稍上卷，灰色，水浸状，具辐射状弱沟纹，光滑。菌肉薄，边缘极薄，污白色至浅灰色。菌褶弯生，稀，污白色。菌柄长 2.6–3.9cm，粗 0.1–0.4cm，圆柱形，红褐色，靠近菌褶处白色，被细绒毛，纤维质，空心，基部稍细，具白色绒毛状菌丝体。担孢子梨核形至近泪滴形，7.3–11 × 5.8–7.3μm，光滑，无色，薄壁，非淀粉质。担子棒状，无色，透明，薄壁，具 4（2）担子小梗，基部具锁状联合。侧生囊状体未见。缘生囊状体圆柱形或棒状，薄壁，透明。具锁状联合。

夏秋季群生于阔叶林落叶层上。分布于我国东北、华南、华中等地区。

联柄小皮伞 *Marasmius cohaerens* (Pers.) Cooke & Quél.

菌盖直径2.2–2.8cm，初凸镜形，后平展，黄褐色，中部色深，表面光滑或具弱条纹，具绒感。菌肉薄，白色。菌褶离生，污白色，密。菌柄红褐色，长3.3–4.6cm，粗0.1–0.2cm，光滑，灰褐色。担孢子椭圆形，光滑，薄壁，非淀粉质。担子棒状，具2（4）担子小梗。侧生囊状体未见。缘生囊状体稀少，圆柱形至棒状，厚壁。具盖生囊状体和柄生囊状体。具锁状联合。

夏秋季群生至散生于林中落叶层或苔藓层上。我国各地区均有分布。食用。

鬃柄小皮伞 *Marasmius crinipes* Antonín, Ryoo & H.D. Shin

菌盖直径0.3-1.6cm，初期圆锥形，成熟后近平展，浅橙色至橘黄色，表面粗糙，具辐射状沟纹，边缘波浪状。菌肉极薄。菌褶直生，奶油色至污白色，稀。菌柄中生，长4-6cm，粗0.1-0.2cm，圆柱形，中空，纤维质，顶端白色至淡褐色，向下颜色较深，黑褐色至黑色，光滑。担孢子卵圆形至近梭形，20-26×3.5-4μm，薄壁。担子棒状，具4（2）担子小梗。侧生囊状体近梭形，具不规则弯曲。缘生囊状体无色，壁稍厚。

夏季散生或群生于阔叶树枯叶上。分布于我国东北、华南、西南等地区。

旱生小皮伞 *Marasmius curreyi* Berk. & Broome

菌盖直径0.2-0.9cm，圆锥形至半球形，后期平展，中部下凹，表面浅黄褐色，中部色深，具细绒毛，边缘齿状至波浪状。菌肉薄，白色。菌褶离生，奶油色，边缘具绒毛。菌柄浅棕色，基部黑褐色，长1-2.7cm，粗0.1-0.3cm，光滑。担孢子椭圆形，8-9.5×4.4-5.7μm，薄壁。担子棒状，具4担子小梗。缘生囊状体圆柱状至棒状，薄壁。具锁状联合。

夏季群生于林中枯枝、枯草上。分布于我国华北、东北等地区。

叶生小皮伞 *Marasmius epiphyllus* (Pers.) Fr.

菌盖直径 0.2-0.6cm，膜质，凸镜形、扁球形、半球形，表面略有光泽，白色至乳白色，边缘幼时内卷，成熟后边缘呈辐射状白色皱条纹。菌肉纤维质，白色至乳白色。菌褶淡白色或乳白色，稀疏，薄，有横向脉络。菌柄长 0.2-1.2cm，粗 0.1cm 左右，白色，向下颜色逐渐变浅，形成棕黑褐色、棕褐色或红褐色。孢子印白色。担孢子长椭圆形，8.5-12×3-5μm，光滑，无色，薄壁，非淀粉质。担子棒状，具4担子小梗，少为2担子小梗。囊状体棒状、纺锤状，薄壁，光滑。

秋季单生或散生于枯枝落叶上。分布于我国东北、华南、西南等地区。

异常小皮伞 *Marasmius epodius* Bres.= *Marasmius anomalus* Lasch

菌盖直径 0.5-1cm，半球形至圆锥形，成熟后近平展，雪白色至米白色，表面稍粗糙，具放射状沟纹，边缘锯齿状。菌肉极薄。菌褶离生，白色，稀，不等长。菌柄中生，长 2-3.8cm，粗约0.1cm，圆柱形，上下等粗，中空，纤维质，红褐色至黑褐色，表面光滑。担孢子长椭圆形，12-16×3-4μm，无色，透明，薄壁，光滑。担子棒状，薄壁。侧生囊状体圆柱形至梭形，顶端具指状至头状小尖。缘生囊状体无色，薄壁。

夏季生于阔叶树枯枝上。分布于我国华东、东北等地区。

禾生小皮伞（草生小皮伞、禾小皮伞、马尾小皮伞）*Marasmius graminum* (Lib.) Berk.

菌盖直径 0.1-0.5cm，钟形至凸镜形，中部下凹，红橙色至浅锈橙色，表面无绒毛，具放射状沟纹。菌肉白色，薄。菌褶离生，稀，等长，奶油色。菌柄中生，圆柱形，长 1-2cm，粗约 0.1cm，顶端白色至奶油色，向基部渐深至暗褐色，光滑。担孢子椭圆形至长椭圆形，6.2-8.9×3.7-5.2μm，光滑，薄壁，非淀粉质。侧生囊状体未见。缘生囊状体扫帚状，薄壁，顶端分枝。

夏秋季群生或散生于禾本科植物枝叶上。我国各地区均有分布。

大囊小皮伞*Marasmius macrocystidiosus* Kiyashko & E.F. Malysheva

菌盖直径 3-5.1cm，中部突起，后平展，棕色或灰棕色，表面光滑，边缘吸湿性，有条纹。菌肉白色，无明显气味与味道。菌褶弯生，白色。菌柄长 4-6.5cm，粗 0.4-0.6cm，纤维质，中空，具纵向条纹，干燥，表面具粉霜，基部有白色菌丝体。担孢子椭圆形、肾形或豆形，6.5-10.2×3.5-4.5μm，光滑，薄壁，非淀粉质。缘生囊状体和侧生囊状体宽纺锤状、近圆柱形或棒状，大型，有黄色内含物，非淀粉质。具锁状联合。

夏季散生于林中地上。分布于我国东北等地区。

大盖小皮伞（巨盖小皮伞、大皮伞）
Marasmius maximus Hongo

菌盖直径2.5-6.5cm，钟形、扁凸镜形至平展形，表面赭棕色，渐浅呈淡肉色，边缘稍呈波浪状，下卷，具放射状条纹，光滑或稍具皱纹。菌肉白色。菌褶离生，稀，不等长，白色至淡奶油黄色。菌柄长5-9cm，粗0.2-0.6cm，浅棕色、棕色至褐色，具白色至奶油色鳞片，纤维质。担孢子椭圆形至纺锤形，7.2-10.2×4.3-5.8μm，光滑。担子棒状，具4担子小梗。缘生囊状体圆柱形、棒状、纺锤形至不规则形，常具分枝，薄壁。侧生囊状体未见。具锁状联合。

夏秋季群生于针阔叶林中落叶层上。我国各地区均有分布。食用。

黑柄小皮伞 *Marasmius nigriceps* Corner

菌盖直径0.5-2cm，凸镜形、扁凸镜形至平展，中部微突起，表面黄褐色、青白色至灰棕色，具沟纹，边缘污白色，反卷，膜质。菌肉薄，淡棕色，皮革质。菌褶近延生至直生，污白色、肉桂褐色，稀，幅窄，薄。菌柄长2-4cm，粗0.7-1.5cm，内部软至中空，光滑，灰棕色至淡褐色，基部具淡棕色绒毛。孢子印污白色。担孢子椭圆形，7.8-9.2×5.3-6.8μm，光滑，无色，薄壁，非淀粉质。担子棒状，具4担子小梗。具锁状联合。

单生或少数群生于枯枝落叶上。分布于我国东北等地区。

硬柄小皮伞 *Marasmius oreades* (Bolton) Fr.

菌盖直径1.5-5cm，凸镜形至平展，中部突起，表面浅橙褐色、淡白褐色，中部颜色较深，光滑或具稀疏绒毛，边缘水浸状。菌褶微弯生至近直生，较密，浅黄色或乳白色，不等长。菌盖边缘具条纹。菌肉较厚，肉色。菌柄长2.3-7cm，粗0.2-0.7cm，浅棕黄色、淡白褐色，基部稍膨大，密被白色绒毛。担孢子椭圆形，5.7-9.5×3.5-4.2μm，光滑，无色，非淀粉质，具油滴。担子棒状，具2（4）担子小梗。缘生囊状体棒状，薄壁。具锁状联合。

夏秋季群生至簇生于草地上。我国各地区均有分布。食用，药用。

小白小皮伞 *Marasmius rotula* (Scop.) Fr.

菌盖直径0.3-1.2cm，凸镜形至扁半球形，表面湿时黏，土黄色至污白色、奶油色，中部色深，边缘有条棱，薄。菌肉薄，白色至污白色。菌褶淡白色或奶油白色，薄，稀少。菌柄长2-6.5cm，粗0.1-0.2cm，干燥，实心，黄褐色至棕褐色，基部有时具短硬绒毛。孢子印白色。担孢子椭圆形或近纺锤形，7.3-9.8×2.8-4.9μm，光滑，薄壁，非淀粉质。担子棒状，具4担子小梗。缘生囊状体棒状至近球状，薄壁，光滑，有短疣或突起结构。具锁状联合。

散生或群生于阔叶树枯枝落叶上。分布于我国东北等地区。

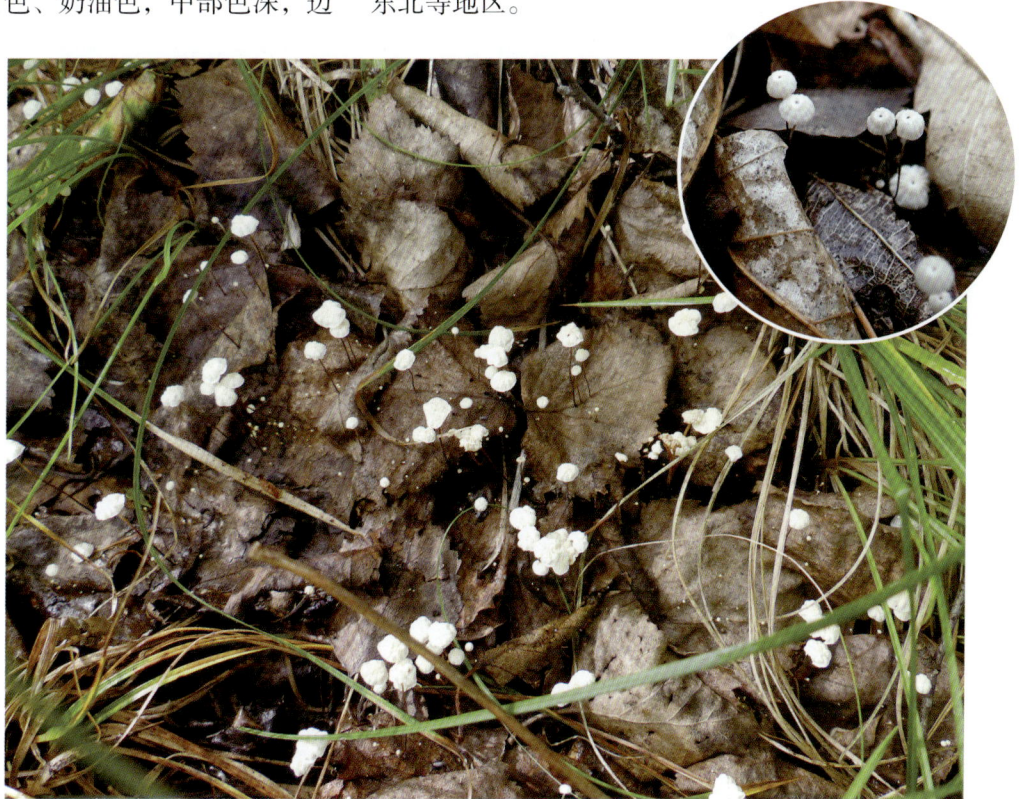

琥珀皮伞（干小皮伞）*Marasmius siccus* (Schwein.) Fr.

菌盖直径0.4-1cm，半球形至凸镜形，后平展，表面橙色，中部深橙色、下陷，光滑，边缘具条纹。菌肉薄，白色。菌褶弯生至近离生，白色，稀。菌柄长2.5-4.5cm，粗约0.1cm，深栗色至黑色，光滑，漆样光泽，基部具白色至黄白色菌丝。担孢子倒披针形，17-25×3-5μm，光滑，透明，薄壁。担子棒状，具4（2）担子小梗。缘生囊状体扫帚状。侧生囊状体棒状、梭形或不规则形，顶部较细，尖端。具锁状联合。

群生于阔叶树枯枝落叶上。我国各地区均有分布。

小菇科 Mycenaceae
牡蛎半小菇 *Hemimycena cucullata* (Pers.) Singer

菌盖直径0.2-1.1cm，半球形或钟形，具钝圆突起，透明，白色，干后为乳白色或淡黄色，边缘平整，水浸状，具条纹。菌肉白色，薄。菌褶直生至稍弯生，白色。菌柄长1.2-3.1cm，粗0.1-0.2cm，半透明，白色，中空，纤维质，表面具微小绒毛，基部稍膨大，具白色菌丝体。担孢子圆柱形或纺锤形，9.6-12×3.5-4.6μm，无色，光滑，薄壁，内含油滴，非淀粉质。担子棒状，具4（2）担子小梗。缘生囊状体纺锤形或烧瓶形，薄壁，丛生。具锁状联合。

夏秋季群生于阔叶林枯枝落叶层上。分布于我国东北等地区。

半小菇 *Hemimycena mairei* (E.-J. Gilbert) Singer

菌盖初时钟形或半球形，成熟时凸镜形至扁平，中心稍凹陷，浅白色，表面光滑，具透明条纹，边缘波状。菌肉白色，薄。菌褶弯生、近延生，稀，白色，分叉。菌柄长0.7cm，粗约0.1cm，圆柱形，脆骨质，透明，空心，基部渐细。担孢子卵形至杏仁形，6.4-8.8×4.2-5.4μm，透明，薄壁。担子窄棒状，具4担子小梗。缘生囊状体和侧生囊状体未见。柄生囊状体近圆柱形、棒状或不规则形。具锁状联合。

夏秋季散生于阔叶林中的腐木或落枝上。分布于我国东北等地区。

球果湿柄伞 *Hydropus xuchiliensis* (Murrill) Singer

菌盖直径2-4cm，幼时扁半球形，成熟后近平展，表面干，光滑，淡红棕色至白色，边缘稍不平滑。菌肉薄，白色。菌褶弯生、近直生，白色，密，不等长。菌柄长5.5-7cm，粗0.2-0.4cm，纤维质，白色至淡红棕色，基部膨大且附着白色菌丝。担孢子椭圆形，6.3-7.5×4.8-5.7μm，光滑，薄壁。

生于沙地樟子松的球果上。分布于我国东北等地区。

沟纹小菇 *Mycena abramsii* (Murrill) Murrill

菌盖直径1.3-4.5cm，圆锥形，中部钝圆突起，淡褐色至浅灰褐色，表面具粉霜，干，具透明状条纹，形成浅沟槽，边缘不平整。菌肉白色，薄，易碎。具淡淀粉味。菌褶白色至灰白色，弯生，稀疏。菌柄长2.5-8.5cm，粗0.1-0.2cm，圆柱形，中空，脆骨质，灰白色，向下渐深至灰褐色、暗褐色。担孢子长椭圆形或圆柱形，7.5-10×4.4-5.2μm，无色，光滑，薄壁，淀粉质，内含油滴。担子棒状，具4担子小梗。缘生囊状体纺锤形、圆柱形、尖顶细烧瓶形，薄壁。侧生囊状体未见。具锁状联合。

夏秋季埋生于枯枝落叶层或沙地上。分布于我国东北、华北、西南等地区。

香小菇（红盖小菇）*Mycena adonis* (Bull.) Gray

菌盖直径0.4-1.7cm，圆锥形或斗笠形，突起后平展，表面淡粉色、粉红色，膜质，表面具细小颗粒状粉末，具半透明状条纹，形成沟槽，边缘常开裂呈波浪状。菌肉白色，薄。菌褶直生至弯生，白色或带有淡粉色。菌柄长6-12cm，粗0.1-0.2cm，中空，脆骨质，白色，带有淡粉色，被白色细小绒毛，基部具白色绒毛状菌丝体。担孢子椭圆形至长椭圆形，6.1-7.4×3.3-4.3μm，无色，光滑，薄壁，非淀粉质。担子棒状，薄壁，具2担子小梗。缘生囊状体近纺锤形或细颈烧瓶形。侧生囊状体较小，与缘生囊状体形状相似。无锁状联合。

夏秋季丛生于阔叶林内腐木上。分布于我国东北、西南地区。

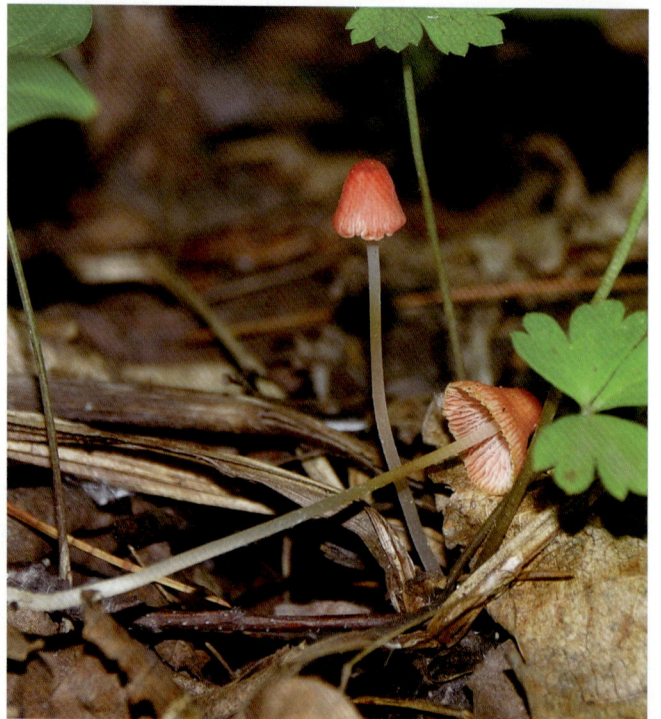

纤弱小菇 *Mycena alphitophora* (Berk.) Sacc.

菌盖直径0.3-0.6cm，初期凸镜形，后期渐变为钟形，表面覆盖白色粉末状物，具条纹，初期浅灰色，后期渐褪色为污白色。菌肉薄，气味和味道不明显。菌褶离生或稍延生，稀疏，窄，白色。菌柄长2-3.5cm，粗0.1-0.2cm，圆柱形，向基部渐膨大，表面密布白色绒毛，后期渐变为白色粉末。担孢子椭圆形，7.5-9.5×4-5μm，光滑，无色，淀粉质。

夏秋季单生至散生于蕨类植物枯枝落叶上。分布于我国东北、华中等地区。

黄缘小菇（橘色凹小菇）*Mycena citrinomarginata* Gillet

菌盖直径0.7-1.7cm，半球形或钟形，柠檬黄色、黄绿色，表面粉霜状，干，具不明显透明状条纹，形成浅沟槽，边缘微不平整，呈波浪状。菌肉灰白色，薄，易碎。菌褶黄白色至淡黄色，直生。菌柄长8-12.5cm，粗0.1-0.4cm，中空，脆骨质，深橄榄黄色、黄绿色，基部密被白色菌丝体。担孢子长椭圆形至圆柱形，10.4-11.5×4.3-5.5μm，无色，光滑，薄壁，淀粉质，内含油滴。担子棒状，具4担子小梗。缘生囊状体棒状、纺锤形，有时分枝。具锁状联合。

夏秋季单生或散生于枯枝落叶层上。分布于我国东北、华北、西南等地区。

角凸小菇 *Mycena corynephora* Maas Geest.

菌盖直径0.1-0.5cm，圆锥形、半球形，中部突起稍钝，白色，老后带有土黄色，表面密被白色细小绒毛，干，具半透明状条纹，形成浅沟槽。菌肉白色，薄，易碎。菌褶白色，弯生至稍延生。菌柄长0.75-1.5cm，粗约0.1cm，中空，脆骨质，白色，表面密被白色绒毛，基部稍膨大。担孢子近球形至球形，6.5-8.2×6.1-7.1μm，无色，光滑，薄壁，淀粉质。担子棒状，薄壁，具4担子小梗。缘生囊状体圆柱形、倒梨形、倒卵圆形，表面具密集刺状疣突，薄壁。柄生囊状体长棒状，覆浓密刺状突起。具锁状联合。

夏秋季散生或群生于活立木或树皮缝隙中。分布于我国东北、华中、华东、华南、西南等地区。

黄柄小菇 *Mycena epipterygia* (Scop.) Gray

菌盖直径0.4-1.6cm，半球形、钟形，中部突起，表面柠檬黄色、灰黄色至橄榄色，边缘黄白色或灰白色，黏。菌褶淡黄色，直生至稍弯生。菌肉黄白色，薄。菌柄长8.2-14.5cm，粗0.3-0.5cm，中空，脆骨质，黏，柠檬黄色、橄榄绿色或褐色，基部根状，有纤维状白色绒毛。担孢子宽椭圆形，7.3-10.3×5.1-7.2μm，无色，光滑，薄壁，内含油滴，淀粉质。担子棒状，薄壁，具4担子小梗。缘生囊状体棒状或囊状，表面具较密且不规则指状疣突。侧生囊状体缺失。具锁状联合。

夏秋季单生或散生于腐木或枯枝落叶层上。分布于我国东北、西南等地区。

盔盖小菇（灰盖小菇、蓝小菇）*Mycena galericulata* (Scop.) Gray

菌盖直径1.8-6.2cm，凸镜形或平展，中部钝圆突起，表面暗褐色，边缘浅褐色，具透明状条纹，湿时黏。菌褶直生，白色至灰白色，具横脉。

菌肉白色，薄，具淀粉味。菌柄长3.9-11.8cm，粗0.2-0.5cm，软骨质，中空，光滑，灰褐色至深褐色，基部具白色绒毛。担孢子宽椭圆形至椭圆形，9.2-10.1×7.1-7.5μm，无色，光滑，薄壁，内含油滴，淀粉质。担子棒状，薄壁，具2担子小梗。缘生囊状体棒状，表面具密集不规则瘤突或分叉突起。无锁状联合。

夏秋季单生、散生或群生于腐木上。分布于我国东北、华南、西南等地区。

血红小菇（红汁小菇）*Mycena haematopus* (Pers.) P. Kumm.

菌盖直径0.8-3.5cm，半球形或钟形，稍平展，中部突起，红色、酒红色至红褐色，表面粉末状至光滑，具透明状条纹，常开裂呈锯齿状。菌肉白色，薄，伤后流出血红色乳汁。菌褶白色，直生至稍弯生。菌柄长7.6-15.2cm，粗0.2-0.5cm，中空，脆骨质，褐色、红褐色至深褐色，被白色细粉状颗粒，基部具白色绒毛。担孢子椭圆形至长椭圆形，7.5-11.2×5.6-6.8μm，无色，光滑，薄壁，内含油滴，淀粉质。担子棒状，无色，薄壁，具2（4）担子小梗。缘生囊状体纺锤形或细颈烧瓶形，光滑。无锁状联合。

夏秋季丛生于腐木上。我国各地区均有分布。有毒。

透柄小菇 *Mycena hyalinostipitata* T. Bau & Q. Na

菌盖直径0.1-0.3cm，凸镜形至半球形，白色，中部被白色细小绒毛，具透明状条纹，形成浅沟槽。菌褶直生至稍弯生，白色，窄。菌肉白色，薄，易碎。菌柄长0.7-1.5cm，粗约0.1cm，中空，纤维质，透明，微被粉霜，基部具白色绒毛，盘状。担孢子椭圆形至长椭圆形，8.7-11.5×4.4-5.8μm，内含油滴，无色，光滑，薄壁，淀粉质。担子棒状，薄壁，具2担子小梗。缘生囊状体倒梨形、泡囊形、近球形，表面密被刺突。无锁状联合。

夏秋季散生或群生于腐木或枯枝落叶上。分布于我国东北、西南等地区。

铅灰色小菇 *Mycena leptocephala* (Pers.) Gillet

菌盖直径0.5-1.3cm，圆锥形至钟形，中部钝圆突起，淡灰褐色，黑褐色，边缘灰色，光滑，具透明条纹。菌肉污白色，薄，易碎。菌褶灰白色，弯生至稍延生。菌柄长2.8-6.7cm，粗约0.1cm，中空，脆骨质，灰色，向下至灰褐色，近光滑，基部根状，具白色长绒毛。担孢子长椭圆形至圆柱形，7.1-9.6×3.9-4.8μm，淀粉质。担子棒状，具2（4）担子小梗。缘生囊状体棒状、纺锤形、圆柱形。侧生囊状体缺失。具锁状联合。

夏秋季单生或散生于阔叶腐木、枯枝落叶上。分布于我国东北等地区。

沟柄小菇 *Mycena polygramma* (Bull.) Gray

菌盖直径 1.5-4.2cm，圆锥形，稍平展，中部钝圆突起，灰褐色至褐色，边缘灰色，幼时微被粉霜，后光滑，黏或稍黏，具半透明状条纹。菌褶直生至稍弯生，白色至灰白色，窄。菌肉白色，薄，易碎。菌柄长 3.1-7.6cm，粗 0.1-0.5cm，中空，脆骨质，银灰色、灰色，表面具明显纵条纹，形成浅沟槽，基部根状，具白色绒毛。担孢子宽椭圆形，6.8-9×5.6-6μm，内含油滴，无色，光滑，薄壁，淀粉质。担子棒状，薄壁，具4担子小梗。缘生囊状体纺锤形、烧瓶形、泡囊形。具锁状联合。

夏秋季单生或散生于腐木、枯枝落叶层上。分布于我国东北、华南、西南等地区。

洁小菇（粉紫小菇）*Mycena pura* (Pers.) P. Kumm.

菌盖直径 1.2-5.6cm，半球形，后平展，中部钝圆突起，表面淡灰紫色至紫红色，湿时黏，边缘有条纹，水浸状。菌褶直生至稍弯生，淡紫罗兰色，褶间具横脉。菌肉淡灰紫色，薄，气味与味道强烈的胡萝卜味。菌柄长 3-8.2cm，粗 0.3-0.5cm，内实至中空，脆骨质，污白色至粉紫色，基部稍膨大，具白色菌丝体。担孢子椭圆形至圆柱形，5.2-7.3×2.7-3.9μm，无色，光滑，薄壁，内含油滴。担子棒状，具4担子小梗。侧生囊状体和缘生囊状体纺锤状，光滑，薄壁。具锁状联合。

夏秋季单生或散生于枯枝落叶层上。我国各地区均有分布。有毒。

粉色小菇 *Mycena rosea* Gramberg

菌盖直径0.8-5.6cm，半球形或钟形，后平展，中部钝圆突起，淡粉色至粉紫色，黏，具条纹，形成浅沟槽，水浸状。菌褶淡粉色或灰粉色，直生至稍弯生，褶间具横脉。菌肉粉白色，薄，气味与味道强烈的胡萝卜味。菌柄长2.2-6.5cm，粗0.5-1.1cm，内实后中空，纤维质，污白色至粉色，基部稍膨大且具白色菌丝体。担孢子椭圆形至长椭圆形，5.8-9.9 × 4-5.8μm，无色，光滑，薄壁，淀粉质。担子棒状，具4担子小梗。侧生囊状体与缘生囊状体棒状、近纺锤形或近圆柱形。具锁状联合。

夏秋季单生或散生于枯枝落叶层上。分布于我国东北、华中、华南等地区。

绿缘小菇 *Mycena viridimarginata* P. Karst.

菌盖直径0.7-4.6cm，圆锥形，后近平展，乳头状突起，深褐色、褐色，带有橄榄绿色，湿时黏，具透明状条纹。菌褶直生至稍弯生，乳白色，褶缘淡橄榄绿色。菌肉白色，薄，气味与味道不明显。菌柄长2.9-6.2cm，粗0.1-0.3cm，中空，脆骨质，柠檬黄色、黄绿色至橄榄绿色、淡褐色，基部密被白色绒毛。担孢子宽椭圆形，7.8-12.3 × 5.1-7.8μm，无色，光滑，薄壁，内含油滴，淀粉质。担子棒状，薄壁，具4担子小梗。缘生囊状体棒状或纺锤形，中部腹鼓状。具锁状联合。

夏秋季丛生于腐木上。分布于我国东北等地区。

鳞皮扇菇 *Panellus stipticus* P. Karst.

菌盖扇形，直径1-3cm，浅土黄色、黄褐色至褐色，肉质、革质，边缘稍内卷，边缘有时撕裂或呈波状，表面具细绒毛，成熟时具褶皱、龟裂纹或麸皮状小鳞片。菌褶直生，窄，密，常分叉形成横脉，白色至淡黄棕色。菌肉白色、淡黄色或稍褐色。菌柄长0.5-1cm，粗0.3-1cm，侧生，乳白色，具白色、棕色绒毛。孢子印白色。担孢子椭圆形、梨形至近胶囊形，3.5-6×1.5-2.5μm，光滑，无色，淀粉质。担子棒状，微黄色，具4担子小梗。缘生囊状体披针形至形状多样，偶尔具有分枝。具锁状联合。

春季至秋季群生于阔叶树树桩、树干及枯枝上。我国各地区均有分布。有毒，药用。

黄干脐菇 *Xeromphalina campanella* (Batsch) Kühner & Maire

菌盖直径1-3cm，初期半球形，中部下凹呈脐状，后期边缘展开近似漏斗状，表面湿润，光滑，橙黄色，边缘具明显的条纹。菌肉很薄，膜质，黄色。菌褶直生至延生，浅黄色至浅橙色，密至稍稀，不等长，稍宽，褶间有横脉相连。菌柄长1-4cm，粗0.2-0.5cm，圆柱形，常向下渐细，上部呈浅黄褐色，下部呈暗红褐色，内部松软至空心。担孢子椭圆形，6-7.5×2-3.5μm，光滑，无色，淀粉质。

夏秋季群生于针叶树的腐朽木桩上。我国各地区均有分布。食用，药用。

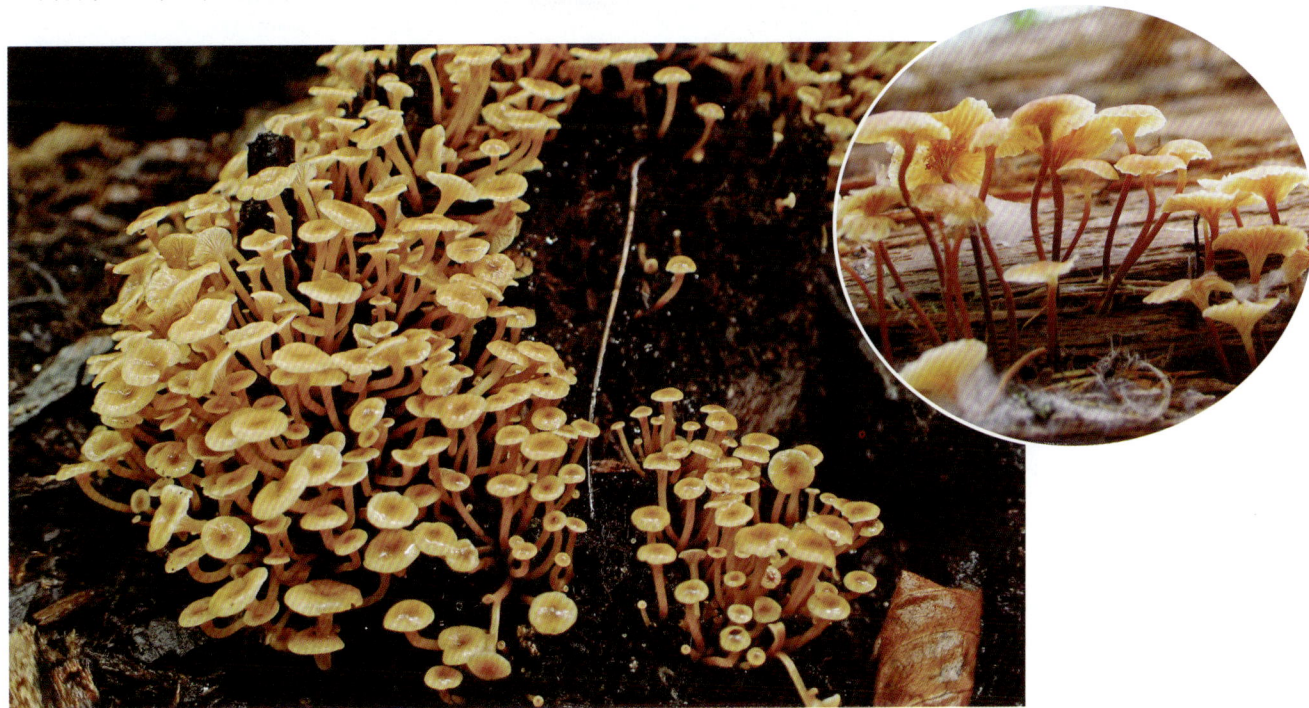

类脐菇科 Omphalotaceae

堆联脚伞（堆钱菌、堆金钱菌）*Connopus acervatus* (Fr.) K.W. Hughes, Mather & R.H. Petersen

菌盖直径0.6-3cm，凸镜形，后渐平展，表面光滑，红棕色至紫褐色，边缘颜色浅，水浸状。菌褶近离生，密，浅黄色至浅褐色，不等长。菌肉黄白色、黄褐色，伤不变色。菌柄长4-9cm，粗2-3cm，紫褐色，光滑。孢子印白色。担孢子椭圆形至近圆柱形，6-7×2-3μm，无色，光滑，淀粉质。担子棒状，具4担子小梗。侧生囊状体未见。缘生囊状体通常有突起，具近棒状或近圆形的顶端。

夏秋季簇生于林缘草地上。分布于我国东北、华中等地区。食用。

金黄裸脚伞 *Gymnopus aquosus* (Bull.) Antonín & Noordel.

菌盖直径0.5-4.5cm，凸镜形，后渐平展，表面光滑，金黄色至亮黄色，膜质，中部颜色较深，边缘水浸状。菌褶直生至近延生，密，白色至浅黄色，不等长。菌肉浅黄色，伤不变色。菌柄长3-11cm，粗1-3cm，金黄色至亮黄色，表面光滑，底部膨大。担孢子椭圆形，5.5-7×3-4μm，光滑，无色，非淀粉质。担子不规则棒状，具4担子小梗，薄壁。缘生囊状体不规则棒状，顶部细小。具锁状联合。

夏季簇生于林中枯枝落叶上。分布于我国东北等地区。

密褶裸脚伞 *Gymnopus densilamellatus* Antonín

菌盖直径2.5-7cm，半球形、扁球形，中部微凹，表面光滑，黄白色，有时呈淡赭色，边缘稍内卷，水浸状，具不透明条纹或仅在边缘稍具半透明条纹，棕色、红棕色。菌褶直生，极密，黄白色。菌肉白色，薄，气味难闻，如烂卷心菜或大蒜味，味道温和或苦涩。菌柄长2.5-10cm，粗0.2-0.5cm，有时扭曲，被细绒毛。担孢子椭圆形至梭形，4.7-8×2.5-3.5μm，透明，薄壁。担子棒状，具4担子小梗。缘生囊状体近纺锤形、不规则的窄棒状、有突起或珊瑚状，有时呈喙状，薄壁。具锁状联合。

单生或群生于林中枯枝落叶上。分布于我国东北等地区。

栎裸脚伞（栎金钱菌）*Gymnopus dryophilus* (Bull.) Murrill

菌盖直径3-8cm，初期钟形，后平展，表面光滑，赭黄色至浅棕色，中部色深，边缘颜色较淡，平整至近波状，膜质，无条纹。菌褶离生，污白色至淡黄色，密，不等长。菌肉白色，伤不变色。菌柄长2-7cm，粗0.2-4.8cm，黄褐色，脆，表面光滑。孢子印白色。担孢子椭圆形，4.2-6.2×2.6-3.1μm，光滑，无色，薄壁，非淀粉质。担子棒状至圆柱状，具2（4）担子小梗。缘生囊状体近棒状。具锁状联合。

夏秋季群生于樟子松林地上。分布于我国东北、华北、华南、西南等地区。

厌裸脚伞 *Gymnopus impudicus* (Fr.) Antonín, Halling & Noordel.

菌盖直径 1.1-2.2cm，平展，稍反卷，表面干，暗红棕色、红棕色至白色，光滑，边缘水浸状明显，略呈波浪状。菌肉薄，白色，复水后略带蒜臭味。菌褶直生，白色，密，不等长。菌柄长 2.5-4cm，粗 0.2-0.3cm，圆柱状，纤维质，红棕色至暗红棕色，基部根状。担孢子长椭圆形至圆柱状，5.5-6.8×2.5-3.6μm，光滑，薄壁。担子棒状，具4（2）担子小梗。缘生囊状体近圆柱形、长棒形，表面弯曲呈波浪状。侧生囊状体缺失。

秋季生于针叶林腐殖质上。分布于我国东北、华北等地区。

暗裸脚伞 *Gymnopus obscuroides* Antonín & Legon

菌盖直径 1.2-2.6cm，近平展或边缘向上翘，暗红色、砖红色，带紫色调，幼时边缘条纹不明显，成熟后边缘具浅棕色细条纹。菌褶弯生或稍延生，白色，稀，不等长，具横脉。菌肉极薄，污白色。菌柄长 1.5-2.1cm，粗 0.1-0.2cm，砖红色至暗红棕色，表面密被细小白色绒毛。担孢子卵圆形，8.2-11×3.6-4.5μm，透明，薄壁，光滑。担子棒状，具4担子小梗。缘生囊状体棒状，具不规则分枝，薄壁。柄生囊状体长圆柱形，不规则弯曲，有时具分枝，薄壁，透明。具锁状联合。

夏季群生于阔叶林地上。分布于我国东北等地区。

相似裸脚伞 *Gymnopus similis* Antonín, Ryoo & Ka

菌盖直径2.1-3.5cm，凸镜形至平展，中部扁平或凹陷，表面具浅沟纹、细绒毛，赭灰色、棕橙色至棕红色。菌褶弯生，稀，边缘齿状，具横脉，白色至浅肉色、浅棕色。菌肉白色，具似大蒜气味。菌柄长2.5-7.5cm，粗0.1-0.3cm，有时具凹槽，基部被白色绒毛。担孢子椭圆形，6.5-8.5×2.6-4.1μm，透明，薄壁。担子棒状，具4担子小梗。缘生囊状体棒状、近纺锤形、不规则形，顶端具喙状突起或分枝，薄壁。柄生囊状体圆柱形、近纺锤形、棒状、不规则形或具分枝，钝圆，透明，薄壁。具锁状联合。

夏秋季群生或单生于针阔混交林地上。分布于我国东北等地区。

条柄裸脚伞 *Gymnopus striatipes* (Peck) Halling

菌盖直径1-3.3cm，先凸镜形，后平凸近平展，表面干燥，光滑，浅棕色，黏土状或肉桂色，边缘弯曲，水浸状。菌褶弯生，白色、浅黄色。菌肉气味不明显。菌柄长2-7cm，粗0.3-0.8cm，扭曲，纤维状，中空，具绒毛，具白色假根。孢子印奶油色。担孢子狭椭圆形或亚圆柱形，5.4-6.4×2-3μm，光滑。缘生囊状体圆柱形，薄壁，透明。柄生囊状体与缘生囊状体相似，通常具分枝和分隔，薄壁。

秋季丛生于阔叶林枯枝落叶中。分布于我国东北等地区。

纯白微皮伞（白微皮伞）
Marasmiellus candidus (Fr.) Singer

　　菌盖直径1.2-2.3cm，扁平，凸镜形至平展，中部微凹，膜质，表面干燥，白色、浅黄色至橙白色，边缘波状，具稀疏的条纹或沟纹。菌褶直生至短延生，稀，白色，不等长，具横脉。菌肉白色，薄，无味。菌柄长0.9-1.6cm，粗0.1-0.2cm，白色，有时下部灰褐色。孢子印白色。担孢子长椭圆形，12-17×3-5μm，薄壁，光滑，无色，非淀粉质。

　　夏秋季群生或丛生于腐木或枯枝上。分布于我国东北、华南、西南等地区。

芦生微皮伞 *Marasmiellus mesosporus* Singer

　　菌盖半球形至扁凸镜形，中部凹陷，深红色、棕色，黄白色，干后粉棕色，边缘粗糙，波状弯曲，具浅条纹。菌肉薄，乳白色。菌褶弯生至直生，褐色至棕褐色，稀，不等长。菌柄长1.5-3.2cm，粗0.1-0.3cm，圆柱形，基部稍细，中空，纤维质，浅棕褐色至褐色，具浅棕色粉状至纤毛状细鳞。担孢子椭圆形至长椭圆形，7.5-13×5.5-10μm，光滑，透明，薄壁，非淀粉质。担子棒状，具4担子小梗，基部具锁状联合。缘生囊状体棒状至不规则形，顶端指状突起，具分枝，透明，薄壁。侧生囊状体未见。

　　夏秋季丛生于沙土芦苇茎秆上。分布于我国东北、华北等地区。

枝生微皮伞 *Marasmiellus ramealis* (Bull.) Singer

菌盖直径0.5-2.1cm，浅凸至扁平，成熟后渐平展，伞形，表面灰白色到奶油色，近平滑，边缘内卷，有少量沟纹，非水浸状。菌褶弯生、近离生，与菌盖同色。菌肉薄，有时有微弱的大蒜味。菌柄长1.5-5.6cm，粗0.1-0.3cm，向基部变细，肉桂色，有时变黄，光滑。担孢子披针形至长椭圆形，8-10×3-4μm，具油滴。担子棒状，具4担子小梗。缘生囊状体和侧生囊状体棒状。具锁状联合。

群生于腐木、树枝和树皮上。分布于我国东北、西南等地区。药用。

乳酪状红金钱菌 *Rhodocollybia butyracea* (Bull.) Lennox

菌盖直径2.5-4.8cm，初凸镜形，后扁平，老后翻卷，表面光滑、有光泽，奶油色或淡赭色。菌褶弯生，白色，宽，边缘有细圆齿。菌肉薄，具泥土味。菌柄长4-11.5cm，粗0.1-1.5cm，中空，白色至或多或少的暗赭色，无光泽，基部具白色绒毛。担孢子椭圆形，5.5-7.5×2.5-3.5μm，光滑，透明，糊精质。担子狭棒状，具4担子小梗。囊状体未见。

群生于针阔混交林内倒木和苔藓层上。分布于我国东北等地区。食用。

黄褶菌科 Phyllotopsidaceae
黄褶菌（黄毛侧耳）*Phyllotopsis nidulans* (Pers.) Singer

担子体扇形或肾形，菌盖大小2-4×1-3cm，扁平，表面黄褐色，有时近白色，具粗绒毛，边缘波浪状，常内卷。菌褶延生或直生，黄褐色。菌肉薄，白色至淡黄色。菌柄无或在菌盖基部具短缩柄状物。孢子印黄褐色。担孢子圆柱形至长椭圆形，5.3-6.4×2.2-2.4μm，光滑，无色，具内含物，薄壁，非淀粉质。担子棒状，具4担子小梗。具锁状联合。

春、夏、秋季生于阔叶树倒木和原木上。分布于我国东北、华北、华东、西北、西南等地区。

泡头菌科 Physalacriaceae

黄蜜环菌 *Armillaria cepistipes* Velen.

菌盖直径3.2-7.5cm，初期扁凸镜形，后渐平展，幼时棕色、蜜黄色至棕黄色，成熟后颜色变深，表面具褐色鳞片，中心深棕色、蜜黄色至棕色，边缘棕黄色、棕色，盖缘内卷，具菌幕残余。菌肉白色，气味温和。菌褶肉粉色、蜜黄色、棕黄色，直生至延生。菌柄长4.7-6cm，粗0.4-1.5cm，近圆柱状，基部膨大，菌柄顶部奶黄色至淡黄色，向基部渐变深为黄棕色，肉质，实心。菌环膜质，易脱落。担孢子椭圆形，6.2-7.6×4.5-6μm，厚壁，具油滴，非淀粉质。担子棒状，具4担子小梗。具锁状联合。

秋季簇生、散生或群生于阔叶林中倒木或树根周围地上。分布于我国东北等地区。食用。

蜜环菌（榛蘑）*Armillaria mellea* (Vahl) P. Kumm.

菌盖直径5-13cm，初期扁半球形，后渐平展，表面蜜黄色至黄褐色，具棕色至褐色毛状鳞片，中部鳞片平伏或直立，较密，边缘内卷，有条纹。菌肉厚，白色至近白色。菌褶延生，白色或稍带肉粉色，老后常出现暗褐色斑点。菌柄长5-13cm，粗0.5-2.1cm，肉粉色至浅褐色，基部膨大。菌环白色，易脱落。孢子印白色。担孢子椭圆形至长椭圆形，8.5-10×5-6μm，非淀粉质。担子棒状，具4担子小梗。侧生囊状体和缘生囊状体缺或不明显。无锁状联合。

夏秋季丛生于树干基部、根部或倒木上。分布于我国东北、华北、西南等地区。食用，药用。

芥黄蜜环菌 *Armillaria sinapina* Bérubé & Dessur.

菌盖直径2.4-6cm，凸镜形，后渐平展，中部略突起，表面干燥，栗棕色、棕黄色至蜜黄色，中部颜色深，具较密的芥末黄色纤维状、毛簇状或疣状的小鳞片，边缘内卷，具不明显条棱。菌肉厚，白色至奶油白色。菌褶近延生，奶油色至深肉桂色，较密，厚。菌柄长3-7cm，粗0.5-1cm，蜜黄色，基部稍膨大。菌环纤维质，薄。孢子印污白色。担孢子宽椭圆形至卵圆形，8.3-10×5-6.8μm，光滑，非淀粉质。担子棒状，具4担子小梗。囊状体未见。

群生于树根周围地上。分布于我国东北等地区。食用，药用。

芬娜冬菇 *Flammulina fennae* Bas

菌盖直径3-7cm，半球形、凸镜形。菌盖红褐色、黄褐色，干后棕黄色，湿时黏，被白色细绒毛，边缘渐浅，水浸状，内卷，具条纹。菌褶弯生、近直生，密，奶油白色。菌肉白色，薄。菌柄长6-9cm，粗0.4-0.9cm，上部奶黄色至淡黄色，下部密被暗褐色短绒毛，纤维质，具假根。担孢子椭圆形至长椭圆形，5.8-8.6×3-4.6μm，无色，光滑。担子近棒状，具4担子小梗。侧生囊状体与缘生囊状体纺锤形、烧瓶形。盖生囊状体厚壁，具黄棕色色素。

秋季散生或簇生于倒木及树桩基部地上。分布于东北、华北地区。食用。

冬菇（金针菇、毛柄金钱菌、冻菌）
Flammulina filiformis (Z.W. Ge et al.) P.M. Wang et al.

菌盖直径2-8cm，扁球形至平展，表面淡黄褐色至黄褐色，湿时稍黏，边缘乳黄色并有细条纹。菌褶弯生，白色至米色，稍密，不等长。菌肉稍厚，白色，柔软。菌柄长5-8.5cm，粗0.4-0.8cm，暗褐色至近黑色，被短绒毛，纤维质。孢子印白色。担孢子椭圆形至长椭圆形，8-11.5×4.5-5.5μm，光滑，无色，非淀粉质。担子长棒状，具4担子小梗。侧生囊状体长颈瓶状至棒状，壁加厚。缘生囊状体棒状，薄壁。具锁状联合。

早春和晚秋至初冬丛生于阔叶林腐木桩上或根部。我国各地区均有分布。著名食用菌。

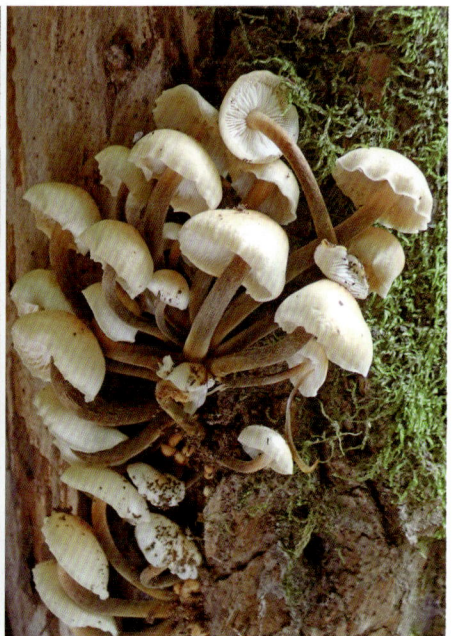

淡色冬菇（柳生金针菇）*Flammulina rossica* Redhead & R.H. Petersen

　　菌盖直径1.5-6cm，扁平至平展，表面白色、米色至淡黄色，中部颜色较深，湿时稍黏，边缘具透明条纹。菌褶弯生，密，白色至米色。菌肉薄，白色。菌柄长2-4cm，粗0.3-0.6cm，顶部乳白色，下部暗褐色，被绒毛。孢子印白色。担孢子椭圆形至长椭圆形，8-11×4-5μm，光滑，无色，非淀粉质。担子长棒状，具4担子小梗。侧生囊状体和缘生囊状体长颈瓶状至棒状，壁略厚。具锁状联合。

　　夏秋季生于柳腐木或树干上。分布于我国东北、西南等地区。食用。

侧壁泡头菌 *Physalacria lateriparies* X. He & F.Z. Xue

　　担子体小，灯泡形，头部直径0.1-0.4cm，半球形或近球形，中空，表面白色、乳白色，平滑或呈皱褶状。菌柄长0.1-0.5cm，粗约0.1cm，近菌盖处稍粗，向下渐平直。担孢子长椭圆形，4.4-5.4×2.1-3.1μm，平滑，非淀粉质。担子棒状，具2（4）担子小梗。子实层由担子和紧密排列成栅状的不育担子组成。囊状体棒状。

　　夏秋季丛生或群生于腐木上。分布于我国东北等地区。

绒松果菇 *Strobilurus tenacellus* (Pers.) Singer

菌盖直径2-5cm，凸镜形，中部具突起，表面湿润，黄白色、淡黄色至橘棕色，中部颜色深，边缘具不清晰的条棱，橘棕色、浅棕色。菌肉白色，伤不变色。菌褶弯生至近离生，淡白色或污白色、淡橙色，不等长。菌柄长7.3-9.2cm，粗0.2-0.4cm，淡橙色至棕橘色，中空。孢子印白色。担孢子椭圆形至近椭圆形，4.2-6.8×2-3μm，光滑，无色，薄壁，非淀粉质。担子圆柱形，具4担子小梗。缘生囊状体形状与侧生囊状体相似，近纺锤形至纺锤状，薄壁。具锁状联合。

春季生于松树林松果上。分布于我国东北等地区。食用。

侧耳科 Pleurotaceae
灰白亚侧耳 *Hohenbuehelia grisea* (Peck) Singer

菌盖勺形或匙形，宽1-2.5cm，表面黄棕色，边缘颜色渐浅，具灰白色或灰棕色细小绒毛，向内绒毛渐密。菌肉厚，胶质，白色。菌褶密，窄，薄，延生，污白色，干时黄棕色。无菌柄或有极短的柄，密被绒毛，白色至淡赭棕色。孢子印白色。

担孢子椭圆形，6.3-8.2×4.1-4.3μm，光滑，无色，薄壁。担子棒状，具4担子小梗。囊状体披针形至近纺锤形，顶端具块状结晶体，无色。缘生囊状体腹臌形，头部具水漏状细胞。具锁状联合。

群生于杂木林中阔叶腐木上。分布于我国东北、西南等地区。

勺形亚侧耳（密褶亚侧耳、花瓣状亚侧耳）
Hohenbuehelia petaloides (Bull.) Schulzer

担子体勺形、扇形或匙形，宽2.8-6.8cm。菌盖黄白色、黄褐色，边缘内卷，略呈波浪状。菌肉白色，无特殊气味。菌褶延生，密，白色，干时淡奶油色或黄褐色。菌柄无或由菌盖延伸形成假菌柄，表面常具沟纹，近基部白色，偶具绒毛。孢子印白色。担孢子宽椭圆形，6.2-7.8×4.3-4.9μm，光滑，无色，非淀粉质。担子棒状，具4担子小梗。缘生囊状体纺锤腌腹形或油瓶形，淡棕色至棕色，透明结晶在头部形成帽状。具锁状联合。

群生至叠生于腐木上。分布于我国东北、华北、华中、华南、西南等地区。食用，药用。

肾形亚侧耳 *Hohenbuehelia reniformis*
(G. Mey.) Singer

担子体侧耳形，菌盖宽1-3cm，扇形，表面褐色至深棕色，密被白色至淡灰褐色绒毛，湿时黏，边缘内卷，波浪状。菌肉薄，胶质。菌褶延生，白色至米色，窄，较密。菌柄无、背生在基物上或具有点状的柄，具白色绒毛。孢子印白色。担孢子圆柱形或椭圆形，7.2-8.2×3.1-3.5μm，光滑，无色。担子棒状，具4担子小梗。囊状体菱形至纺锤形，厚壁，顶端有颗粒状结晶体，形成帽状。缘生囊状体一侧腌腹形至腹腌形。具锁状联合。

夏秋季群生于阔叶树腐木上。分布于我国东北、华中、华南、西南等地区。食用。

金顶侧耳（榆黄蘑、金顶蘑）*Pleurotus citrinopileatus* Singer

菌盖直径1.1-3.6cm，扁平、偏漏斗形或扇形、扁半球形，表面黄色、亮黄色至蜜黄色，光滑，边缘稍内卷，波浪状，有时瓣裂。菌褶延生，密，白色至黄白色。菌肉厚，脆，气味清香。菌柄长2.1-6.1cm，粗0.5-0.8cm，偏生或近中生，白色，近圆柱形，基部相连成簇。孢子印烟灰色至淡紫色。担孢子近圆柱形或杆形，7.6-8.8×2.4-2.5μm，光滑，含油滴，非淀粉质。担子长圆柱状、棒状，具4担子小梗。侧生囊状体有或未见，如有则为不育担子形。缘生囊状体未见。具锁状联合。

夏秋季簇生于榆树枯立木、倒木、伐桩上。分布于我国东北、华北、西北、西南等地区。食用。

美味侧耳 *Pleurotus cornucopiae* (Paulet) Rolland

菌盖初期扁半球形、贝壳形，黄褐色、淡黄色，直径5-13cm，外缘平展，扇形、圆形或伸展后基部下凹呈漏斗状，光滑，边缘幼时内卷，后期常呈波状。菌肉白色，稍厚。菌褶宽，稍密，延生至菌柄，褶缘平滑，白色或乳白色。菌柄短，长2-5cm，粗0.6-2.5cm，中生、偏生或侧生，圆柱形，内实，表面光滑或基部被绒毛，往往基部相连。担孢子长椭圆形，7-11×3.5-5μm，光滑，薄壁。担子棒状，具4担子小梗。二型菌丝系统：生殖菌丝分枝，薄壁；骨干菌丝不分枝或极少分枝，厚壁。具锁状联合。

春秋季覆瓦状叠生或丛生于阔叶树枯木上。分布于我国东北、西南、华东等地区。食用，药用。

栎生侧耳 *Pleurotus dryinus* (Pers.) P. Kumm.

担子体扇形。菌盖宽5.3-10.2cm。菌盖表面白色，光滑或呈斑块状龟裂。菌盖边缘内卷，有菌幕残片。菌肉厚，肉质，白色。菌褶延生，密，不等长，白色。菌柄长4.6-10cm，粗1.1-3.2cm，偏生至侧生，白色，实心，有时基部膨大。幼时具有白色膜质菌幕，后消失。孢子印白色。担孢子圆柱形，11-13.5×4.4-5.3μm，光滑，无色，内含油滴，非淀粉质。担子棒状，具4担子小梗。具锁状联合。

夏秋季单生或丛生于阔叶树根际或树干上。分布于我国东北等地区。食用，药用。

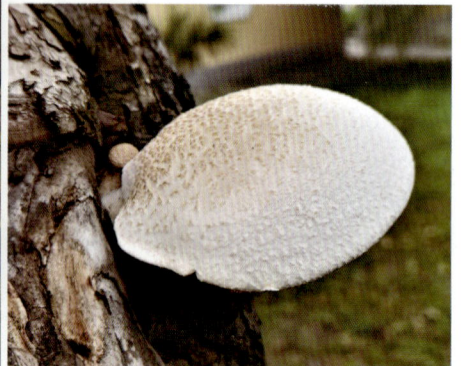

糙皮侧耳（平菇）*Pleurotus ostreatus* (Jacq.) P. Kumm.

菌盖直径5-21cm，扁平或微凸，后平展至扇形、肾形、贝壳形。菌盖表面浅灰色、暗黄褐色至黑褐色，被纤维状绒毛或光滑。菌盖边缘平展或外翻，有时开裂。菌肉厚，肉质，白色。菌褶延生，白色、浅黄色至灰黄色。菌柄短或无菌柄，如有则侧生、稍偏生，长1.2-3.3cm，粗1.1-2.1cm，光滑或生绒毛，白色，实心。孢子印白色。担孢子圆柱形、长椭圆形，1.1-11.2×3.1-5μm，光滑，非淀粉质。担子棒状、长筒状，具4担子小梗。侧生囊状体有或未见。具锁状联合。

晚秋生于倒木、枯立木、伐桩上。我国各地区均有分布。食用，药用。

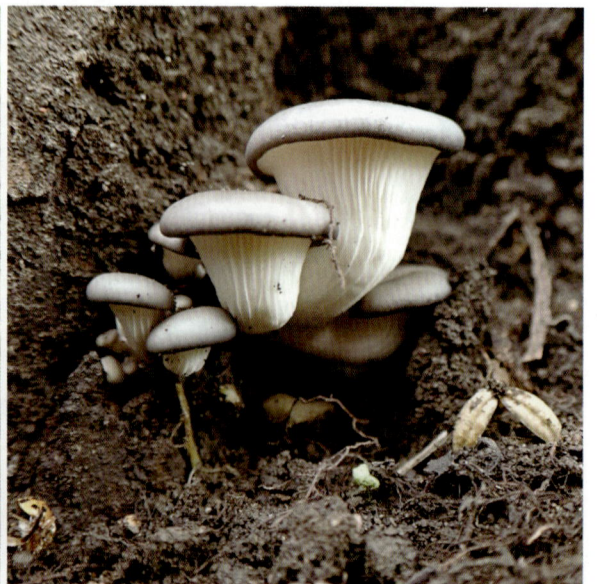

肺形侧耳 *Pleurotus pulmonarius* (Fr.) Quél.

菌盖宽 3-8.3cm，初期扁凸镜形，后平展至肾形、扇形、贝壳形，中部下凹，表面平滑，黄白色，边缘平滑，初期内卷，后期平展或呈不规则波浪状。菌肉肉质肥厚，白色至污白色。菌褶延生，污白色，密，不等长。菌柄有或缺失，如有则长 0.5-2.8cm，粗 0.5-1.2cm，白色，侧生、偏生，菌柄上具白色细短绒毛。孢子印白色。担孢子近圆柱形，8-10.5×2.8-5μm，光滑，无色，薄壁，非淀粉质。担子长棒状，具 4 担子小梗。侧生囊状体、缘生囊状体未见。单型菌丝系统。具锁状联合。

秋季丛生或簇生于阔叶树倒木、枯树干上。分布于我国东北、西南、华南等地区。食用，药用。

小伏褶菌（小黑轮）
Resupinatus applicatus (Batsch) Gray

担子体匙形或扇形。菌盖宽 0.6-1.6cm，表面灰棕色至黑棕色，边缘光滑或具白粉状，具透明条纹，瓣裂。菌肉薄，凝胶状，棕色。菌褶延生，窄而密，深棕色。菌柄无，基部偶具由延生的菌褶形成的一个背生的假菌柄，表面具细小灰白色绒毛。孢子印白色。担孢子球形，4.3-6.2×4.2-5.3μm，光滑，无色，非淀粉质。担子棒状、圆柱状，具 4 担子小梗，薄壁。缘生囊状体棒状至腹鼓形。具锁状联合。

群生于腐木或枯枝上。分布于我国东北、华北、华中、华南、西南等地区。

毛伏褶菌（毛黑轮）*Resupinatus trichotis* (Pers.) Singer

担子体小型，盘状、近圆形。菌盖宽 0.7-1.4cm，灰色、黑棕色或黑色，被粗绒毛。菌肉薄，凝胶状，暗棕色。菌褶中等稀，窄，棕灰色、灰棕色至近黑色，从中心或偏心处近基部的着生点辐射状发出。无菌柄，着生基部被有暗棕色或黑色的绒毛。孢子印白色。担孢子近球形或球形，4.2-5.7×4.1-4.4μm，光滑，无色，薄壁，非淀粉质。担子棒状，棕色，具4担子小梗。缘生囊状体棒状。具锁状联合。

群生或叠生于阔叶树腐木或枯枝上。分布于我国东北、华东、华南、西南等地区。

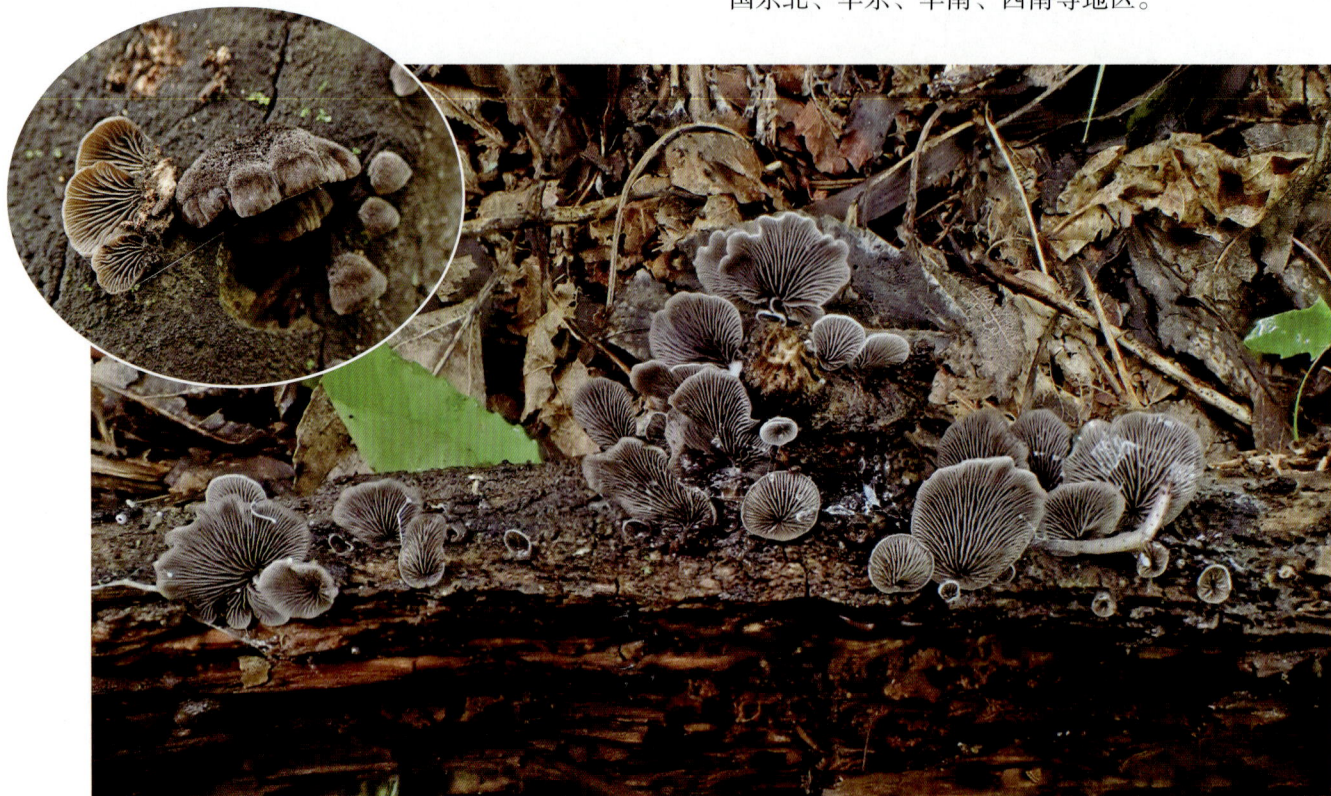

光柄菇科 Pluteaceae

橘红光柄菇（橙红皱光柄菇、红光柄菇）
Pluteus aurantiorugosus (Trog) Sacc.

菌盖直径 2.5-5.2cm，扁球锥形、凸形或近平展，表面新鲜时湿润，中部橘红色，边缘橙黄色，有时有褶皱。菌褶离生，密，白色、浅粉色。菌肉薄，米白色至橙黄色。菌柄长 4-9cm，粗 0.3-0.5cm，上下等粗或基部稍膨大，浅白黄色至浅橙色，具纵向条纹，纤维质，中空。担孢子近球形、宽椭圆形或卵形，4.8-6.8×4.5-5.2μm，光滑。担子棒状，具2（4）担子小梗。侧生囊状体纺锤形、棒状至泡囊状。缘生囊状体梨形、纺锤形至囊状。

夏秋季单生或群生于腐木上。分布于我国东北、华南、西南等地区。

灰光柄菇（红褶菇、暗色光柄菇）*Pluteus cervinus* (Schaeff.) P. Kumm.

菌盖直径4-10cm，半球形至凸形，后渐平展，表面烟褐色、深褐色或焦茶色，近光滑，边缘呈波形浅裂。菌褶离生，密，白色至粉褐色，不等长。

菌肉灰白色，厚，有腐臭味。菌柄长4-11cm，粗0.5-1.5cm，基部膨大，白色，具深色或黑褐色长纤毛，纤维质。孢子印浅粉色。担孢子近球形、宽椭圆形，5.5-8×4.5-8.2μm，非淀粉质。担子宽棒状，光滑，薄壁，具2-4担子小梗。缘生囊状体棒状或囊泡状，顶部具犄角，厚壁。具锁状联合。

夏秋季单生或群生于阔叶树腐木上。我国各地区均有分布。食用。

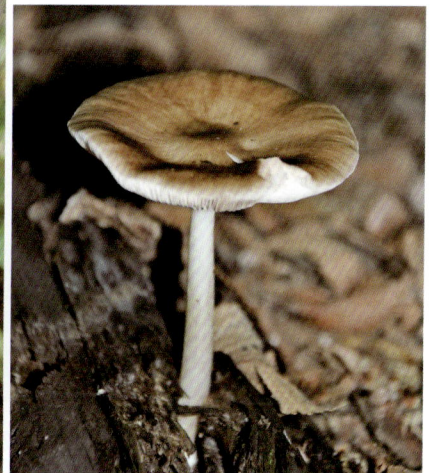

金褐光柄菇 *Pluteus chrysophaeus* (Schaeff.) Quél.

菌盖直径1.2-2.5cm，钟形至平展，中部略钝突或凹，表面浅黄色至黄褐色，中部颜色略深，边缘有条纹。菌肉薄，白色至黄色。菌褶离生，白色至略带黄色，密，不等长。菌柄长2.8-4cm，粗0.2-0.3cm，向下稍粗，基部略膨大，淡黄色至黄白色，表面具纵纹，实心。担孢子宽椭圆形、卵圆形至近球形，5-7×5-6μm，光滑，非淀粉质。担子棒状，具4担子小梗，薄壁。侧生囊状体腹鼓状至纺锤形，具长颈或顶部，薄壁，无色。缘生囊状体与侧生囊状体相似。

夏秋季单生或散生于阔叶树腐木上。分布于我国东北、华北等地区。食用，药用。

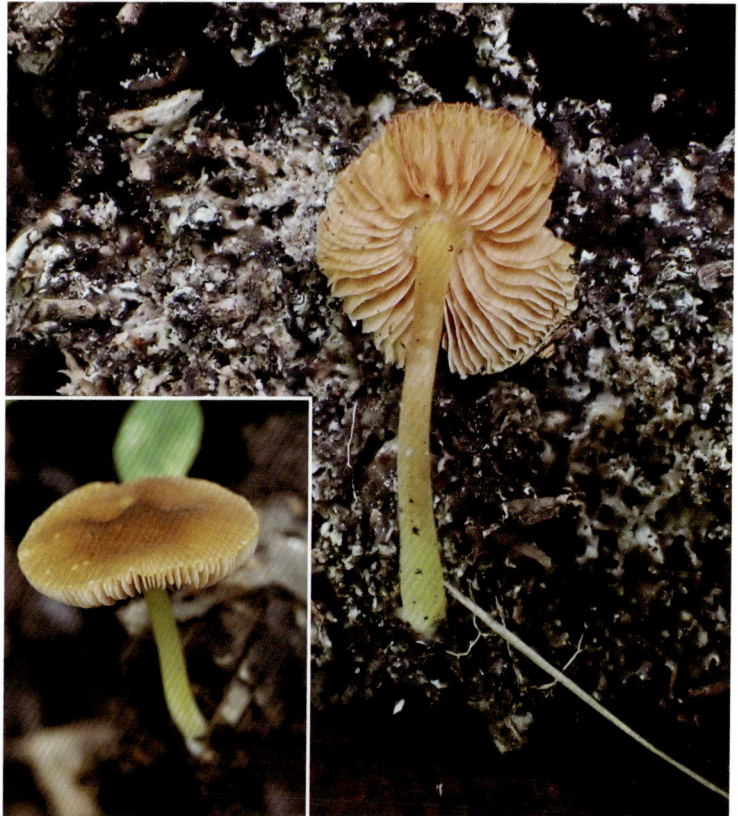

鼠灰光柄菇（小灰光柄菇）*Pluteus ephebeus* (Fr.) Gillet

菌盖直径3-5cm，扁半球形至平展，中部稍凸，表面灰褐色或中部焦茶色，具细小鳞片，边缘具明显条纹，辐射状开裂。菌肉薄，白色。菌褶离生，白色至浅粉色，稍密，不等长。菌柄长3-6cm，粗0.3-0.5cm，向下稍粗，白色，具褐色纤毛，实心，基部被白色绒毛。担孢子近球形至宽椭圆形，6-8×5-7μm，光滑。担子棒状，具4担子小梗，薄壁。侧生囊状体棒状至烧瓶状，顶端常具圆头状突起，薄壁。缘生囊状体棒状、纺锤形或囊泡状。

夏秋季群生于阔叶林地上。分布于我国东北、西南、西北、华北地区。有毒。

狮黄光柄菇（黄光柄菇）*Pluteus leoninus* (Schaeff.) P. Kumm.

菌盖直径2.3-5.8cm，近钟形，后平展，中部突起，表面平滑，鲜黄色或橙黄色，顶部颜色深，边缘有细条纹。菌肉薄，白黄色。菌褶离生，密，稍宽，白色至粉红色。菌柄长3.2-7.8cm，粗0.5-1cm，向下渐粗，基部稍膨大，表面黄白色，纤维质，具细条纹或暗褐色纤毛状鳞片。担孢子近圆球形或椭圆形，5.8-7.2×4.9-5.8μm，光滑，浅黄色，非淀粉质。担子短棒状，具2（4）担子小梗。侧生囊状体近纺锤形至腹鼓形，薄壁。缘生囊状体棒状至近纺锤形，顶端偶具乳状或喙状的小突起。无锁状联合。

夏秋季群生或散生于腐木上。我国各地区均有分布。食用。

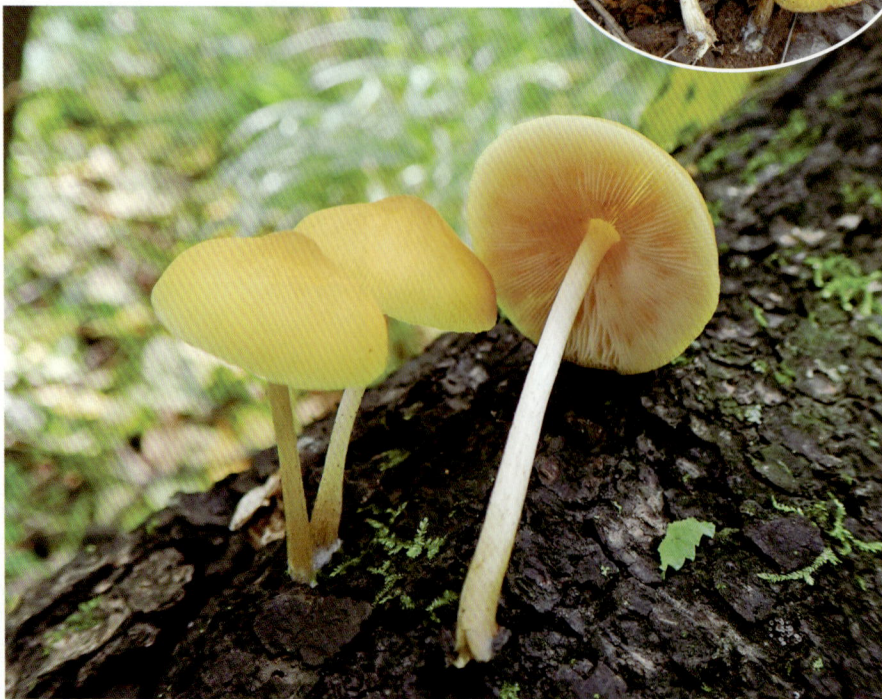

长条纹光柄菇 *Pluteus longistriatus* (Peck) Peck

菌盖直径2-4.3cm，半球形、凸镜形至平展，表面浅褐色、灰褐色至暗褐色，中部钝突或稍凹，边缘具沟槽状条纹。菌肉白色。菌褶离生，稍密，白色至肉粉色。菌柄长2.5-5cm，粗0.4-0.6cm，白色至白奶油色，向上渐细，基部稍膨大，实心。担孢子球形至近球形，5.3-6.6×4.8-5.6μm，光滑。担子烧瓶状，具4担子小梗。侧生囊状体纺锤形，顶部细长或稍尖。缘生囊状体纺锤形至腹鼓状。无锁状联合。

夏季生于阔叶树腐木上。分布于我国东北、西南等地区。

矮光柄菇 *Pluteus nanus* (Pers.) P. Kumm.

菌盖直径1.5-3cm，钟形，后扁平，中部钝或稍突起，表面初期灰褐色至黑褐色，后栗褐色、煤色或焦茶色，绒粉状或粉状，有放射状皱纹，边缘有时呈水浸状。菌肉薄，无特殊气味。菌褶离生，密，白色、浅鲑色至粉褐色、鲑肉色。菌柄长2-5cm，粗0.2-0.4cm，基部稍粗，表面纤维状，白色稍带褐色。孢子印肉粉色。担孢子近球形至球形，直径5.5-6μm，光滑，无色，薄壁。担子棒状，具4（2）担子小梗。侧生囊状体纺锤形至瓶状，有短或长的颈部。缘生囊状体棒形、囊状至纺锤形。菌盖表皮由暗褐色的球形、梨形至囊状细胞组成。

夏秋季生于阔叶树腐木上。分布于我国东北、华北、西北等地区。

帽盖光柄菇（宽盖光柄菇）*Pluteus petasatus* (Fr.) Gillet

菌盖直径4-8cm，钟形至半球形，表面白色、乳白色至灰白色，中部浅褐色至赭黄色，具纤毛或鳞片，边缘内卷，全缘。菌褶离生，密，不等长，白色至淡粉色。菌肉白色，稍厚，松软，气味不明显。菌柄长5.5-11cm，粗0.6-1.3cm，向下渐粗，基部稍膨大，近光滑，白色，中实。孢子印锈粉色。担孢子宽椭圆形至椭圆形，6.6-7.3 × 4.8-5.6μm，光滑。担子棒状，具4担子小梗。侧生囊状体长纺锤形或瓶状，顶部具角状突起，厚壁，无色。缘生囊状体窄棒状至棒状，薄壁。无锁状联合。

夏末至秋季群生或丛生于阔叶树腐木上。分布于我国东北、华北、华东、华南、西北等地区。食用。

皱皮光柄菇 *Pluteus phlebophorus* (Ditmar) P. Kumm.

菌盖直径2.3-5.5cm，扁球形至平展，中部稍突起，表面灰褐色、浅褐色、黄褐色至肉桂褐色，多皱或有肋脉，边缘上翘，无条纹。菌褶离生，密，白色、粉红色至肉色。菌肉薄，白色，稍带酸味。菌柄长2.5-5.5cm，粗0.2-0.6cm，表面白色，基部较粗，稍具纤毛，中实。孢子印肉粉色。担孢子近球形至椭圆形，6.5-8.2 × 4.8-7.1μm，平滑，无色，薄壁。担子棒状，具4担子小梗，薄壁。侧生囊状体和缘生囊状体棒状、圆柱形或纺锤形至瓶形。菌盖表皮层由球囊状或梨状细胞组成，含桂色、砖色或焦茶色内含物。

夏秋季生于阔叶树腐木上。分布于我国东北、华中、西北、西南等地区。

裂盖光柄菇（球盖光柄菇）*Pluteus podospileus* Sacc. & Cub.

菌盖直径1.5-3.5cm，初期钟形，后渐平展，中部稍突起，表面焦茶色、栗色、暗红褐色或中部暗褐色至黑褐色。菌肉薄，近白色或同盖色，伤不变色。菌褶离生，白色至淡粉色、肉桂色，稍密，不等长。菌柄长3-5cm，粗0.2-0.4cm，基部稍膨大，白色或近透明，被褐色纤毛，基部被白色绒毛。孢子印粉色。担孢子宽椭圆形至近球形，5-7×4-5.5μm，光滑，无色，薄壁。担子棒状，具4担子小梗，薄壁。侧生囊状体和缘生囊状体近棒状至纺锤形，薄壁，无色，具柄生囊状体。具锁状联合。

夏秋季生于阔叶树腐木上。分布于我国东北、华北、华南等地区。食用，药用。

罗梅尔光柄菇（罗氏光柄菇）*Pluteus romellii* (Britzelm.) Lapl.

菌盖直径1.2-8cm，凸镜形或至平展，中部稍凸，表面皱，呈脉络状突起延伸至菌盖边缘，深棕色、棕色至略带黄褐色，向边缘渐浅，边缘具透明的条纹。菌肉薄，白色，伤不变色。菌褶离生，近白色、浅粉色，密生呈齿状的小纤毛。菌柄长1.4-9cm，粗0.2-0.9cm，光滑，黄色至黄褐色，基部具白色绒毛，实心至中空。担孢子近球形至宽椭圆形，5-7.5×5-6.5μm，光滑，壁稍厚。担子棒状，具4（2）担子小梗，薄壁。侧生囊状体近圆柱状、近棒状、纺锤状，具颈部和宽、钝顶端，薄壁。缘生囊状体近球状至梨形或与侧生囊状体类似，薄壁。

夏秋季生于阔叶树腐木上。分布于我国东北、华中、华南等地区。食用，药用。

半球光柄菇 *Pluteus semibulbosus* (Lasch) Quél.

　　菌盖直径1.5-2.5cm，半球形，中部突起，渐平展，表面白色至米色，顶部灰褐色，具放射状皱纹或细纹，边缘具明显条纹，不黏。菌肉薄，白色，无明显气味和味道。菌褶离生，白色、肉桂色至玫瑰色，密。菌柄长2.5-3.5cm，粗0.3-0.6cm，浅白色或米色，内部中空，纤维质，基部球形膨大，具白色绒毛。担孢子近球形至宽椭圆形或卵形，5.8-8.2×5.2-7.3μm，光滑，薄壁。担子宽棒状，具4担子小梗，光滑，薄壁。侧生囊状体棒状、腹鼓状至烧瓶状。缘生囊状体长棒状至纺锤形，顶端稍尖。无锁状联合。

　　夏秋季单生或群生于阔叶树腐木上。分布于我国东北、西北、西南等地区。

网盖光柄菇（汤姆森光柄菇）*Pluteus thomsonii* (Berk. & Broome) Dennis

　　菌盖直径2-3.6cm，扁平或平展，表面茶色至深褐色或黄褐色，具放射状皱纹至轻微的细脉纹，类网状隆起，边缘具条纹，栗色至白色。菌肉薄，白色。菌褶离生，白色、灰白色。菌柄长2.4-4.5cm，粗0.1-0.5cm，灰白色至灰褐色，表面附着茶褐色粉末状颗粒，具纵向纤维状条纹，空心。孢子印粉色。担孢子近球形至广椭圆形，6-8×4-6.5μm，光滑，麦秆黄色，厚壁。担子棒状，具4担子小梗。侧生囊状体和缘生囊状体纺锤形，有时顶端细尖。无锁状联合。

　　秋季生于阔叶树腐木上。分布于我国华南、中南、东北、西北等地区。食用，药用。

暗褐光柄菇（网顶光柄菇）*Pluteus umbrosus* (Pers.) P. Kumm.

菌盖直径4-10cm，钟形至半球形、扁半球形，表面黄褐色至肉桂色，具深褐色绒状鳞片，呈深褐色网状，近边缘处网细密但色淡，无条纹，边缘具细小纤毛。菌褶离生，近白色、粉红色至淡橙红色，边缘暗褐色。菌肉灰色或白色，具酸味或辛辣味。菌柄长3-10cm，粗0.5-1.2cm，基部稍膨大，白色，具黄褐色绒毛。担孢子宽椭圆形至近球形，5.5-6.6×4.8-5.5μm，光滑，薄壁，具油滴。担子棒状，具4担子小梗。侧生囊状体纺锤形至瓶状，顶端有疣状小突

起，薄壁。缘生囊状体腹鼓状至泡囊状，浅褐色，薄壁。无锁状联合。

夏秋季群生或丛生于阔叶树腐木上。分布于我国东北、华南、西北等地区。食用。

丝盖小包脚菇（银丝草菇）*Volvariella bombycina* (Schaeff.) Singer

菌盖直径3-8cm，半球形、钟形至凸镜形，中部钝突，表面密布白色或带褐色银丝状柔毛，白色至鹅黄色，边缘延伸，内卷。菌褶离生，白色、淡粉红色至肉红色，稀，边缘微锯齿状。菌柄长7-12cm，粗0.4-0.5cm，黄白色，向下渐粗，基部膨大，脆骨质，实心。菌托苞状，污白色或黄褐色，被黑色绒毛状鳞片，具3-5裂。孢子印粉红色至棕红色。担孢子椭圆形，6.5-9.6×4.5-6μm，光滑，浅粉红色，非淀粉质。担子棒状，无色，具4（2）担子小梗。侧生囊状体和缘生囊状体囊状至近纺锤状，薄壁。

夏秋季生于阔叶树活木上或干草堆上。我国各地区均有分布。食用，药用。

棒囊小包脚菇 *Volvariella clavocystidiata* Kapitonov & E.F. Malysheva

菌盖直径1.5-3.8cm，幼时半球形，成熟后钟形至斗笠形，顶部具钝突，白色至银白色，中部色稍深至奶油色、淡黄色，表面干，丝光质地，不光滑，具翘起的细小绒毛，偶开裂。菌肉白色，伤不变色。菌褶离生，密，不等长，初白色，成熟后粉色。菌柄长2.5-5.5cm，粗0.2-0.5cm，近圆柱形，向上渐细，白色、白奶油色，中空。菌托苞状，白色、黄色至淡褐色。担孢子近球形、宽椭圆形至椭圆形，5.1-6.5×4.2-5.3μm，光滑，厚壁。担子窄棒状、棒状，具4担子小梗。侧生囊状体棒状、宽棒状、茶壶状、囊状。缘生囊状体棒状、宽棒状。锁状联合阙如。

夏季生于潮湿、腐烂草堆上。分布于我国东北等地区。

白毛小包脚菇（白毛草菇）*Volvariella hypopithys* (Fr.) Shaffer

菌盖直径2-5cm，斗笠状或近半球形，渐平展，中部稍钝突，表面具明显放射状银白色绒毛，脱落后变光滑，边缘薄或内卷。菌肉薄，白色，伤不变色。菌褶离生，白色至淡粉红色，密，不等长。菌柄长2-4.5cm，粗0.2-0.4cm，向下渐粗，基部膨大近球状，白色，具绒毛。菌托囊状或近苞状，白色或污白色，表面具绒毛。担孢子长椭圆形至卵圆形，6-8×4.5-6μm，壁稍厚，光滑，浅粉红色。担子棒状，具4（2）担子小梗，薄壁。侧生囊状体烧瓶状或近纺锤状，顶端具一指状突出，薄壁。缘生囊状体与侧生囊状体类似。

夏秋季单生或群生于草地、木屑或落叶层上。分布于我国东北、华中、华南等地区。食用，药用。

灰盖小包脚菇 *Volvariella murinella* (Quél.) M.M. Moser ex Dennis

菌盖直径2-5cm，钟形，渐凸镜形至平展，中部突起，表面具辐射状灰色纤毛，白色至灰白色或略带米黄色，中部淡棕色，边缘完整，稍内卷。菌褶离生，白色至肉粉色，稀，不等长。菌肉薄，白色。菌柄长2.5-3.5cm，粗0.2-0.3cm，向下稍粗，近白色，实心。菌托膜质，灰色，不脱落，2-4裂。孢子印粉棕色。担孢子椭圆形，6-8×4.5-5μm，光滑，淡黄色，壁厚。担子棒状，具4担子小梗，薄壁。侧生囊状体棒状、梭形、纺锤形，薄壁。缘生囊状体形状多样。

夏秋季单生或群生于林中或林缘草丛、枯枝落叶层上。分布于我国华中、华北等地区。食用，药用。

矮小包脚菇（小草菇、矮小草菇）*Volvariella pusilla* (Pers.) Singer

担子体小。菌盖直径0.5-2cm，卵圆形、钟形、凸镜形至平展，中部有时突起，表面新鲜时稍黏，白色至灰白色，具细小绒毛，边缘具条纹。菌褶离生，密，白色至粉色。菌肉薄，白色至粉色，无特殊气味。菌柄长1-5cm，粗0.2-0.5cm，白色至灰白色，具细纤毛，空心。菌托白色至灰白色，分裂。孢子印肉粉色。担孢子卵圆形、椭圆形，5.3-8.2×3.7-6.2μm，薄壁，光滑，具油滴。担子棒状，具4（2）担子小梗，薄壁。侧生囊状体和缘生囊状体相似，近纺锤形、腹鼓状至棒状。无锁状联合。

夏秋季群生或单生于林地或草地上。我国各地区均有分布。

黏盖托光柄菇（臭草菇、黏盖包脚菇）
Volvopluteus gloiocephalus (DC.) Vizzini, Contu & Justo

菌盖直径4-15cm，卵圆形、近钟形或斗笠状，后平展，中部稍凹陷或乳突状，表面白色至灰白色、灰褐色至略带粉色，光滑，黏，边缘平滑或具条纹。菌褶离生，白色或粉肉色至粉红色，稍密，不等长。菌肉白色至污白色，伤不变色。菌柄长5-15cm，粗0.5-1.5cm，白色，向下渐粗，基部膨大，具细小纤毛。菌托囊状或近苞状，白色或灰白色。孢子印粉红色。担孢子宽椭圆形至椭圆形，12-18×7-10μm，光滑，浅粉色。担子棒状，具2（4）担子小梗，薄壁。侧生囊状体与缘生囊状体类似，梭形、棒状至纺锤形。

夏秋季单生或群生于草地或阔叶林地上。我国各地区均有分布。有毒。

突孔菌科 Porotheleaceae
白树皮伞 *Phloeomana alba* (Bres.) Redhead

菌盖直径2-4cm，半球形、钟形至平截形，中部稍凹陷，表面被白色细小绒毛，浅棕色、米色至白色，边缘具明显竖条纹，成熟后边缘呈不规则齿状开裂。菌肉薄，白色。菌褶弯生至稍延生，白色，褶缘平滑。菌柄长1.2-2cm，粗0.2-0.3cm，白色，下部淡黄色、灰色，表面附着白色柔毛。担孢子球形、近球形，7.4-9×7.3-8.9μm，光滑，薄壁。担子棒状，具2（4）担子小梗。缘生囊状体近圆柱形、棒状。侧生囊状体缺失。

夏秋季生于长满苔藓的阔叶树腐木上。分布于我国东北地区。

树皮伞 *Phloeomana speirea* (Fr.) Redhead

菌盖直径1.4-1.9cm，钟形、平截至平展，成熟后中部稍凹陷，表面棕色、棕黄色或白色，初被白色细小绒毛，后近光滑，边缘水浸状，具条纹，呈不规则锯齿状开裂。菌肉薄，白色。菌褶直生至稍延生，白色。菌柄长3-5cm，粗0.1-0.2cm，脆骨质，淡黄褐色，光滑，基部球状，被白色长纤维状绒毛。担孢子长椭圆形、杏仁形，6.5-9.6×4.2-5.7μm，光滑，薄壁。担子棒状，具4（2）担子小梗。缘生囊状体近圆柱形、近纺锤形、长棒状。侧生囊状体缺失。

夏秋季生于腐木上。分布于我国东北、西南等地区。

小脆柄菇科 Psathyrellaceae
黄盖小脆柄菇 *Candolleomyces candolleanus* (Fr.) D. Wächt. & A. Melzer

菌盖直径 3.1-6.8cm，钝圆锥形、宽钟形至半圆形，表面浅棕黄色，顶部颜色稍深，成熟后苍白色，干燥，光滑，边缘具菌幕残余。菌褶直生或近离生，密，灰白色至棕灰色。菌肉极薄，易脆，近白色。菌柄长 4-13cm，粗 0.3-0.8cm，白色，中空，光滑。孢子印紫棕色。担孢子卵圆形至椭圆形，6.5-9.5 × 4-5.1μm，光滑，棕色至棕灰色。缘生囊状体近圆柱形、近泡囊形或棒状。侧生囊状体未见。具锁状联合。

春季至秋季丛生或群生于草地、枯枝落叶、腐木上。我国各地区均有分布。

亚小孢黄盖小脆柄菇 *Candolleomyces subminutisporus* (T. Bau & J.Q. Yan) Voto

菌盖钟形，成熟后近平展，直径1.3-2cm，淡黄褐色至黄褐色，表面具条纹。菌肉薄。菌褶直生，淡褐色，密，不等长。菌柄中生，长1.9-3.5cm，粗0.1-0.2cm，圆柱形，向下稍粗，中空，脆骨质，污白色，光滑。担孢子椭圆形，5.5-7.8×3.9-4.6μm，淡褐色，厚壁。担子棒状，具4担子小梗，基部具锁状联合。侧生囊状体未见。缘生囊状体球形至椭圆形，基部具短柄。

秋季埋生于阔叶树枯枝上。分布于我国华东、华南、华中、西南、东北等地区。

蒲生黄盖小脆柄菇 *Candolleomyces typhae* (Kalchbr.) D. Wächt. & A. Melzer

菌盖直径0.8-1.6cm，半球形、钝圆锥形至近平展，顶部具钝突起，表面浅棕色至棕灰色，顶部颜色稍深，水浸状。菌肉较薄，具香味。菌褶弯生或近直生，较密，棕色至赭石色。菌柄长8-18cm，粗0.1-0.2cm，基部稍膨大，中空，脆骨质，白色，具细小绒毛。担孢子椭圆形，9-12.5×5-7.5μm，棕色，具油滴。担子棒状，具4担子小梗。缘生囊状体圆柱形，顶部头状。侧生囊状体缺失。

夏秋季单生或群生于香蒲等水生植物残体上。分布于我国东北、西南等地区。

短小鬼伞 *Coprinellus curtus* (Kalchbr.) Vilgalys, Hopple & Jacq. Johnson

担子体小型。幼时菌盖卵圆形至钟形，直径0.3-0.5cm，成熟后钝圆锥形至平展，直径0.7-1.3cm，浅棕黄色至棕黄色，顶部颜色稍深，成熟后渐苍白，幼时表面被棕黄色或赭石色颗粒状菌幕残余。菌褶弯生或近离生，密，初灰白色，后黑褐色，不等长。菌柄长2-3.5cm，粗约0.1cm，上下等粗，白色，中空，脆骨质，表面被细小纤毛。担孢子卵圆形至椭圆形，9-13.3×6.3-8.1μm，棕色至深棕色，芽孔偏生。缘生囊状体球形至近球形。柄生囊状体与盖生囊状体球顶烧瓶形或球顶圆柱形。

群生于马粪上，常发生于夏秋季。分布于我国东北、华东等地区。

白假小鬼伞（假小鬼伞）*Coprinellus disseminatus* (Pers.) J.E. Lange

菌盖直径0.2-1.2cm，钟形至圆锥形，表面白色，渐变至深灰色，顶部颜色稍深，具白色颗粒状鳞片和纤毛。边缘有细条纹。菌褶直生，较密，不等长，白色至褐色。菌肉薄，白色。菌柄长1.4-2.6cm，粗约0.1cm，中空，半透明，表面具有纤毛，基部具白色菌丝。担孢子椭圆形，8.1-10×4.9-5.4μm，光滑，红褐色。担子棒状，具4担子小梗，周具3-5个拟担子。柄生囊状体和盖生囊状体长颈瓶形。无锁状联合。

春季至秋季常大片群生于腐木或枯枝及周边土壤上。我国各地区均有分布。有毒。

家园小鬼伞（家园鬼伞）*Coprinellus domesticus* (Bolton) Vilgalys

菌盖直径1-2.1cm，钟形或圆锥形，表面被白色或褐色丛毛状鳞块，易脱落，边缘浅黄色，具条纹，顶部深黄褐色。菌肉薄，白色。菌褶极密，直生，白色至褐色并自溶。菌柄长2-3cm，粗0.4-0.5cm，中空，白色，下部偶具似菌托的脊状隆起，基部偶附着黄褐色绒毛。担孢子卵圆形、椭圆形，6.6-9.8×3.7-5.1μm，光滑，浅红褐色。担子棒状，具4担子小梗，周具3-6拟担子。缘生囊状体近球形。侧生囊状体椭圆形、圆柱形。无锁状联合。

春秋季生于树桩或枯木上。我国各地区均有分布。幼时可食用。

晶粒小鬼伞（晶粒鬼伞、晶鬼伞、狗尿苔）*Coprinellus micaceus* (Bull.) Vilgalys

菌盖直径1.5-4cm，圆锥形或钟形，后平展，表面黄褐色，顶部深褐色，初期具白色颗粒状鳞片，易脱落。菌肉薄，白色。菌褶极密，不等长，初期白色，逐渐变红褐色直至自溶黑化。菌柄长5-8cm，粗0.3-0.5cm，中空，米白色。基部偶具似菌托的脊状隆起。担孢子钟形或杏仁形，7.3-10×4.9-6.8μm，光滑，红褐色。担子棒形，中部缢缩，具4担子小梗。缘生囊状体棒状或椭圆形，偶见颈瓶形。侧生囊状体棒形或近圆柱形。柄生囊状体颈瓶形。具锁状联合。

春秋季常群生或簇生于枯木、树桩或周围地上。我国各地区均有分布。幼时可食用。

辐毛小鬼伞（辐毛鬼伞）*Coprinellus radians* (Desm.) Vilgalys

菌盖直径0.5-2.5cm，球形至卵圆形，展开后菌盖边缘上卷，表面具有白色的毛状鳞片，中部赭褐色、橄榄灰色，边缘白色，具小鳞片及条纹。菌肉薄，灰褐色。菌褶弯生至离生，白色，渐变黑色，不等长。菌柄长2-6.5cm，粗0.1-0.4cm，向下渐粗，脆，空心。菌柄基部至基物表面上常有牛毛状菌丝覆盖。担孢子椭圆形，4.9-8.5×3.5-6.1μm，光滑，浅棕灰色。担子棒状，具4（2）担子小梗。缘生囊状体近颈瓶形、椭圆形、球形或近球形。侧生囊状体近球形、椭圆形或圆柱形，无色，薄壁。无锁状联合。

春季至秋季生于树桩附近及倒腐木上。我国各地区均有分布。幼时可食用。

疣孢小鬼伞 *Coprinellus verrucispermus* (Joss. & Enderle) Redhead, Vilgalys & Moncalvo

幼时菌盖圆锥形至钟形，直径约1.2cm，成熟后可达2.5cm，表面初深棕色，后渐苍白，密布无色细小绒毛，边缘有条纹，被棕色絮状或颗粒状菌幕残余。菌褶近直生，密，初白色，后至棕黑色。菌柄1-5.1cm，粗0.1-0.3cm，白色至浅灰色，基部具棕黄色调，基部多呈球状膨大，具细小绒毛。担孢子卵圆形、椭圆形或近杏仁形，11.2-16.8×7.1-9.4μm，表面具褶皱状疣突，萌发孔平截。担子棒状，具2担子小梗，周具4-6个拟担子。缘生囊状体球形、近球形或椭圆形。侧生囊状体泡囊形。菌盖菌幕细胞球形、椭圆形。盖生囊状体长颈烧瓶形。具锁状联合。

夏秋季群生于裸露的沙土上。我国各地区均有分布。

庭院小鬼伞 *Coprinellus xanthothrix* (Romagn.) Vilgalys

菌盖直径 1.1-2.6cm，钟形或圆锥形，表面浅黄褐色，密被米白色或褐色颗粒状鳞片，易脱落，具细条纹，边缘米白色，顶部黄褐色。菌肉薄，白色。菌褶极密，不等长，直生，白色至褐色，自溶。菌柄长 5.5-7.2cm，粗 0.5-0.6cm，中空，白色。表面具有白色绒毛，基部具似菌托的脊状隆起。担孢子椭圆形或豆形，5.1-8.5×4.2-5.9μm，光滑，红褐色。担子棒状，具4担子小梗。缘生囊状体近球形或椭圆形、长颈烧瓶形。侧生囊状体椭圆形或近圆柱形。柄生囊状体长颈瓶形。无锁状联合。

春季至秋季单生或散生于阔叶林地、植物残体或枯枝上。我国各地区均有分布。

灰白拟鬼伞 *Coprinopsis afronivea* Desjardin & B.A. Perry

菌盖直径 0.4-0.7cm，钟形至圆锥形，表面浅灰色至深灰色，被粉末状鳞片，边缘具丝膜状菌幕残余。菌肉薄，灰色。菌褶弯生，极密，初灰色，成熟后至灰黑色，几乎不自溶。菌柄3.5-4×0.1cm，中空，白色至浅灰色，有时具棕色调。担孢子近椭圆形或长圆角六边形，6.1-7.8×4.4-6.6μm，光滑，红褐色。担子棒状，具4担子小梗，周具3-5拟担子。缘生囊状体近球形或椭圆形，30-63×16-23μm，存在但是稀少。侧生囊状体缺失。具锁状联合。

夏秋季发生于阔叶树的枯枝或植物残体上。我国各地区均有分布。

疣孢拟鬼伞 *Coprinopsis alopecia* (Lasch) La Chiusa & Boffelli

菌盖直径4-6.5cm，近钟形，后展开，边缘内卷。表面边缘具条纹，被白色丛毛状鳞片，浅褐色，顶部颜色较深。菌肉较薄，半透明色。菌褶密，不等长，直生，初时白色，后黑化自溶。菌柄长8-15cm，粗0.6-1.5cm，中空，白色。表面具绒毛状鳞片。担孢子杏仁形，11-13.4×6.3-7.8μm，表面具疣突，深红褐色，芽孔中生。缘生囊状体50-160×30-60μm，近圆柱形或囊形。侧生囊状体80-180×35-50μm，囊形或近圆柱形。柄生囊状体和盖生囊状体未见。具锁状联合。

多簇生于腐木或活立木基部，常发生于春秋季。分布于我国东北、西北、西南等地区。

墨汁拟鬼伞 *Coprinopsis atramentaria* (Bull.) Redhead, Vilgalys & Moncalvo

菌盖直径1.2-6.2cm，卵圆形、圆锥形，表面银灰色或棕灰色，顶部棕褐色，顶部光滑或具棕色小鳞块，边缘具条纹。菌肉薄，白色。菌褶弯生，极密，白色、白灰色，自溶黑化。菌柄5-12×0.8-1.6cm，中空，中下部具似菌环状膨大，上部白色，下部浅棕色。担孢子椭圆形或杏仁形，9.8-12.2×4.9-6.8μm，光滑，红褐色。担子棒形，具4担子小梗，周具3-6个拟担子。侧生囊状体和缘生囊状体类似，棒状或泡囊形。具锁状联合。

春秋季群生或丛生于树桩或活立木基部、草地上。我国各地区均有分布。食用，但有小毒。

美丽拟鬼伞 *Coprinopsis bellula* (Uljé) P. Roux & Eyssart.

菌盖直径 0.5-0.7cm，幼时近球形或钟形，成熟后平展，具辐射状沟纹。菌盖表面浅灰白色至灰白色，被污白色至浅棕色粉末状和絮状鳞片。菌褶离生，稍密，不等长，白色，渐变至灰褐色。菌肉极薄，白色。菌柄长 2.7-4.1cm，粗 0.1-0.2cm，中空，白色或半透明色，表面被白色絮状鳞片。担孢子椭圆形或长圆角六边形，9.7-12.1×5.4-7.6μm，红褐色。担子棒状，具2担子小梗，周具 3-5 个拟担子。缘生囊状体和侧生囊状体缺失。具锁状联合。

夏秋季散生或群生于阔叶林地上。我国各地区均有分布。

灰肉拟鬼伞 *Coprinopsis cineraria* (Har. Takah.) Örstadius & E. Larss.

菌盖直径2.5-4.6cm，幼时圆锥形，成熟后平展，具辐射状褶皱，菌盖表面浅灰褐色或灰色，菌盖边缘具污白色至浅灰色丛毛状鳞片。菌肉灰色。菌褶弯生，密，不等长，灰白色，渐变至黑褐色。菌柄长 5-7.1cm，粗0.3-0.5cm，中空，白色或半透明色，表面被白色絮状鳞片。担孢子椭圆形，5.5-8.2×4.3-5.2μm，深棕黄色。担子棒状，具4担子小梗。缘生囊状体泡囊状、椭圆形或宽烧瓶形。侧生囊状体缺失。具锁状联合。

夏秋季丛生于阔叶树的腐木上。分布于我国东北等地区。

灰拟鬼伞（灰盖拟鬼伞、长根拟鬼伞、长根鬼伞、灰鬼伞）*Coprinopsis cinerea* (Schaeff.) Redhead, Vilgalys & Moncalvo

菌盖直径2-5cm，幼时椭圆形，成熟后逐渐变为钝圆锥形，表面白色至浅褐色或灰褐色，被污白色至银灰色绒毛状鳞片，边缘外翻，呈放射状开裂，并从边缘开始自溶。菌肉薄，白色至浅灰色。菌褶密，离生，白色至灰褐色。菌柄长5-12cm，粗0.4-1cm，空心，具稀疏白色绒毛，基部膨大并形成长假根。担孢子卵圆形至椭圆形，8.4-11.8×5.8-7.8μm，光滑，暗棕褐色。缘生囊状体梨形或囊状。具锁状联合。

夏秋季单生或群生于粪土、草堆上。我国各地区均有分布。

臭拟鬼伞 *Coprinopsis foetidella* (P.D. Orton) A. Ruiz & G. Muñoz

菌盖直径0.4-0.6cm，高0.5-0.9cm，幼时卵圆形，成熟后钟形，表面灰色或棕灰色，被白色至污白色粉末鳞或丛毛状鳞片。菌褶弯生、近离生，密，不等长，白色，渐变至灰黑色。菌肉较薄，灰白色。菌柄长1.8-4cm，粗0.1-0.2cm，中空，白色或半透明，幼时表面被白色絮状鳞片，但成熟后近光滑。担孢子椭圆形，8.7-13×7.2-9.1μm，红褐色。担子棒状，具4担子小梗，周具3-5个拟担子。缘生囊状体泡囊形或短棒状。侧生囊状体短棒状。无锁状联合。

夏秋季单生或群生于马粪上。分布于我国东北等地区。

五十岚拟鬼伞 *Coprinopsis igarashii* Fukiharu & K. Shimizu

菌盖直径0.3-0.8cm，高0.4-0.8cm，幼时卵圆形，成熟后钟形，表面浅灰白色至灰白色，被白色至污白色粉末状和絮毛状鳞片。菌褶弯生、近离生，密，不等长，白色，渐变至灰黑色。菌肉较薄，白色。菌柄长1.5-3.2cm，粗0.1-0.2cm，中空，白色或半透明色，表面被白色絮状鳞片。担孢子扁平，正面观圆角五边形、圆角六边形或近球形，侧面观椭圆形至圆柱形，10.7-14×9-12×6.4-8.6μm，红褐色。担子棒状，具4担子小梗，周具4-6个拟担子。缘生囊状体近球形至椭圆形。侧生囊状体椭圆形或卵圆形。具锁状联合。

夏秋季单生或群生于牛粪、羊粪、马粪上。分布于我国东北、西北等地区。

牙买加拟鬼伞 *Coprinopsis jamaicensis* (Murrill) Redhead, Vilgalys & Moncalvo

菌盖直径1-5.8cm，初期椭圆形，后平展，灰褐色，具丛毛状鳞片，易脱落，边缘具条纹。菌褶直生，不等长，白色。菌肉极薄，白色，渐变至黑色，自溶。菌柄长4-7.2cm，粗0.1-0.4cm，中空，脆骨质。担孢子卵形至椭圆形，6-8×3.5-5.3μm，黑褐色，光滑，具芽孔，非淀粉质。担子粗棒状，具4担子小梗，无色。缘生囊状体和侧生囊状体未见。无锁状联合。

散生或丛生于沙地、枯草上。分布于我国东北、华南等地区。

白绒拟鬼伞（白绒鬼伞）
Coprinopsis lagopus (Fr.) Redhead, Vilgalys & Moncalvo

　　菌盖直径0.5–2cm，钟形，后平展，边缘上翘，表面幼期呈灰色，成熟后呈灰白色，被白色丛毛状鳞片，具明显条纹。菌褶直生，密，窄，不等长，白色、灰白色，后期发生自溶黑化。菌肉薄，白色。菌柄长4.5–10.2cm，粗0.2–0.4cm，中空，白色，表面密布白色长绒毛。担孢子椭圆形，8.5–9.8×4.9–6.3μm，光滑，深红褐色。担子棒状，中部缢缩，具4担子小梗，周具2–4拟担子。缘生囊状体椭圆形。侧生囊状体椭圆形或囊状。具锁状联合。

　　春季至秋季散生于草地或枯草上。我国各地区均有分布。

雪白拟鬼伞（白拟鬼伞、雪白鬼伞）

Coprinopsis nivea (Pers.) Redhead, Vilgalys & Moncalvo

菌盖直径2-3cm，卵形至钟形，表面雪白色，密被白色粉粒状菌幕残余。菌肉白色。菌褶离生，初期白色，后转灰色，成熟时近黑色。菌肉薄，白色。菌柄长7-10cm，粗0.3-0.6cm，中空，白色至污白色，被白色粉末鳞片，渐变光滑，无菌环。担子椭圆形观近柠檬形，12-16×10-14μm，光滑，近黑色。担子棒状，具4担子小梗。缘生囊状体和侧生囊状体棒状、囊状或椭圆形。具锁状联合。

夏秋季群生于牛粪上。分布于我国东北、西北等地区。

疱孢拟鬼伞 ***Coprinopsis phlyctidospora*** (Romagn.) Redhead, Vilgalys & Moncalvo

菌盖直径1-3cm，初期卵圆形、椭圆形或钟形，后平展或反卷，浅灰色至深灰色，表面被白色细小丛毛状鳞片，具辐射状沟纹。菌褶离生，初期白色，变灰后黑色。菌柄长8cm，粗0.1-0.2cm，白色至污白色，中空。担孢子卵圆形，7.3-10.8×5.4-8.3μm，表面具疣突，近黑色。担子棒状，具4担子小梗。缘生囊状体和侧生囊状体圆柱形、囊状或宽椭圆形。具锁状联合。

夏秋季单生或散生于阔叶树的枯枝上。分布于我国东北等地区。

虎纹拟鬼伞 *Coprinopsis tigrinella* (Boud.) Redhead, Vilgalys & Moncalvo

菌盖0.4-0.9×0.4-0.6cm，幼时近球形至卵圆形，成熟后半球形至钟形。菌盖幼时污白色，表面被浅棕色斑块状菌幕残余，成熟后菌盖紫棕色，菌幕常脱落菌。菌肉极薄，浅棕灰色。菌褶近离生，初期白色，成熟时紫褐色。菌柄长2-5cm，粗约0.1cm，中空，浅灰色，光滑，无菌环。担孢子宽椭圆形至近球形，6.2-8.7×5.1-8.1μm，光滑，红棕色，芽孔中生。担子棒状，具4担子小梗，具拟担子。缘生囊状体和侧生囊状体棒状。具锁状联合。

夏秋季群生于芦苇的植物残体上。分布于我国东北地区。

巨囊异脆柄菇 *Heteropsathyrella macrocystidia* T. Bau & J.Q. Yan

菌盖直径6-7cm，斗笠形，后平展，中部稍钝突起，水浸状，黄褐色至褐色，边缘具条纹，具菌幕残片，易脱落。菌肉薄，污白色，易碎。菌褶弯生，密，不等长，淡灰褐色至褐色，边缘白色，平滑。菌柄长3.5-10cm，粗0.5-1.5cm，脆，白色，中空，向下渐粗，表面具细小麦麸状突起和易消失的细小纤毛。担孢子长椭圆形，7.8-9.2×4.9-5.4μm，淡褐色至深褐色，光滑。担子棒状，具4（2）担子小梗。侧生囊状体囊状，壁稍加厚。缘生囊状体囊状或纺锤形，壁稍加厚，顶端钝圆，被稀疏不规则的沉淀物，基部溢缩呈短柄。具锁状联合。

单生于腐木上。分布于我国东北等地区。

枣红类脆柄菇 *Homophron spadiceum* (P. Kumm.) Örstadius & E. Larss.

菌盖直径2.5-3.5cm，凸镜形，后平展，表面肉粉色或淡褐色，水浸状，边缘白色，微开裂，具半透明条纹。菌褶弯生，淡褐色，密，边缘白色。菌肉白色，厚。菌柄长3.5-5cm，粗0.3-0.5cm，白色，等粗或向下稍粗，中空，具丛毛状细鳞。担孢子椭圆形至圆柱形，8.3-11×4-5μm，光滑，淡黄色，非淀粉质。担子棒状，具2（4）担子小梗。侧生囊状体与缘生囊状体类似，纺锤状至烧瓶状。柄生囊状体棒状。具锁状联合。

群生或丛生于杨树根际或腐木上。分布于我国东北、华北、华东、华南、西北等地区。

毡毛脆柄菇 *Lacrymaria lacrymabunda* (Bull.) Pat.

菌盖直径4-10cm，初期钟形，后期斗笠形，表面土褐色至红棕色，具浅黄褐色毛状鳞片，边缘挂有白色菌幕。菌褶离生，初期黄褐色，边缘白色，后期深褐色。菌肉薄，浅棕色。菌柄浅褐色，长5-10cm，粗0.5-1cm，等粗或向下稍粗，具黑色的环状区域。孢子印黑色。担孢子椭圆形，8-11×5-7μm，黑棕色。侧生囊状体圆柱形。缘生囊状体棒状，薄壁，光滑。

秋季散生于林中地上或草坪上。我国各地区均有分布。有毒。

心孢鬼伞 *Narcissea cordispora* (T. Gibbs) D. Wächt. & A. Melzer

菌盖直径0.3-0.8cm，初期近球形至钟形，后期平展，表面密被淡棕色至灰色颗粒状细鳞，具棱纹，边缘有絮状菌幕残片。菌褶离生，密，初期污白色，后期灰黑色，自溶。菌肉薄，半透明色。菌柄透明色，长1.6-4cm，粗约0.1cm，向下稍粗，具絮状鳞片，中空。孢子印黑色。担孢子近心形，7.8-10×6.6-7.8μm，深红棕色。担子棒状，中部缢缩，具4担子小梗，周具3-5个拟担子。侧生囊状体近颈瓶形。缘生囊状体囊状或烧瓶形。无锁状联合。

单生至群生于动物的粪便、草坪或枯草上。分布于我国东北、华南等地区。

速亡心孢鬼伞 *Narcissea ephemeroides* (DC.) T. Bau, L.Y. Zhu & M. Huang

菌盖直径0.1-0.3cm，近钟形，后展开，边缘内卷或上翘，表面呈黄褐色至灰色，顶部颜色深，具条纹，被颗粒状鳞。菌褶密，不等长，直生，初期白色，后黑化自溶。菌肉较薄，半透明色。菌柄长1-7.2cm，粗约0.1cm，中空，透明色。担孢子柠檬形、近心形，侧面呈椭圆形，7.3-8.8×6.1-7.6μm，橄榄色。担子棒状或中部缢缩，具4担子小梗。缘生囊状体棒状、囊状或近颈瓶形。侧生囊状体近圆柱形或近颈瓶形。盖生囊状体近颈瓶形。具锁状联合。

春秋季散生于马粪上。分布于我国东北、西北等地区。

小射纹心孢鬼伞 *Narcissea patouillardii* (Quél.) D. Wächt. & A. Melzer

菌盖直径0.2-0.5cm，初期钟形，后期平展，表面灰白色或银灰色，具颗粒状细鳞，顶部鳞片翘起。菌褶离生，初期白色，边缘黑褐色，后期黑化自溶。菌肉薄，半透明色。菌柄长0.5-1.1cm，粗0.5-0.1cm，透明，中空。担孢子圆角五边形、宽柠檬形，7.4-9.7×7.5-8µm，红褐色至紫褐色。担子短棒状，具4担子小梗。侧生囊状体和缘生囊状体近似，近颈瓶形或囊状。无锁状联合。

夏秋季群生于牛粪上。我国各地区均有分布。

金毛近地伞 *Parasola auricoma* (Pat.) Redhead, Vilgalys & Hopple

菌盖直径1-5cm，幼时呈圆柱形，后展开，表面深褐色至灰褐色，顶部黄褐色，具明显条纹。菌褶直生或离生，较密，不等长，初期白色，后变褐色至黑色。菌肉薄，白色。菌柄长3-12cm，粗0.2-0.5cm，中空，白色或米黄色。担孢子长椭圆形，10.3-14.7×5.1-7.8µm，光滑，红褐色。担子棒状，具4担子小梗，周具3-6个拟担子。侧生囊状体和缘生囊状体类似，瓶形或囊状。

春秋季单生或散生于草地或枯木上。分布于我国东北等地区。

锥盖近地伞 *Parasola conopilea* (Fr.) Örstadius & E. Larss.

菌盖直径2-3.7cm，圆锥形，不具条纹，幼时棕褐色，成熟后水浸状或褪色至浅棕色。菌褶弯生、近直生，密，不等长，初期棕灰色，逐渐变为黑褐色，不自溶。菌肉薄，浅棕色。菌柄长6-13.2cm，粗0.3-0.5cm，中空，米白色，顶部表面粉霜质。担孢子长椭圆形，12.7-16.5×6.8-7.8μm，光滑，深红褐色。担子棒形，中部缢缩，具4担子小梗。缘生囊状体泡囊形或烧瓶形。侧生囊状体缺失。具锁状联合。

春秋季常单生或群生于阔叶林下草地上。分布于我国东北、西北、西南等地区。

库尼尔近地伞 *Parasola kuehneri* (Uljé & Bas) Redhead, Vilgalys & Hopple

菌盖初为近球形或卵球形，后为圆锥形至平展，黄褐色、灰褐色，边缘易开裂。菌褶离生，极密，初米白色，后变成浅灰色、棕灰色。菌肉极薄，淡黄色或棕灰色。菌柄长4-10cm，粗0.2cm，米白色，基部褐色或赭色，等粗或向下稍粗，内部中空，基部具白色绒毛。担孢子菱形、卵形，9.3-10.5×7.9-8.7μm，光滑，黄褐色至棕黑色，芽孔偏生。担子二型，具4（2）担子小梗。缘生囊状体椭球形、梭形，薄壁。侧生囊状体圆柱状，中部常缩窄。具锁状联合。

夏季生于草地、树根际或埋木上。分布于我国东北等地区。

淡紫近地伞 *Parasola lilatincta* (Bender & Uljé) Redhead, Vilgalys & Hopple

菌盖直径0.5-2.2cm，半钟形至平展，表面奶油色至浅黄褐色，具明显沟状条纹，中部黄褐色，平滑。菌褶离生，稀，不等长，灰白色，后变至黑色。菌肉薄，米白色。菌柄长5-7.2cm，粗0.1-0.2cm，中空，透明或米白色。担孢子椭圆形或圆角五边形，10.3-14.7×9.3-11μm，光滑，深红褐色，芽孔偏生。担子棒状，具4担子小梗，周具3-5个拟担子。缘生囊状体和侧生囊状体近圆柱形。

夏秋季散生于地上或植物残体上。分布于我国东北等地区。

长腿近地伞 *Parasola malakandensis* S. Hussain, Afshan & H. Ahmad

担子体小型。幼时菌盖钟形至圆锥形，直径0.7-1cm，成熟后完全平展，直径0.8-1.2cm，顶部具盘状凹陷，幼时浅棕色至深棕色，成熟后顶部红棕色，向边缘颜色渐浅。菌褶离生，密，初灰白色，后紫灰色至灰黑色，不等长。菌柄长2-5.1cm，粗0.1-0.2cm，上下等粗，白色，中空，脆骨质，光滑。担孢子椭圆形，14.9-16.3×10.6-11.4μm，深褐色或黑色，芽孔中生。缘生囊状体椭圆形或近烧瓶形，34-53×23-34μm。侧生囊状体长椭圆形至圆柱形，57-83×21-28μm。具锁状联合。

夏秋季常散生或群生于草地上。分布于我国东北、华东、华中等地区。

大孢近地伞 *Parasola megasperma* (P.D. Orton) Redhead, Vilgalys & Hopple

担子体小型至中型。幼时菌盖半球形或钟形，直径0.8-1.1cm，成熟后完全平展，直径1.5-1.8cm，顶部具盘状凹陷，幼时浅棕色至深棕色，成熟后中部凹陷处棕黄色，凹陷处边缘常具奶油色水浸状纹理，边缘颜色渐浅。菌褶离生，密，初灰白色，后紫灰色至灰黑色，不等长。菌柄长4.8-7.1cm，粗约0.2cm，上下等粗，白色，中空，脆骨质，光滑。担孢子椭圆形，14.4-15.1 × 10.1-10.5μm，深褐色或黑色，芽孔偏生。缘生囊状体近球形、泡囊状、椭圆形或近烧瓶形。侧生囊状体罕见，长椭圆形至圆柱形。具锁状联合。

夏秋季常散生或群生于草地或牛粪上。分布于我国东北等地区。

褶纹近地伞 *Parasola plicatilis* (Curtis) Redhead, Vilgalys & Hopple

菌盖直径2.5-3.5cm，卵圆形或钟形，后平展，表面黄褐色、灰褐色，顶部黄褐色，中部略凹陷，具明显沟状条纹，边缘灰色。菌褶离生，密，不等长，白色至褐色、黑褐色，边缘白色。菌肉薄，米白色。菌柄长6-13cm，粗0.2-0.4cm，中空，米白色。担孢子椭圆形，9.8-14.7 × 7.3-10.5μm，光滑，深红褐色至黑褐色，芽孔偏生。担子棒状，具4担子小梗，周具3-5个拟担子。缘生囊状体囊状，顶部时有分叉。侧生囊状体囊状或近圆柱状。

春末及夏季单生或群生于草地上。我国各地区均有分布。

砂褶小脆柄菇 *Psathyrella ammophila* (Durieu & Lév.) P.D. Orton

菌盖直径3-5cm，近半球形、凸镜形至近平展，表面纤维状，强水浸状，无条纹或菌盖边缘具条纹，浅棕色、棕色至棕褐色，光滑，具沙质残余物。菌幕白色，易脱落。菌褶直生至稍弯生，密，不等长，灰褐色、棕色至褐黑色。菌肉深褐色，无特殊气味。菌柄长3-8cm，粗0.3-0.6cm，有时向下渐粗，白色至木棕色。无菌环。孢子印深棕色。担孢子椭圆形至近卵形，11-13×6-7.5μm，光滑，深红棕色，厚壁。担子短棒状，具4担子小梗。侧生囊状体与缘生囊状体形态相似，烧瓶形、棒状或梨形。

夏秋季群生于具腐殖质的沙地上。分布于我国东北等地区。

双皮小脆柄菇 *Psathyrella bipellis* (Quél.) A.H. Sm.

菌盖直径1.2-4cm，初期半球形，后期圆锥形，中部钝突起，表面紫棕色至栗棕色，褶皱，边缘具明显条纹，有纤维状菌幕残片。菌褶直生，紫色至浅灰色，边缘白色，密。菌肉薄，淡紫色。菌柄长3.9-10cm，粗0.2-0.5cm，淡棕色，等粗，具细小丛毛状鳞片。孢子印深褐色。担孢子长椭圆形，11-15×6-8μm，光滑，淡紫褐色，非淀粉质。担子棒状，具2（4）担子小梗。侧生囊状体囊状至近棒状，厚壁。缘生囊状体棒状，薄壁。菌盖表皮层由球形膨大细胞组成。具锁状联合。

春夏季散生至群生于林中枯枝落叶上。分布于我国东北、华北等地区。

细小脆柄菇 *Psathyrella corrugis* (Pers.) Konrad & Maubl.

菌盖直径0.1-0.3cm，半球形至钟形，后期平展，表面污褐色至肉桂色，中部淡褐色，边缘白色，水浸状消失后呈污白色，褶皱。菌褶直生，密，灰色至灰褐色，褶缘常带红色，边缘锯齿状。

菌肉薄，褐色，易碎。菌柄白色，长1-5cm，粗0.1-0.2cm，等粗或向下稍粗，中空，顶端具粉霜状鳞片。担孢子长椭圆形，12-14 × 5.8-6.8μm，红棕色。担子棒状，具2（4）担子小梗。侧生囊状体纺锤形。缘生囊状体纺锤形至长颈瓶形。具锁状联合。

秋季散生至群生于林中地上。分布于我国东北、西南、西北等地区。

顶凸小脆柄菇 *Psathyrella mammifera* (Romagn.) Courtec.

菌盖直径2-3.5cm，幼时半球形，黄褐色，成熟后呈斗笠形至平展，中部常具钝圆突起，水浸状，淡褐色至污褐色，边缘具半透明条纹。幼时边缘具明显白色纤毛状菌幕，易消失。菌褶宽密，直生至稍弯生，不等长，淡褐色，边缘平滑。菌肉薄，易碎。菌柄长7.5-11cm，粗0.2-0.3cm，脆，中空，污白色，稍带褐色，表面具少量纤毛，易消失。担孢子椭圆形至长椭圆形，7.8-9.7 × 4.4-4.9μm，内具油滴或无油滴。担子棒状，具4担子小梗，薄壁。侧生囊状体囊状至窄囊状，顶端宽钝圆。缘生囊状体囊状，顶端钝圆。具锁状联合。

单生或散生于阔叶林地上。分布于我国东北、西南等地区。

卵缘小脆柄菇 *Psathyrella phegophila* Romagn.

菌盖直径0.8-4.5cm，初期半球形，后期平展，表面水浸状，浅黄色，边缘褐色，水浸状消失后黄褐色，边缘具白色菌幕残片。菌褶直生，灰褐色至深褐色，密，边缘锯齿状。菌肉薄，污白色，易碎。菌柄白色，长3.5-8.5cm，粗0.3-0.6cm，中空，具丛毛状鳞片，易脱落。担孢子表面光滑，红褐色，椭圆形至长椭圆形，6.4-8.3×4-5μm，呈深褐色，非淀粉质。担子棒状，具4担子小梗，无色。侧生囊状体囊状，偶见内含物。缘生囊状体纺锤形，20-32×9.5-17μm。具锁状联合。

秋季散生至群生于阔叶林地上或枯枝落叶层。分布于我国华北、东北、西南等地区。

灰褐小脆柄菇 *Psathyrella spadiceogrisea* (Schaeff.) Maire

菌盖初期半球形至凸镜形，后渐平展，中部略微突起，红棕色，表面光滑，边缘具半透明条纹。菌褶初期灰白色，成熟时棕褐色，直生，密，不等长。菌肉薄，初期污白色，后淡棕色。

菌柄长4.8-7.2cm，粗0.2-0.4cm，白色，圆柱形，脆骨质，中空，表面具白色纤毛，基部稍膨大。担孢子长椭圆形，8.9-9.5×5.2-5.5μm，光滑，薄壁。担子窄棒状，具4担子小梗，薄壁，无色，基部具锁状联合。缘生囊状体与侧生囊状体囊状至近纺锤形，偶烧瓶状，顶端钝圆。

夏季散生或群生于草地上。分布于我国东北、华南、西南等地区。

织篮刺毛鬼伞 *Tulosesus canistri* (Uljé & Verbeken) D. Wächt. & A. Melzer

幼时菌盖卵圆形或椭圆形，成熟后钟形至钝圆锥形，少完全平展，直径可达1.5cm，顶部浅棕色至深棕色，边缘奶油色，成熟后颜色加深至深灰色，表面具细小的白色绒毛。菌褶弯生，密，

初奶油色，后黑褐色，不等长。菌柄长0.8-2cm，粗约0.2cm，向上渐细，白色至灰白色，中空，脆骨质，表面被细小纤毛。担孢子长椭圆形，9.8-12.7×6.7-7.7×6.2-6.9μm，深褐色，芽孔偏生。缘生囊状体近球形至椭圆形，侧生囊状体宽椭圆形至椭圆形。盖生囊状体棒状或窄烧瓶形，柄生囊状体与盖生囊状体相似。无锁状联合。

夏秋季常群生于马粪上。分布于我国东北等地区。

灰白刺毛鬼伞 *Tulosesus cinereopallidus* (L. Nagy, Házi, Papp & Vágvölgyi) D. Wächt. & A. Melzer

幼时菌盖钟形，直径0.5-0.8cm，成熟后平展，直径0.7-1.1cm，表面浅棕色至深棕色，成熟后渐苍白，被细小纤毛。菌褶弯生、近直生，稍密，初灰白色，后灰黑色，不等长。菌柄长3.9-5.2cm，粗约0.2cm，上下等粗，白色至奶油色，中空，脆骨质，表面被细小纤毛。担孢子长椭圆形或长卵圆形，10.1-12.7×6.1-7×5.8-6.9μm，深褐色，芽孔稍偏生。缘生囊状体长颈烧瓶形，22-85×8-25μm。侧生囊状体缺失。盖生囊状体窄烧瓶形至圆柱形，壁薄至稍厚。柄生

囊状体与盖生囊状体相似。具菌丝状的菌幕，具分枝或短突起。具锁状联合。

夏秋季常群生于河滩淤泥上。分布于我国东北等地区。

易萎刺毛鬼伞 Tulosesus marculentus
(Britzelm.) D. Wächt. & A. Melzer

担子体微型。幼时菌盖钟形，直径0.4-0.8cm，成熟后钝圆锥形，少完全平展，直径0.9-1.2cm，浅棕色至深棕色，顶部红棕色至紫棕色，成熟后渐苍白，幼时表面被浅黄色颗粒状菌幕残余。菌褶弯生或近离生，密，初灰白色，后灰黑色，不等长。菌柄长2.9-5.1cm，粗约0.1cm，上下等粗，白色至灰白色，中空，脆骨质，表面被细小纤毛。担孢子长六边形，10.1-12.3×7.6-7.9μm，赭石色至深红褐色，芽孔偏生。缘生囊状体球形至椭圆形，侧生囊状体近球形、椭圆形至长椭圆形，盖生囊状体窄烧瓶形至圆柱形。柄生囊状体与盖生囊状体相似。具锁状联合。

夏秋季常群生于马粪上。分布于我国东北等地区。

斜孢刺毛鬼伞 Tulosesus plagioporus
(Romagn.) D. Wächt. & Melzer

菌盖初椭圆形或圆锥形，成熟后斗笠形至平展，顶部钝突，直径0.8-1cm，边缘奶油色或灰白色，顶部棕色或浅紫棕色，表面密布无色细小绒毛，成熟后边缘颜色渐浅。菌褶弯生、近直生，密，初白色，后棕黑色。菌柄长2.5-3.5cm，粗约0.1cm，灰白色至深灰色，表面具细小绒毛。担孢子卵圆形至长椭圆形，10.7-12.1×6.9-7.5μm，红褐色至黑褐色，芽孔偏生。担子棒状，具4担子小梗，具拟担子。缘生囊状体近球形至椭圆形。侧生囊状体未见。盖生囊状体长颈瓶形。具锁状联合。

夏秋季生于阔叶林中腐殖质层上。分布于我国东北等地区。

绒幕刺毛鬼伞 *Tulosesus velatopruinatus* (Bender) D. Wächt. & Melzer

菌盖初椭圆形或圆锥形，成熟后斗笠形至平展，顶部钝突，直径1-2.1cm，奶油色至浅棕黄色，顶部颜色稍深，棕黄色、棕色或棕红色，表面密布无色细小绒毛，成熟后边缘颜色渐浅。菌褶弯生、近直生，密，初白色，后棕黑色。菌柄长2.8-5.9cm，粗约0.1cm，灰白色至深灰色，表面具细小绒毛。担孢子椭圆形，11.9-12.3×7.2-7.5μm，红褐色至黑褐色，芽孔稍偏生。担子棒状，具4担子小梗，具拟担子。缘生囊状体近球形至椭圆形。侧生囊状体未见。盖生囊状体窄棒状或长颈瓶形。具锁状联合。

春季至秋季生于草地中的泥土上，偶生于粪草混合的堆肥上。我国各地区均有分布。

假杯伞科 Pseudoclitocybaceae

赭杯伞 *Bonomyces sinopicus* (Fr.) Vizzini

菌盖直径5-10cm，扁球形至漏斗状，表面棕红色至赭色，干后朽叶色，中部色深，具有纤细白色鳞片，边缘光滑，浅波状。菌褶延生，白色，渐变为淡黄色，密，不等长。菌肉白色，薄，伤不变色。菌柄长4-9cm，粗0.4-0.8cm，等粗或向下稍粗，内部松软，近似菌盖色。担孢子宽椭圆形至近卵圆形，8-9.5×6.5-5μm，光滑，无色，非淀粉质。具锁状联合。

夏秋季单生或群生于杨树阔叶林地上。分布于我国东北、华南和西北等地区。食用。

须瑚菌科 Pterulaceae

束生龙爪菌（簇生龙爪菌）
Deflexula fascicularis (Bres. & Pat.) Corner

担子体小型，宽0.5-3cm，高1.5-2cm，簇生，整体呈球形或圆锥形，从同一基点成丛生长，生长方向无规则。不分枝，少数顶端有锯齿状、羽状分枝，末端稍尖细。新鲜时肉粉色至浅棕色，顶端逐渐变白色，成熟后浅黄褐色、干褐色。菌肉革质，无特殊气味和味道。孢子印白色。担孢子近球形、球形至椭圆形，9-13.5×9-12μm，光滑，厚壁，透明，具大油滴。担子圆柱形或近圆柱形，有隔膜，薄壁，具4担子小梗。囊状体未见。具锁状联合。

夏秋季簇生于倒腐木上。分布于我国东北等地区。

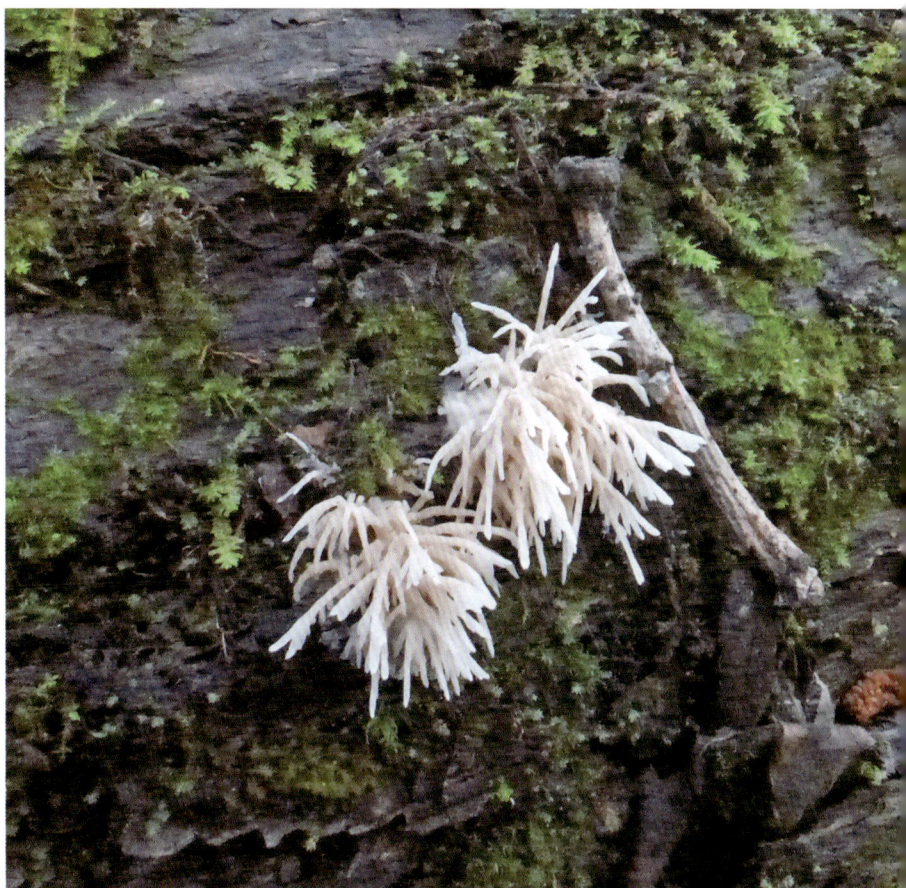

多枝羽瑚菌 *Pterula multifida* (Chevall.) Fr.

担子体簇生，宽3-6cm，高2.5-5cm，肉质至坚硬，相互交织成片生长，从基部开始分枝，无主干，帚形。初白色、奶油色，成熟后浅黄色，干燥后浅赭色。分枝二叉型，末端小分枝纤细，顶端尖锐。菌肉白色，肉质至软骨质，有大蒜味。担孢子椭圆形，6-7.5×3-3.5μm，光滑。二型菌丝系统：生殖菌丝分枝，薄壁，具隔膜；骨干菌丝不分枝，壁稍厚，不具隔膜。担子棒状，具4担子小梗。具锁状联合。

秋季生于枯枝落叶上。分布于我国东北等地区。

细小羽囊菌 *Pterulicium gracile* (Desm. & Berk.) Leal-Dutra, Dentinger & G.W. Griff.

担子体直立，针状至狭钻状，向上渐细或呈纺锤形。顶部可育，高0.1–0.7cm，粗约0.1cm，新鲜时白色，干燥后奶油色至赭石色。柄部与顶部界限不清，具不育基部。二型菌丝系统：生殖菌丝透明，光滑，薄壁或厚壁，具短分枝；骨干菌丝浅棕黄色，圆柱形，平行致密排列，不分枝，壁稍厚，表面光滑。担孢子椭圆形，10–14×5.5–6.6μm，无色，薄壁，非淀粉质。担子棒形，具2担子小梗。囊状体罕见，若存在，透明，呈狭钻状，顶部念珠形，薄壁，光滑。具锁状联合。

夏秋季群生或近簇生于植物残体上。分布于我国东北等地区。

齿壳菌科 Radulomycetaceae

齿壳菌 *Radulomyces copelandii* (Pat.) Hjortstam & Spooner

担子体致密，半球形、卵球形，分枝呈放射状簇生生长，具分叉、下垂的刺，宽3.5–5cm，初期白色、橙白色至浅橙黄色，后期浅橘黄色，灰橘色。刺纤细，长0.2–0.3cm，圆柱形至扁平，基部融合，多次分枝，逐渐变细，质地坚韧，干燥时变脆，干燥、光滑或具粉霜。菌肉实心，蜡质，黄褐色。担孢子球形至近球形，5.7–6.8×5.2–6.7μm，光滑，薄壁。担子棒状、圆柱状，具4担子小梗。囊状体棒状。单型菌丝系统。具锁状联合。

秋季生于腐木上。分布于我国东北等地区。

裂褶菌科 Schizophyllaceae

裂褶菌 *Schizophyllum commune* Fr.

担子体侧耳形。菌盖宽1.2-4.5cm，扇形、贝壳形或肾形，中部微凹陷，薄，革质，表面干燥，灰白色、浅灰色或褐色，具细短绒毛，边缘干燥，不规则波浪状，硬，内卷，多瓣裂。菌褶污白色或灰白色，较密，薄，褶缘中部纵裂成深条纹。菌肉革质，白色至污白色，韧，伤不变色。无菌柄。孢子印白色。担孢子椭圆形至圆柱形，4.2-6.4×1.7-2μm，无色，光滑，厚壁，非淀粉质。担子狭棒形。囊状体未见。

具锁状联合。

单生、散生至群生，常叠生于腐木上。我国各地区均有分布。食用，药用。

球盖菇科 Strophariaceae

硬田头菇 *Agrocybe dura* (Bolton) Singer

菌盖直径2.5-6.5cm，半球形、凸镜形，表面白色至浅黄褐色，中部颜色深，湿时黏，光滑，具光泽，龟裂。菌盖边缘有菌幕残片。菌褶弯生至近弯生，不等长，密，黄褐色至深红褐色。菌肉白色，较厚，无特殊气味。菌柄3.5-8.6×0.3-0.8cm，白色至淡黄色，具纤维状鳞片，中空，有白色菌索。菌环膜质，薄，易脱落。担孢子椭圆形或长椭圆形，10.7-15×5.9-8.3μm，黄褐色，光滑，厚壁，具芽孔。担子棒状，具4（2）担子小梗。侧生囊状体椭圆形或泡囊状。缘生囊状体棒状或宽泡囊状。无锁状联合。

春夏季群生于林中地、草地上。分布于我国东北、华北、西北等地区。食用。

平田头菇 *Agrocybe pediades* (Fr.) Fayod

菌盖直径1-3.2cm，凸镜形或扁半球形，后平展，表面黄褐色或褐色，稍黏，边缘无条纹，具菌幕残片，幼时内卷，水浸状。菌褶直生至近弯生，淡褐色、黄褐色至深褐色。菌肉较薄，白色或黄白色，具淀粉味。菌柄长2.5-5cm，粗0.2-0.3cm，基部有时近球茎状膨大，淡黄色、淡黄褐色。无菌环。孢子印锈褐色。担孢子卵圆形、椭圆形或长椭圆形，11.2-14.2×6.8-9.7μm，光滑，黄褐色，壁较厚，具芽孔。担子棒状，具4（2）担子小梗。侧生囊状体未见。缘生囊状体烧瓶形、长颈瓶形至窄囊状。具锁状联合。

夏季群生或散生于沙地、林地或草地上。我国各地区均有分布。食用。

田头菇 *Agrocybe praecox* (Pers.) Fayod

菌盖直径2.5-8.2cm，半球形、扁半球形至平凸，渐展开至扁平，表面淡黄褐色至淡灰褐色，湿时黏，光滑，有时具皱纹或龟裂，边缘颜色浅，有菌幕残片，后消失。菌褶直生至近弯生，初浅褐色至锈褐色，后深褐色，较密。菌肉白色至淡黄色，较薄，具淀粉味。菌柄长3-9.5cm，粗0.5-1.2cm，白色、浅黄褐色或淡褐色，基部稍膨大，具菌索。菌环膜质，白色。孢子印褐色。担孢子卵圆形或椭圆形，9.6-12.5×6.7-8.2μm，蜜黄色，光滑，厚壁，芽孔平截。担子棒状，具4（2）担子小梗。侧生囊状体梭形或纺锤形，无色，薄壁。缘生囊状体狭泡囊状、梭形或棒状。具锁状联合。

夏季散生或群生于林中地上或田野、路边草地上。我国各地区均有分布。食用。

湿黏环伞 *Cyclocybe erebia* (Fr.) Vizzini & Matheny

菌盖直径1.5-6cm，圆锥形、钟形至平展，表面淡褐色至褐色，平滑，水浸状，黏，具细皱纹，边缘色浅，上翘或翻卷，具不明显条纹，具菌幕残片。菌褶直生至稍延生，密，不等长，淡黄褐色至褐色。菌肉较薄，污白色，有芳香味。菌柄长2.5-6.5cm，粗0.3-1cm，基部稍膨大，内实，污白色至淡褐色，具纵条纹。菌环白色，膜质。担孢子长椭圆形、卵圆形至扁桃形，7.8-13.7×4.9-7.8μm，淡黄褐色，光滑，厚壁，无芽孔。担子棒状，具4（2）担子小梗。侧生囊状体烧瓶状至窄囊状。缘生囊状体棒状、纺锤形或烧瓶形至窄囊状。

群生于阔叶林地上。分布于我国东北、西北等地区。食用。

喜粪黄囊菇 *Deconica coprophila* (Bull.) P. Karst.

菌盖直径1-3cm，半球形至扁半球形，伸展后中部脐凹，表面红褐色至暗褐色，黏，光滑，边缘内卷，有白色小鳞片。菌褶直生，灰褐色至深紫褐色，稍稀，褶缘近齿状。菌肉薄，白色，无特殊气味和味道。菌柄长2-4cm，粗0.1-0.3cm，近等粗，黄褐色至灰褐色，中空。担孢子宽椭圆形至近六角形，10.5-13×7.5-8.5μm，紫褐色，光滑，褐色至黑褐色。担子粗棒状，具4担子小梗。缘生囊状体长棒状。侧生囊状体棒状，顶部膨大。具锁状联合。

夏秋季群生于牛粪上。我国各地区均有分布。有毒。

客居黄囊菇 Deconica inquilina (Fr.) Pat. ex Romagn.

菌盖直径0.6-2cm，凸镜形、扁半球形，成熟后平展，表面浅黄色至淡棕色，中部稍深，湿时黏，边缘具条纹，有时具白色絮状的菌幕残片。菌褶直生，初期淡灰褐色，后期棕色。菌柄长1-5cm，粗0.1-0.3cm，浅灰色至红棕色，纤维质，基部有白色菌丝，无菌环。担孢子卵形至椭圆形，6-10.5×4.8-5.7μm，浅灰色至紫罗兰色，厚壁，具芽孔。担子棒状，具4担子小梗。缘生囊状体扁圆形。

夏季单生或散生于枯枝或马粪上。分布于我国东北、华北等地区。

粪生黄囊菇 Deconica merdaria (Fr.) Noordel.

菌盖直径1-6.5cm，半球形、钟形至平展，表面黄褐色至浅肉桂色，稍黏，水浸状，边缘具细条纹，光滑。菌褶直生，初期近白色至浅橄榄色、紫褐色，褶缘稍呈齿状。菌肉薄，白色，伤处不变色，无气味，无味道。菌柄长3-8cm，粗0.2-0.6cm，基部稍膨大，黄褐色至红褐色，中空，有绒毛。菌环膜质，易消失。孢子印紫褐色。担孢子椭圆形至近六角形，10.5-14.5×7-9μm，光滑，褐色至黑褐色，有萌发孔。担子粗棒状，具4担子小梗。缘生囊状体葫芦形、纺锤形至中腹鼓形。侧生囊状体较罕见，棒状。具锁状联合。

夏秋季单生或群生于粪上或肥土上。我国各地区均有分布。有毒。

白褐半球盖菇（白圆齿鳞伞、白褐环锈伞）*Hemistropharia albocrenulata* (Peck) Jacobsson & E. Larss.

菌盖直径2.6-11cm，半球形，后平展，有时中部突起，表面黄褐色、红棕色至咖啡色，湿时黏，有光泽，具浅色块状鳞片，易脱落，边缘具菌幕残余。菌褶直生至弯生，淡灰紫色，褶缘锯齿状。菌肉较厚，白色。菌柄长3-10cm，粗0.5-0.8cm，中空，具纤毛状鳞片。菌环上位，易脱落。担孢子长椭圆形，两头稍尖，10-13.5×5.5-7.5μm，光滑，黄褐色，厚壁。担子棒状，具4（2）担子小梗。侧生囊状体未见。缘生囊状体簇生，棒状，薄壁，光滑。具锁状联合。

夏秋季单生或散生于树木根际或树干上。分布于我国东北、西北等地区。食用。

烟色垂暮菇 *Hypholoma capnoides* (Fr.) P. Kumm.

菌盖直径 2-4cm，圆头形至半球形，后平展，菌盖边初期内卷，具菌幕残片，近水渍状，红褐色全赭褐色或浅橙褐色。菌褶直生至弯生，稍密，不等长，烟褐色至紫褐色。菌肉白色至灰色，无明显味道和气味。菌柄等粗或基部稍膨大，黄白色、棕褐色至锈褐色，直立或弯曲，纤维质，具有纤毛状鳞片。担孢子椭圆形至稍椭圆形，7-8×4.5-5μm，黄褐色，光滑，萌发孔平截，厚壁。担子具4担子小梗，棒状。侧生囊状体为黄囊体，倒卵形，具短尖至拟棒形，具顶尖，金黄色至亮黄褐色。缘生囊状体短棒状，薄壁，顶部钝，浅黄色。具有锁状联合。

秋季丛生于腐木或枯枝落叶上。分布于我国东北、西北、西南、华东等地区。

长柄垂暮菇 *Hypholoma elongatum* (Pers.) Ricken

菌盖直径 0.8-1cm，扁凸镜形至近平展，中部稍突起，表面金黄色，密被纤丝状细鳞。菌褶弯生，稀疏，污褐色、灰褐色。菌肉淡黄色，薄。菌柄上部污白色至淡褐色，中部浅褐色至红褐色，基部菌丝明显，污褐色至褐色，表面具淡黄色纤毛细鳞。担孢子椭圆形，9-12×5-8μm，厚壁，光滑。担子棒状，具4（2）担子小梗。侧生囊状体和缘生囊状体近纺锤形，顶端具指状突起。具锁状联合。

夏季散生于枯枝上。分布于我国东北等地区。

丛生垂幕菇（簇生沿丝伞、丛生沿丝伞）
Hypholoma fasciculare (Huds.) P. Kumm.

菌盖直径0.3-5cm，圆锥形、钟形、近半球形至平展，中部突起，表面硫黄色至盖顶稍红褐色至橙褐色，光滑，边缘浅色，稍水浸状，有菌幕残片。菌褶弯生，极密，硫黄色，逐渐转变为橄榄绿色、橄榄紫褐色。菌肉浅黄色至柠檬黄色，较薄，味道苦。菌柄硫黄色、橙黄色至暗红褐色，柄基部具有黄色绒毛。孢子印灰紫褐色至浅紫褐色。担孢子椭圆形至长椭圆形，5.5-6.5×4-4.5μm，厚壁，光滑，萌发孔平截。担子具2（4）担子小梗。侧生囊状体为黄囊体，近纺锤形至中间膨大，顶部具钝突。缘生囊状体近纺锤形至短棒状，顶部钝突或近头状。具锁状联合。

夏秋季簇生或丛生于腐木、枯枝上。我国各地区均有分布。有毒。

库恩菇（毛腿鳞伞、毛腿环锈伞）
Kuehneromyces mutabilis (Schaeff.) Singer & A.H. Sm.

菌盖直径2-6cm，半球形或凸镜形，后平展，中部常突起，表面黄褐色至茶褐色，中部往往带红褐色，湿时稍黏，水浸状，光滑，边缘具条纹，内卷。菌褶直生或稍延生，薄，淡褐色至锈褐色。菌肉淡黄褐色，薄。菌环膜质。菌柄长4.5-10.6cm，粗0.2-1cm，菌环以下具褐色鳞片，基部具白色绒毛。担孢子椭圆形或卵圆形，5.5-7.5×3.5-4.5μm，光滑，具芽孔，厚壁。担子棒状，具4担子小梗。侧生囊状体未见。缘生囊状体近圆柱形至中间膨大的近纺锤形，顶端具小的头状膨大，薄壁。具锁状联合。

夏秋季丛生于阔叶树倒木或伐桩上。分布于我国东北、华北、华南、西北、西南等地区。食用，药用。

多脂鳞伞（黄伞、柳蘑、刺儿蘑）
Pholiota adiposa (Batsch) P. Kumm.

菌盖直径5-12cm，初期扁半球形，后期平展，中部稍突起，表面柠檬黄色，顶部污黄色或黄褐色，湿时黏，三角形鳞片同心环排列，初为白色，后黄褐色，边缘初内卷，有纤毛状菌幕残片。菌褶近弯生至直生，稍密，黄色至锈黄色。菌肉厚，白色至淡黄色，气味和味道柔和。菌柄长4-11cm，粗0.6-1.3cm，黏，黄褐色，菌环以下有鳞片，纤维质。菌环膜质，淡黄色，易脱落。孢子印锈色。担孢子卵圆形至椭圆形，6-7.5×3-4.5μm，黄褐色至土黄色，光滑，非淀粉质。担子细长棒状，具4担子小梗。侧生囊状体近纺锤形。具锁状联合。

春末、夏、秋季群生或丛生于阔叶树倒木或伐桩上。我国各地区均有分布。食用，药用。

金毛鳞伞（金毛环锈伞、微黄锈伞）*Pholiota aurivella* (Batsch) P. Kumm.

菌盖直径5-15cm，初期扁半球形至凸镜形，后期展开，中部钝突起，表面湿时黏，锈黄色，具平伏的鳞片，易脱落，边缘初期内卷，有菌幕残留。菌褶直生或延生，密，锈褐色。菌肉纤维状肉质，淡褐色、柠檬黄色至红褐色。菌柄长6-12cm，粗0.6-1.4cm，具假根，黏，锈褐色，有鳞片，中实。菌环膜状，易消失。孢子印锈色。担孢子椭圆形，7-10×4.5-6.5μm，光滑，黄褐色，拟淀粉质。担子长棒状，具4担子小梗。侧生囊状体纺锤形，缘生囊状体近纺锤形，顶端钝至中部膨大的近纺锤形。具锁状联合。

夏秋季生于柳树干或腐木上。分布于我国东北、西北、华南、西南等地区。食用。

黄鳞伞（黄鳞环锈伞）*Pholiota flammans* (Batsch) P. Kumm.

菌盖直径3-8cm，初期扁半球形，后期平展，中部稍突起，表面柠檬黄色至橙黄色，黏，具硫黄色绵毛状反卷鳞片，脱落，边缘具菌幕残片。菌褶直生，密，硫黄色、锈色。菌肉稍厚，硫黄色，气味不明显，味道温和至略苦。菌柄长4-11cm，粗0.5-0.8cm，基部略膨大，柠檬黄色，菌环以下具鳞片。菌环膜质，黄色，棉絮状，易消失。孢子印锈色。担孢子椭圆形，4-5×2.5-3μm，光滑，黄褐色，非淀粉质。担子细长棒状，具4担子小梗。侧生囊状体棒状，黄囊状体膨大，呈纺锤形。缘生囊状体棒状。具锁状联合。

夏秋季丛生于落叶松倒木、枯立木、伐桩上。分布于我国东北、西北、西南等地区。食用，药用。

杨鳞伞（白鳞伞、白鳞环锈伞、杨环锈伞、杨半鳞伞）*Pholiota populnea* (Pers.) Kuyper & Tjall.-Beuk.

菌盖直径6-15cm，初期半球形，后期平展，中部突起，表面灰白色至近白色、浅黄色，湿时黏，具白色、赭色鳞片，易脱落，边缘初期内卷，后展开呈波状。菌褶弯生至直生，密，白色至肉桂色、咖啡色，边缘平滑。菌肉厚，致密，白色，气味不明显。菌柄长5-10cm，粗1-2.5cm，基部膨大，白色至褐色，具白色棉絮状鳞片，实心。菌环白色，棉毛状，易脱落。孢子印锈色。担孢子椭圆形至卵圆形，7-8.5×4-5.5μm，光滑，锈黄色，具芽孔。担子棒状，具2-4担子小梗。侧生囊状体未见。缘生囊状体圆柱形、长棒状或头棒状，光滑，薄。具锁状联合。

夏秋季生于杨树干或基部。我国各地区均有分布。食用，药用。

翘鳞伞（翘鳞环锈伞、翘鳞鳞伞）*Pholiota squarrosa* (Vahl) P. Kumm.

菌盖直径3-9cm，淡黄色，初期钟形至扁半球形，后平展，中部稍突起，表面锈黄色至黄褐色，干燥，具反卷的红褐色毛状鳞片，边缘内卷，具菌幕残留。菌褶直生，初期淡黄色、污黄色或青黄色至锈褐色，密，边缘平滑。菌肉稍厚，淡黄色，气味不明显，味道温和。菌柄长3.5-8cm，粗1-2cm，向下渐细，菌环以上黄色，光滑，菌环以下密布鳞片，中实。菌环纤维质，暗褐色，不易脱落。孢子印锈褐色。担孢子椭圆形，6-9×4-5μm，具芽孔。担子棒状，具4担子小梗。侧生囊状体（黄囊体）棒状至顶端具短尖的棒状、有柄的椭圆形，薄壁，光滑。缘生囊状体形状多样，近纺锤形、中部膨大的近纺锤形、棒状或顶端具短尖的棒状。具锁状联合。

夏秋季丛生于倒木、树桩基部。分布于我国东北、华北、华中等地区。食用。

多脂翘鳞伞 *Pholiota squarrosoadiposa* J.E. Lange

菌盖直径2.5-5cm，钝锥形至半球形、凸镜形，初期边缘内卷，后渐平展，表面稍黏，具黄褐色近三角形反卷的鳞片，边缘具白色内菌幕残片。菌褶弯生至直生，密，浅黄色至锈色。菌肉厚，白色至近黄色。菌柄长3-6cm，粗0.7-0.9cm，上下等粗或基部膨大，浅黄色至近白色，菌环以下具与菌盖表面相同的鳞片。菌环棉絮状，易脱落。担孢子光滑，近卵圆形至椭圆形，6.5-7.5×4.2-4.8μm，肉桂褐色。担子棒状，具4担子小梗。侧生囊状体棒状至具梗的卵圆形，缘生囊状体棒状、纺锤形至中间膨大的近纺锤形。具锁状联合。

秋季丛生于倒木上。分布于我国东北等地区。

尖鳞伞（尖鳞黄伞、刺儿蘑、尖鳞环锈伞）*Pholiota squarrosoides* (Peck) Sacc.

菌盖直径3-8.5cm，初期半球形、扁半球形，后平展，表面浅土黄色至黄褐色，湿时黏，具肉桂色至栗褐色尖鳞片，中部密，边缘初期内卷，附着菌幕残片。菌褶直生，淡褐色至肉桂色，密，边缘锯齿状。菌肉厚，白色稍带黄色，味道和气味不明显。菌柄长5-12cm，粗0.5-1.2cm，干，菌环以下具栗褐色或浅朽叶色绵绒状纤毛鳞片，内实。菌环绵毛状，淡褐色，膜质，易脱落。孢子印锈褐色。担孢子椭圆形，4-5×2-3.5μm。担子细长棒状，具4担子小梗。侧生囊状体和缘生囊状体类似，具短尖的棒状或呈膨大的近纺锤形。具锁状联合。

夏秋季丛生于阔叶树腐木或木桩上。我国各地区均有分布。食用。

小瘤鳞伞 *Pholiota tuberculosa* (Schaeff.) P. Kumm.

菌盖直径2.5-4.8cm，初期扁凸镜形，后渐平展，中部突起或凹陷，表面蜜黄色至黄褐色、黄棕色，中部色深，干燥，被刺状鳞片，边缘内卷，具菌幕残片。菌褶直生，污白色或淡黄色、浅肉桂褐色，密。菌肉薄，白色至污白色，伤变为淡黄色。菌柄长6-10cm，粗0.7-1.2cm，淡黄绿色至奶油白色，上下等粗，基部有绒毛。孢子印淡黄色。担孢子椭圆形或长椭圆形，6.2-8.3×4.2-5.2μm，光滑，薄壁，非淀粉质。担子棒状，具4担子小梗，光滑，薄壁。

侧生囊状体、缘生囊状体未见。具锁状联合。

秋季单生或群生于腐木上。分布于我国东北等地区。

半球原球盖菇（半球盖菇）*Protostropharia semiglobata* (Batsch) Redhead, Moncalvo & Vilgalys

菌盖直径1.5-5cm，半球形，表面浅黄色至黄白色，通常中部颜色稍深，湿时黏至胶黏，边缘无条纹。菌褶直生或弯生，不等长，浅绿黑色至黑紫褐色，褶缘白色。菌肉白色，具有淡土香味。菌柄长4-12cm，粗0.3-0.8cm，基部稍膨大。菌环上位，薄，易脱落。担孢子椭圆形至长椭圆形，17-20×9-10μm，光滑。担子宽棒状至粗圆柱形，具4担子小梗。侧生囊状体为黄囊体，腹鼓状至近纺锤形或具短尖的棒形。缘生囊状体窄葫芦形至近纺锤形，顶端较钝至稍头状，基部膨大。具锁状联合。

夏秋季单生或散生于牛马粪、堆肥处。我国各地区均有分布。有毒。

铜绿球盖菇（黄铜绿球盖菇）*Stropharia aeruginosa* (Curtis) Quél.

菌盖直径3-7cm，钟形至半球形，后渐平展，表面铜绿色至绿色，盖表覆黏液层，黏液层消失后为黄绿色或灰褐绿色，通常有不均匀黄色斑点，边缘内卷，后期有白色绵毛状小鳞片。菌褶直生至弯生，灰白色、灰紫褐色，不等长，褶缘波纹状，白色。菌肉白色，无味。菌柄长4.5-7.5cm，粗约0.1cm，中空，黏，具易脱落的白色绵毛状鳞片，具菌索。菌环膜质，易脱落。孢子印浅紫褐色。担孢子椭圆形，8-9.5×5-6μm，光滑，黄褐色，厚壁。担子棒状，具4担子小梗。侧生囊状体为黄囊体，薄壁，黄褐色。缘生囊状体棒状，顶部头状至膨大。具锁状联合。

单生或散生于腐枝落叶层、肥沃地上。分布于我国东北、华北、华南、西北、西南等地区。有毒。

可疑球盖菇 *Stropharia ambigua* (Peck) Zeller

菌盖直径3-14cm，半球形、扁半球形，中部突起，表面黄色到棕黄色或淡黄色，新鲜时黏，光滑，边缘有部分白色菌幕残留。菌褶白色、浅灰色至紫灰色、紫黑色，成熟时边缘白色。菌肉白色，稍厚，伤时不变色。菌柄长6-16cm，粗1-2cm。有菌环，易脱落，基部通常有白色菌丝。担孢子椭圆形，11-16×6-8μm，厚壁。担子棒状，具4担子小梗。菌盖表皮菌丝平伏，胶质，薄壁，浅黄色，末端稍膨大。

秋季散生于草地或沙地上。分布于我国东北等地区。

冠状球盖菇 *Stropharia coronilla* (Bull.) Quél.

菌盖直径2-5.5cm，初期半球形，后凸镜形，淡黄色至黄褐色，表面光滑，湿时稍黏。菌褶直生、近延生，密，不等长，淡灰色至暗灰色，边缘具小齿。菌肉污白色至淡黄色，无特殊气味。菌柄长2.2-4.7cm，粗0.4-0.8cm，圆柱形，自上向下渐细，菌环上位。担孢子椭圆形至长椭圆形，6.5-9.2×4.3-5.7μm，光滑，厚壁，黄褐色，萌发孔不明显。担子圆柱状至宽棒状，具4（2）担子小梗。侧生囊状体与缘生囊状体相似，棒状至纺锤形，具黄色素。柄生囊状体棒状、近圆柱形。具锁状联合。

夏秋季散生或群生于马粪上。我国各地区均有分布。

黑孢球盖菇 *Stropharia melanosperma* (Bull.) Gillet

菌盖直径4-7cm，扁凸镜形至扁平形，少凸镜形，表面白色至浅黄白色，鲜时黏，具少且分散的浅黄色鳞片，边缘规则状，无条纹，具菌幕残余。菌褶弯生，密，白色至浅紫灰色、灰紫色。菌肉白色，稍厚。菌柄长4-8cm，粗0.4-0.7cm，基部膨大，淡黄白色，具白色鳞片，纤维状。菌环膜质，紫罗兰色。孢子印暗紫色。担孢子椭圆形，10.5-12.5×6.5-7.5μm，光滑，厚壁，浅黄褐色至黑褐色，具萌发孔。担子棒状，具4担子小梗。侧生囊状体为黄囊体，棒状至纺锤形，顶端具突起，薄壁，具黄色内容物。缘生囊状体纺锤形至单侧膨胀，顶端锐。具锁状联合。

夏秋季单生或散生于草地、沙地上。分布于我国东北地区。

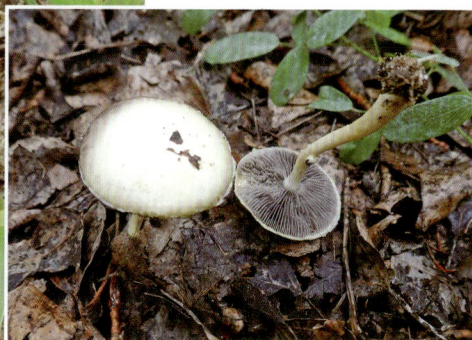

皱环球盖菇（皱球盖菇、酒红大球盖菇）
Stropharia rugosoannulata Farl. ex Murrill

菌盖直径5.5-8cm，扁半球形至扁平，湿时稍黏，深葡萄酒褐色，边缘具菌幕残片。菌褶直生，浅灰色至紫褐色，褶缘锯齿状。菌肉厚，白色。菌柄长6-12cm，粗0.9-1.2cm，圆柱状至基部近球根状。菌环成熟后易脱落，白色，肉质，厚，双层，上层具有白色至深紫褐色辐射状条纹。担孢子椭圆形至长椭圆形，11-13×7.5-8.5μm，光滑，具萌发孔。担子腹鼓状至棒状，具4担子小梗。侧生囊状体棒状至近纺锤形。缘生囊状体为黄囊体，簇生至丛生，顶部披针形，基部逐渐膨大。具锁状联合。

单生或群生于草地或枯枝落叶层中。分布于我国各地区并广泛栽培（逸为野生）。

口蘑科 Tricholomataceae

银盖口蘑（银白蘑、银灰口蘑）*Tricholoma argyraceum* (Bull.) Gillet

菌盖直径0.7-5cm，初期钟形，后期渐平展，中部具钝突，表面灰棕色、灰褐色，中部色稍深，不黏，中部具片状鳞片，向边缘具放射状纤维状鳞片，边缘平滑，内卷。菌褶弯生，白色或灰白色，密，不等长。菌肉白色，无明显气味。菌柄长2-6cm，粗0.2-1.2cm，光滑，纤维质，淡白棕色，实心。孢子印白色。担孢子近球形至椭圆形，4.5-7.5×3-5μm，透明，薄壁，光滑，具油滴，非淀粉质。担子棒状，具4担子小梗，薄壁。无锁状联合。

夏秋季群生或单生于沙地杨树林地上。分布于我国东北、西北、西南等地区。

黄褐口蘑 *Tricholoma fulvum* (DC.) Bigeard & H. Guill.

菌盖直径3-12cm，钟形至凸镜形，渐平展，表面橙褐色至棕土色，边缘渐浅至土黄色、赭色或浅黄棕色，具小鳞片，湿时稍黏，边缘内卷，具条纹。菌褶直生至弯生，密，不等长，奶油色至淡硫黄色、硫黄色，具暗色斑点。菌肉奶油色至黄色，味稍苦。菌柄长4-12cm，粗0.4-2cm，黄褐色至棕土色。孢子印白色。担孢子宽椭圆形至椭圆形，4.7-7.5×3.6-6.1μm，光滑，薄壁，非淀粉质。担子棒状，具4担子小梗。囊状体未见。无锁状联合。

夏秋季单生或群生于桦树或松树附近地上。分布于我国东北、华中、华南等地区。

杨树口蘑（杨树蘑、土豆蘑）*Tricholoma populinum* J.E. Lange

菌盖直径5-15cm，凸镜形至半球形，扁平至近平展，表面浅红褐色至肉褐色，中间棕红色，黏，向边缘颜色稍浅，具辐射状棕褐色鳞片，边缘平滑或向下卷。菌褶弯生，密，不等长，白色，伤处变暗。菌肉厚，白色，伤处变暗，气味不明显。菌柄长2-6cm，粗1.5-2.7cm，白色或污白色，带浅褐色、黄棕色，伤处变暗，基部膨大，纤维质，实心至松软。孢子印白色。担孢子近球形至椭圆形，4.5-6.8×3.2-5.5μm，无色，光滑，薄壁，具油滴，非淀粉质。担子棒状，具4担子小梗。囊状体未见。菌盖表皮为平伏状，菌丝薄壁，平滑。无锁状联合。

夏秋季群生至丛生于杨树林地上。分布于我国东北、华北等地区。食用。

棘柄口蘑（砂柄口蘑、鳞柄口蘑、浅褐口蘑）*Tricholoma psammopus* (Kalchbr.) Quél.

菌盖直径3-15cm，半球形至凸镜形，有时中部突起，表面土黄色、暖浅黄色、赭色或赭橙色，密被毡毛状至绒毛状鳞片，边缘奶油色，内卷。菌褶弯生，密，白色至奶油色，有时具暗褐色斑点。菌肉白色，味微苦涩。菌柄长6-11cm，粗0.5-1cm，基部稍膨大，白色、奶油色至淡黄色，赭色至黄褐色，具细小颗粒状鳞片。担孢子宽椭圆形至近球形，4.9-7.4×3.8-5.7μm，光滑，薄壁，非淀粉质。担子棒状，具4（2）担子小梗。囊状体未见。无锁状联合。

夏秋季群生或散生于针叶林地上。分布于我国东北、华中、西北、西南等地区。食用。

皂味口蘑 *Tricholoma saponaceum* (Fr.) P. Kumm.

菌盖直径3.3-5.8cm，初期凸镜形，后渐平展，不黏，表面带浅灰绿色调，光滑，中部黄褐色至灰褐色，边缘灰白色或污白色，内卷。菌褶弯生，密，污白色，不等长，褶缘平整或波浪状。菌肉白色，厚。菌柄长2.1-6.5cm，粗0.8-1cm，污白色，无菌环，基部杵状或膨大，肉质，实心。担孢子近球形至椭圆形，4.5-6×3.5-5μm，无色，光滑，薄壁，具油滴，非淀粉质。担子棒状，具4担子小梗。囊状体未见。菌盖表皮菌丝平伏状，菌丝末端翘起，浅黄褐色，具分枝。具锁状联合。

夏秋季单生或散生于蒙古栎林地上。分布于我国东北、华中、西南、西北等地区。

雕纹口蘑（杨柳菌、纹盖蘑）*Tricholoma scalpturatum* (Fr.) Quél.

菌盖直径2.5-3.1cm，初期凸镜形，后渐近平展，表面干，灰乳白色至浅灰棕色，具褐黑色至棕色丛毛状鳞片。菌褶密，白色至乳白色，伤变为黄色，弯生。菌肉白色。菌柄中生，圆柱形，长1.9-3.1cm，粗0.5-0.7cm，上部具褐黑色细小鳞片，下部具浅黄褐色至褐色纤维状鳞片，菌柄白色，肉质，实心。担孢子宽椭圆形至长椭圆形，4.5-5.6×3-4.1μm，光滑，薄壁，具油滴，非淀粉质。担子棒状，17-27×5-6μm，具油滴，具4担子小梗，薄壁。缘生囊状体棒状或圆头形，20-28×4-6μm。菌盖皮层毛状表皮，浅棕褐色。

夏秋季散生或群生于杨树林地上。分布于我国东北、华北、西南、西北等地区。

棕灰口蘑（小灰蘑、灰蘑、灰口蘑）*Tricholoma terreum* (Schaeff.) P. Kumm.

菌盖直径3-8cm，钟形至抛物面形，凸镜形至平展或微凹，表面浅灰褐色至浅褐色，有时具浅蓝色至紫罗兰色调，边缘浅灰色，密被绒毛状鳞片，具明显细小鳞片至放射状纤维丝。菌褶弯生，密，不等长，白色至污白色，边缘伤变为浅黄色。菌肉白色，无特殊气味。菌柄长3-7cm，粗0.5-1.5cm，白色至污白色，纤维质，基部稍膨大。担孢子椭圆形至长椭圆形，4.2-9.2×2.8-6μm，光滑，无色，薄壁，非淀粉质。担子棒状，具4担子小梗。无锁状联合。

夏秋季群生或散生于落叶松林地上。分布于我国东北、华北、华东、华中、西北等地区。食用。

核瑚菌科 Typhulaceae
灯心草大核瑚菌（灯心草珊瑚菌）
Typhula juncea (Alb. & Schwein.) P. Karst.

担子体线形，直立。2 或 3 个担子体生于同一个菌核上，每个担子体上部的 2/3 为可育部分，产子实层，细棒状，22-65×0.5-1.2mm，奶油色至黄色，顶端平截，不育，下部的 1/3 为不育的柄部，色较上部深，光滑至稍带绒毛，基部具菌核，凸镜形，长 0.2-0.4cm，淡棕色。担孢子椭圆形至圆柱形，10-16×4.3-5.6μm，光滑，无色。担子棒状，具 4 担子小梗。柄生囊状体棒状至圆柱形，无色、透明、分枝。担子体髓部菌丝无色透明，薄壁或厚壁，顶端部分菌丝薄壁，无色透明，表面常有指状或短棒状突起。

生于我国阔叶林下的落叶上。分布于我国东北等地区。

科不确定 Incertae sedis
松球小孢伞 *Baeospora myosura* (Fr.) Singer

菌盖直径 0.7-2.5cm，近半球形或凸镜形，成熟时扁凸镜形或近平展，中部略微突起，表面浅黄褐色至棕褐色，中部色深，向边缘色浅，光滑，边缘细锯齿状，成熟时开裂，内卷。菌褶直生或近离生，密，白色。菌肉薄，白色至奶油白色。菌柄长 3-7cm，粗 0.1-0.2cm，米白色至红褐色或褐色，纤维质，基部具有白色细长绒毛。担孢子椭圆形至长椭圆形，3.2-4.3×1.4-2.1μm，光滑，无色，淀粉质。担子长棒状，具 4 担子小梗。缘生囊状体棒状或梭形。具锁状联合。

单生或散生于樟子松的球果上。分布于我国东北等地区。

库克金钱菌 *Collybia cookei* (Bres.) J.D. Arnold

菌盖直径0.5-1cm，初期半球形，后渐平展呈缺刻状，中心颜色稍暗，浅象牙色、污白色，干后沙黄色至淡黄色，表面光滑。菌褶直生，不等长，稀，鲑鱼橙至浅象牙色。菌肉较薄，与菌盖同色。菌柄长1.5-3cm，粗0.1-0.2cm，圆柱形，浅象牙色至象牙色、浅黄色，表面被粉霜状绒毛，基部与菌核相连，菌核近球形，黄色至橙黄色，直径0.3-0.8cm。担孢子椭圆形，4-5.8×3-4μm，泪滴状，无色，非淀粉质。担子棒状，具4担子小梗。缘生囊状体和侧生囊状体未见。

夏秋季群生于腐殖质层或腐烂粗毛纤孔菌担子体上。分布于我国东北等地区。

雅薄伞 *Delicatula integrella* (Pers.) Fayod

菌盖直径0.8-1.5cm，凸镜形至平展，表面光滑，白色，湿时表面具有辐射状透明条纹。菌褶白色，窄，不规则或中间有分叉，稀，近延生或菌褶邻近菌柄处有凹口，边缘光滑。菌肉膜质，软，白色。菌柄长1-2.5cm，粗约0.1cm，白色，透明，表面光滑或有细小纤毛，基部稍膨大，并稍带有白色的毛状菌丝，脆。担孢子椭圆形，5.5-9.5×3-5.5μm，光滑，无色。

夏秋季群生于腐朽木上。分布于我国东北等地区。

合生白伞（合生杯伞、银白离褶伞、丛生杯伞）*Leucocybe connata* (Schumach.) Vizzini, P. Alvarado, G. Moreno & Consiglio

菌盖直径3-8cm，扁平球形至近平展，中部稍突或平，表面白色、灰白色，光滑或有棉絮状绒毛，边缘有皱状条纹，后期内卷并往往呈不规则波状。菌褶直生至近弯生，稠密，不等长，后期似带粉黄色。菌肉白色，厚。菌柄长4-8cm，粗0.8-1.5cm，下部弯曲，内部实心至松软。孢子印白色。担孢子椭圆形至宽椭圆形，5-7×2.5-4μm，无色，光滑或近粗糙。

秋季丛生于阔叶林地上。分布于我国东北、华北、西北、西南等地区。食用。

宽褶大金钱菌（宽褶小奥德蘑、宽褶菇）*Megacollybia platyphylla* (Pers.) Kotl. & Pouzar

菌盖直径4-8cm，钟形，渐平展，表面深橄榄色、黄褐色、浅褐色至灰褐色，具细小鳞片或放射状绒毛，边缘无条纹，薄。菌褶直生至弯生，密，白色。菌肉薄，米白色，伤变为棕色，无明显气味。菌柄长4-8cm，粗0.5-0.8cm，基部膨大，米白色至灰褐色，具白色菌索。担孢子近球形、宽椭圆形至卵圆形，6.5-9.5×5.2-8.5μm，光滑，透明，薄壁，具油滴，非淀粉质。担子棒状，具4担子小梗。缘生囊状体棒状至头棒状，纺锤形或单侧膨大，壁薄至稍厚。具锁状联合。

夏秋季单生或丛生于阔叶树腐木上。分布于我国东北、华南、华东、西北、华北等地区。食用。

灰棕铦囊蘑 *Melanoleuca cinereifolia* (Bon) Bon

菌盖直径2.1-4.5cm，扁凸镜形至平展，表面灰白色至浅灰色，中部色深呈巧克力棕色，光滑，边缘内卷。菌褶直生，密，不等长，灰白色至灰色。菌肉巧克力棕色，稍厚。菌柄长4cm，粗0.3cm，基部膨大，浅褐色，具纵向纤维丝，空心。担孢子长椭圆形至椭圆形，4.3-6.1×7.2-9.5μm，具疣突，薄壁，无色，淀粉质。担子棒状，具2(4)担子小梗，薄壁。缘生囊状体烧瓶形，顶部具结晶体。侧生囊状体和缘生囊状体相似。无锁状联合。

夏秋季散生、群生于阔叶林地上。分布于我国东北等地区。

铦囊蘑（金舌蘑）*Melanoleuca cognata* (Fr.) Konrad & Maubl.

菌盖直径3-6.5cm，初期近钟形，后期渐平展，中部稍凸，表面光滑，灰白色至烟灰色，近水浸状，边缘色浅，平滑。菌褶弯生，稍密，不等长，白色。菌肉薄，白色。菌柄长4-8cm，粗0.4-0.9cm，光滑，基部稍膨大，内部松软。孢子印白色。担孢子椭圆形，8.5-12.2×5.3-5.6μm，无色，缘生囊状体近梭形，顶部具倒钩。

秋季单生于林地、林缘草地或旷野地上。分布于我国东北、华北、华东、西北、西南等地区。食用。

普通铦囊蘑 *Melanoleuca communis* Sánchez-García & J. Cifuentes

菌盖近平展，直径3.4-4.3cm，中部具钝突，表面干，深棕色至棕黄色，向边缘渐为黄棕色，边缘稍内卷。菌褶中密，白色菌褶顶端微凹，弯生。菌肉白色。菌柄中生，长4.5-6.5cm，粗0.3-0.7cm，圆柱形，白色至棕黄色，基部稍膨大，纤维质，空心。担孢子椭圆形至长椭圆形，7.1-8.7×4.3-5.1μm，透明，具疣突，薄壁，具油滴，淀粉质。担子棒状，具4（2）担子小梗。

夏秋季单生、散生于阔叶林地上。分布于我国东北等地区。

栎铦囊蘑 *Melanoleuca dryophila* Murrill

菌盖平展至漏斗形，直径5-12.5cm，中部下凹，表面干，锈褐色至棕黄色，向边缘渐为白色。菌褶弯生，白色至土黄色。菌肉较厚，近白色。菌柄长5.5-10cm，粗0.7-1.5cm，圆柱形，白色至浅棕黄色，基部稍膨大，具白色菌丝，具纵向条纹，纤维质，空心。担孢子椭圆形，5.2-8.8×4.7-7.9μm，透明，具疣突，薄壁，具油滴，淀粉质。担子棒状，具4（2）担子小梗。囊状体未见。

夏秋季群生于阔叶林地上。分布于我国东北等地区。

钟形铦囊蘑 *Melanoleuca exscissa* (Fr.) Singer

菌盖直径2.5-7.5cm，扁平至中部下凹，表面灰棕色至灰白色，中部色深，向边缘渐浅，光滑，边缘稍内卷，呈波状，水浸状，具纤维状绒毛或被粉霜。菌褶弯生至近直生，密，不等长，奶油色至暗粉色。菌肉白色至灰棕色。菌柄长2-7cm，粗0.2-0.7cm，白色、浅灰色至淡赭色，具纵向纤维丝，顶部具絮状短绒毛，基部膨大。担孢子椭圆形或卵圆形，7.5-10.5×5.3-6.5μm，具疣突，无色。担子棒状至近纺锤形，具4（2）担子小梗。缘生囊状体烧瓶形至纺锤形，具结晶体，薄壁。侧生囊状体与缘生囊状体相似。无锁状联合。

夏秋季生于林缘草地上。分布于我国东北、华北、华东、西北等地区。食用。

草生铦囊蘑 *Melanoleuca graminicola* Kühner & Maire

菌盖直径3-8cm，初期半球形至扁半球形，后期渐渐平展，中部下凹，顶端稍微突起，表面暗棕色、暗灰棕色，中部颜色较深，光滑，边缘内卷。菌褶直生或近弯生，白色至污白色，密，不等长。菌肉白色、污白色，较厚。菌柄长1.5-5.5cm，粗0.3-0.8cm，乳白色至粉白色，湿时黏，具纵条纹，基部加粗至膨大。担孢子椭圆形，8-9×5-6μm，无色，具小疣，淀粉质。担子棒状或窄棒状，具4担子小梗。囊状体未见。无锁状联合。

夏秋季群生或散生于林缘草地上。分布于我国东北、西北、华中等地区。食用。

条柄铦囊蘑 *Melanoleuca grammopodia* (Bull.) Murrill

菌盖直径6-15cm，初期扁球形至中部突起，后期平展或变得浅凹并带有隆起，表面黄棕色到灰棕色，顶部颜色深，光滑，边缘弯曲。菌褶初期白色或淡奶油色，后期奶油灰色。菌柄长5-12cm，粗0.5-1.5cm，基部稍膨大，白色，被棕色的纵向纤维。孢子印乳白色。担孢子椭圆形，8.5-9.5 × 5-6μm，具疣突，淀粉质。

夏秋季群生于林内空地或林缘草地上。分布于我国东北、华北、西北等地区。食用。

暗灰褐铦囊蘑 *Melanoleuca griseobrunnea* Antonín, Ďuriška & Tomšovský

菌盖近凸镜形至平展，直径2.5-4cm，中部稍凹陷，光滑，浅灰棕色，向边缘渐深呈灰褐色至暗灰褐色，边缘上翘。菌褶密，白色、奶油色至黄棕色，不等长，弯生。菌肉白色。菌柄长3.2-5.5cm，粗0.4-0.7cm，圆柱形，浅灰棕色至灰棕色，基部稍膨大，纤维质，实心。担孢子椭圆形、卵形，7-10.5 × 4.5-7μm，具疣突，淀粉质。担子具4（2）担子小梗。缘生囊状体具隔膜，具结晶体。

夏秋季散生于樟子松林地上。分布于我国东北、西北等地区。

黑白铦囊蘑（黑白舌囊蘑）*Melanoleuca melaleuca* (Pers.) Murrill

菌盖直径3-8cm，扁球形至平展，中部突起，表面湿时烟褐色至黑褐色，干后黄褐色至米黄色，水浸状。菌褶弯生，密，不等长。菌肉薄，白色。菌柄长4-5.5cm，粗0.3-0.8cm，具褐色至暗紫褐色纵条纹，实心，基部稍膨大，且有白色短绒毛。孢子印白色。担孢子宽椭圆形至卵圆形，7.2-10.2×5-6.2μm，无色，具麻点。缘生囊状体梭形，顶端具结晶体。

春秋季单生或群生于林地、路旁或公园草地上。分布于我国东北、华北、西北、西南等地区。食用。

淡玫红铦囊蘑 *Melanoleuca pallidorosea* X.D. Yu & H.B. Guo

菌盖直径2.5-5cm，近平展至平展，中部具钝突，表面褐色至深棕色，向边缘渐浅为棕红色，边缘平滑，向上翘起。菌褶短，延生，白色或乳白色，密，不等长。菌肉白色至污白色，无明显气味。菌柄长2.9-5.1cm，粗0.2-0.5cm，棕白色至棕色，具纵向纤维丝，基部稍膨大，纤维质，空心。担孢子宽椭圆形至椭圆形，8.6-9.6×5.7-7.1μm，具疣突，薄壁，淀粉质。担子棒状，具4（2）担子小梗，薄壁，光滑，具油滴。囊状体未见。无锁状联合。

夏秋季散生或群生于樟子松林地上。分布于我国东北等地区。

铅灰铦囊蘑 *Melanoleuca polioleuca* (Fr.) Kühner & Maire

菌盖近平展，直径1.5–3.5cm，中部突起，表面干，深灰棕色至棕黄色，向边缘渐为浅灰棕色，边缘稍内卷。菌褶中密，白色，顶端微凹，弯生。菌肉浅棕褐色。菌柄中生，长2.2–3.7cm，粗0.2–0.5cm，圆柱形，具纵向条纹，灰棕色至黑褐色，基部稍膨大，纤维质，空心。担孢子椭圆形，7.3–8.7 × 4.9–6μm，透明，具疣突，薄壁，具油滴，淀粉质。担子棒状，具4担子小梗。缘生囊状体纺锤形至烧瓶形，具隔膜或无，具结晶体或无。侧生囊状体纺锤形至烧瓶形，薄壁，透明，具隔膜。

夏秋季散生于针阔混交林地上。分布于我国东北等地区。

紫柄铦囊蘑 *Melanoleuca porphyropoda* X.D. Yu

菌盖直径3–4cm，初期平展，后期中部突起，表面深黄褐色，边缘为浅黄褐色至粉黄褐色，具白色绒毛，边缘上翘，波浪状。菌褶延生，白色，密，不等长。菌肉白色至乳白色，稍厚。菌柄长5–6cm，粗0.25–0.3cm，淡紫红色至棕紫色，向基部颜色渐深，菌柄顶端具白色绒毛，基部稍膨大。孢子印白色。担孢子椭圆形，8–12 × 4.5–8μm，无色，具小疣，小疣具有淀粉质反应。担子棒状，具4担子小梗。囊状体未见。无锁状联合。

夏秋季群生或散生于阔叶林下草地上。分布于我国东北等地区。食用。

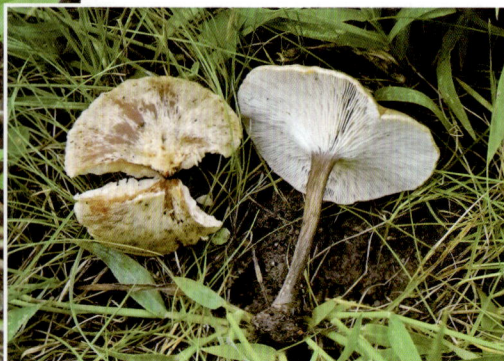

直柄铦囊蘑 *Melanoleuca strictipes* (P. Karst.) Jul. Schäff.

菌盖直径4-11cm，初期扁球形，后近平展，表面乳白色至黄褐色，中部褐色，边缘内卷至平整。菌褶直生至弯生，较密，白色至乳白色，不等长。菌肉稍薄，白色。菌柄长4-8cm，粗0.7-1.5cm，白色，有平伏的纤毛，内部松软，基部膨大。担孢子椭圆形，7.7-11.4×6.3-7.1μm，具疣突。缘生囊状体近梭形、纺锤形，顶端具结晶体。

散生于林地或灌丛草地上。分布于我国东北、华北、西北等地区。食用。

栗褶疣孢斑褶菇 *Panaeolina castaneifolia* (Murrill) Bon

菌盖直径4-5cm，初期钟形至半球形，后平展，白褐色至浅黄褐色，中部褐色至赤褐色，密被辐射状排列的绒毛，边缘龟裂。菌褶弯生至直生，紫褐色，褶缘微锯齿状。菌肉淡黄色，薄，味苦。菌柄长5-7cm，粗0.3-0.5cm，基部稍膨大，灰白色至灰褐色。担孢子柠檬形，8-10×6-7μm，萌发孔处平截，表面具小疣，褐灰色至灰黑色。担子棒状，具4担子小梗。侧生囊状体酒瓶形至近纺锤形。缘生囊状体棒状至圆柱状，薄壁。

散生至丛生于林中地上或粪堆上。分布于我国东北、华南等地区。有毒。

黄褐花褶伞 *Panaeolina foenisecii* (Pers.) Maire

菌盖直径1-2.5cm，钟形至中部凸，表面湿时淡暗褐色，干后带粉红褐色，平滑，干燥时不规则龟裂，水浸状，边缘常有黑褐色环带，无菌幕残片。菌褶直生，稍密，淡灰色至带粉褐色、黑褐色，褶缘白色。菌肉薄，灰白褐色，无特殊的气味和味道。菌柄长3.5-8.5cm，粗0.1-0.3cm，中空，灰褐色至淡褐色，表面被白色粉末。担孢子卵圆形至宽椭圆形，12-14.5×7-8.5μm，褐灰色至灰黑色。担子粗棒状，具4担子小梗。缘生囊状体圆柱状、葫芦状至纺锤形，薄壁，无色。侧生囊状体未见。具锁状联合。

单生或群生于草丛中。分布于我国东北、西北等地区。有毒。

安蒂拉斑褶菇（白斑蘑菇、安的拉白斑褶菇）*Panaeolus antillarum* (Fr.) Dennis

菌盖直径2-5cm，半球形至近钟形，后平展为扁半球形，表面银灰色至污土黄色、黄褐色，湿时黏，边缘具菌幕残片。菌褶直生，稍密，初带紫黄褐色，后由于孢子的成熟而呈花斑纹，最后呈黑色，褶缘白色。菌肉薄至稍厚，白色至淡黄褐色。菌柄长7-15cm，粗0.4-1cm，褐白色。孢子印黑色。担孢子柠檬形至宽椭圆形，12.5-15.5×9-11μm，厚壁，暗褐色至黑色，萌发孔明显。担子棒状，具4担子小梗，薄壁。缘生囊状体近纺锤形，侧生囊状体壁极薄，顶端钝或具短尖。

夏秋季群生于马粪或牛粪上。分布于我国华北、华东、华南、西南、西北等地区。有毒。

变蓝灰斑褶伞 *Panaeolus cyanescens* Sacc.

菌盖直径1-3cm，近半球形至钟形，表面淡褐色至灰褐色，中部颜色稍深，不黏，光滑，干时常龟裂。菌褶直生，灰褐色、浅黑色至黑色，有斑点，褶缘白色。菌肉薄，灰白色，伤变为蓝色至蓝黑色。菌柄长3-6cm，粗0.2-0.5cm，褐色，伤变为蓝色，纤维质至脆骨质，中空。孢子印黑色。担孢子柠檬形至近六角形，12.5-16×9.5-11μm，黑褐色至深黑褐色，厚壁，光滑，萌发孔明显。担子棒状，具4担子小梗。侧生囊状体为被结晶囊状体，腹鼓状或纺锤形，顶端细尖，厚壁，黄褐色，顶端具结晶体。缘生囊状体棒状至近葫芦状，无色，薄壁，常弯曲。

生于粪堆、草地、草坪或肥土上。分布于我国东北、华南、西北等地区。有毒。

荒漠斑褶菇 *Panaeolus desertorum* (Velen. & Dvořák) E.F. Malysheva, G. Moreno, Svetash. & M. Villarreal

菌盖高1-3.7cm，宽0.3-0.8cm，圆锥形、细长形或纺锤形，常呈螺旋形扭曲，顶端尖，边缘弯曲或贴菌柄，表面不黏，光滑，皮草色至暗赭黄色，具纵向条纹，具细小纤维丝，水浸状。菌褶直生，密，不等长，红褐色至赭褐色。菌柄长1.5-6cm，粗0.1-0.5cm，赭黄色，向基部略粗，具纵向纤维丝，被粉霜。担孢子椭圆形、宽椭圆形、扁桃形、柠檬形，13.5-20.5×7.2-13.5μm，厚壁，赭黄色、蜜黄色或浅灰棕色，有萌发孔。担子宽棒状至囊状，具4担子小梗。囊状体未见。具锁状联合。

夏秋季单生或群生于草地上。分布于我国东北等地区。

粪生斑褶菇（粪生花褶伞）*Panaeolus fimicola* (Pers.) Gillet

　　菌盖直径1.5-4cm，圆锥形至钟形，后平展为扁半球形至半球形，灰白色至灰褐色，中部黄褐色至茶褐色，边缘有暗色环带。菌褶直生，稍稀，不等长，灰褐色，渐变为黑灰相间的花斑，褶缘白色。菌肉薄，灰白色，无气味，无味道。菌柄长2.5-10cm，粗1.5-2cm，褐色，中空。担孢子椭圆形至六角形，12-14×8-9μm，光滑，黑褐色，厚壁。担子棒状，具4担子小梗。侧生囊状体未见。缘生囊状体棒状，常弯曲，无色。具锁状联合。

　　夏季生于马粪堆及其周围地上。分布于我国东北、华北、华南等地区。有毒。

钟形斑褶菇 *Panaeolus papilionaceus* (Bull.) Quél.

　　菌盖直径2-4cm，半球形，中部稍突起，表面近白色至灰白色、黄褐色，中部红褐色，光滑，常龟裂。菌褶直生，稍稀，不等长，黑色，具斑点，褶缘白色。菌肉薄，白色，无气味。菌柄长4-8cm，粗0.2-0.6cm，白色至灰白色，基部褐色，中空。担孢子椭圆形至近卵圆形，13.5-16×9-11μm，光滑，黑褐色，厚壁，具萌发孔。担子棒状，具4担子小梗。侧生囊状体未见。缘生囊状体棒状或向下稍膨大，常弯曲。具锁状联合。

　　春秋季单生或群生于阔叶林缘地上、公园、牧场草地上或畜粪堆上。我国各地区均有分布。有毒。

半卵形斑褶菇（大花褶伞、牛屎菌、半卵形小环菇）*Panaeolus semiovatus* (Sowerby) S. Lundell & Nannf.

菌盖直径2.5-9cm，锥形、卵圆形至钟形，表面常为白色至浅黄色、灰黄色，顶部黄褐色，光滑至稍粗糙，湿时黏，干后有光泽。菌褶离生或近离生，密，起初直生，灰白色，后出现黑斑，渐变暗褐色、黑色，褶缘白色。菌肉白色至灰白色。菌柄长4.2-7.5cm，粗0.4-1.1cm，基部膨大，具细小鳞片或白色粉末，白色、浅黄色或褐色。菌环上位，膜质，薄，白色。孢子印黑色。担孢子柠檬形至椭圆形，19-22.5×11-14μm，光滑，黑褐色。担子粗棒状，具4担子小梗。侧生囊状体顶端具喙。缘生囊状体近纺锤形，部分顶端分枝。具锁状联合。

夏秋季单生或群生于牛粪、马粪或肥沃的草地上。分布于我国东北、西北、西南等地区。有毒。

红褐斑褶菇 *Panaeolus subbalteatus* (Berk. & Broome) Sacc.

菌盖直径2-4.5cm，钟形至半球形，后平展，中部突起，新鲜湿时暗红褐色，边缘常有暗色环带，干时变黏，土褐色，环带消失。菌褶直生，稍密，初期灰褐色，后变黑色，边缘污白色。菌肉薄，污白色。菌柄长4.5-7cm，粗0.2-0.5cm，红褐色，上部具细小纤毛。担孢子近柠檬形，11-13×7-9μm，深褐色至黑色，光滑，厚壁。担子宽棒状，具4担子小梗。缘生囊状体葫芦形至腹鼓状。侧生囊状体未见。

夏秋季群生于肥沃土壤或腐殖质中。分布于我国东北、西北等地区。有毒。

卷边近香蘑（茶色近香蘑、倒垂杯伞、茶色香蘑）*Paralepista flaccida* (Sowerby) Vizzini

菌盖直径 2.1-6.8cm，初期凸镜形，边缘内卷，中部浅漏斗形，表面淡褐色至红褐色，边缘色浅，湿，水浸状。菌褶延生，白黄色，密。菌肉薄，粉褐色。菌柄长 2-7cm，粗 0.5-0.7cm，等粗或向下稍粗，淡褐色，具细条纹，基部具浅黄色菌丝体。孢子印乳白色。担孢子近球形至宽椭圆形，4-4.5×3-4μm，乳黄色，具小刺，非淀粉质。担子棒状，具 2（4）担子小梗。囊状体未见。

秋季单生或散生于林下落叶层上。分布于我国东北、西北、西南等地区。食用。

黄白近香蘑（黄白香蘑）*Paralepista gilva* (Pers.) Raithelh.

菌盖直径 3-8cm，初期凸镜形，后期平展，中部沙漏形，表面橙棕色，中部颜色深，边缘浅色，光滑，边缘内卷，波浪形。菌褶长延生，初期米粉色，后期橙棕色，密。菌肉薄，白色。菌柄长 3-10cm，粗 1-1.5cm，基部具纤丝状鳞片。孢子印奶白色。担孢子宽椭圆形，4-5×3.5-4μm，非淀粉质。

夏秋季散生于阔叶林地枯枝落叶上。分布于我国东北、华北等地区。食用。

毛缘菇 *Ripartites tricholoma* (Alb. & Schwein.) P. Karst.

菌盖直径0.5-0.7cm，扁球形至凸镜形，中部略微凹陷，表面白色至奶油色，边缘具粗毛。菌柄长3.5-5cm，粗0.2-0.3cm，由上而下加粗，基部稍膨大，表面污黄色至褐色，有细绒毛。担孢子球形至近球形，5-6×4.5-5μm，具疣状，淡黄色，淀粉质。担子棒状，具4担子小梗。具缘生囊状体。具锁状联合。

秋季散生于阔叶林或针阔混交林地上。分布于我国东北等地区。

淀粉伏革菌目 Amylocorticiales

淀粉伏革菌科 Amylocorticiaceae
皱褶革菌（皱拟褶尾菌、皱波褶尾菌）*Plicaturopsis crispa* (Pers.) D.A. Reid

担子体小型、革质。菌盖扇形或半圆形，无菌柄或具短菌柄，直径0.5-5cm，边缘呈花瓣状，向内卷，表面浅黄色，边缘颜色浅，被细毛，呈不明显的环状。子实层面乳白色至灰褐色，由基部放射状发出皱曲的褶脉，分叉或断裂。菌肉较薄，白色，柔软。担孢子小，近柱状，3-6.5×1-2.5μm，无色，光滑，弯曲，一般含2个油滴。

夏末至秋季生于阔叶树枝、树干及腐木上。分布于我国东北、华北、西北、西南等地区。药用。

木耳目 Auriculariales

木耳科 Auriculariaceae

毛木耳（角质木耳）*Auricularia cornea* Ehrenb.

担子体胶质，耳状或盘状，无菌柄或似具菌柄，宽1~9cm，厚0.2cm。子实层表面棕褐色或灰黑色，具隆起褶皱，边缘全缘，波状，稍内卷。不育面灰白色，密生柔毛。干时收缩，角质，坚硬。横切面中部具菌髓，颗粒结晶靠近子实层散落，不育面柔毛单生，无色透明，线形，近基部略膨大，基部变细，顶端钝圆或渐尖。担孢子腊肠形，11~15.9×5.1~6.1μm，无色，薄壁，光滑，具1~3个油滴。担子棒状，具3横隔。

夏秋季生于阔叶树腐木、树桩、枯立木、倒木上。我国各地区均有分布。食用，药用。

黑木耳 *Auricularia heimuer* F. Wu, B.K. Cui & Y.C. Dai

担子体新鲜时软胶质，耳状或不规则状，无菌柄，宽1-8cm，厚0.1cm。子实层表面光滑，具隆起褶皱，红褐色或黄褐色，较薄且脆，边缘全缘，花瓣状。不育面具白色短柔毛。干时收缩，坚硬，黑褐色。横切面具菌髓。不育面柔毛丛生，无色，线形，靠近基部略膨大，顶端钝尖。担孢子腊肠形，10-11.9×4.2-5.9μm，无色，薄壁，光滑，具油滴。担子棒状，具3横隔。

夏秋季生于阔叶树腐木、倒木上。我国各地区均有分布。食用，药用。

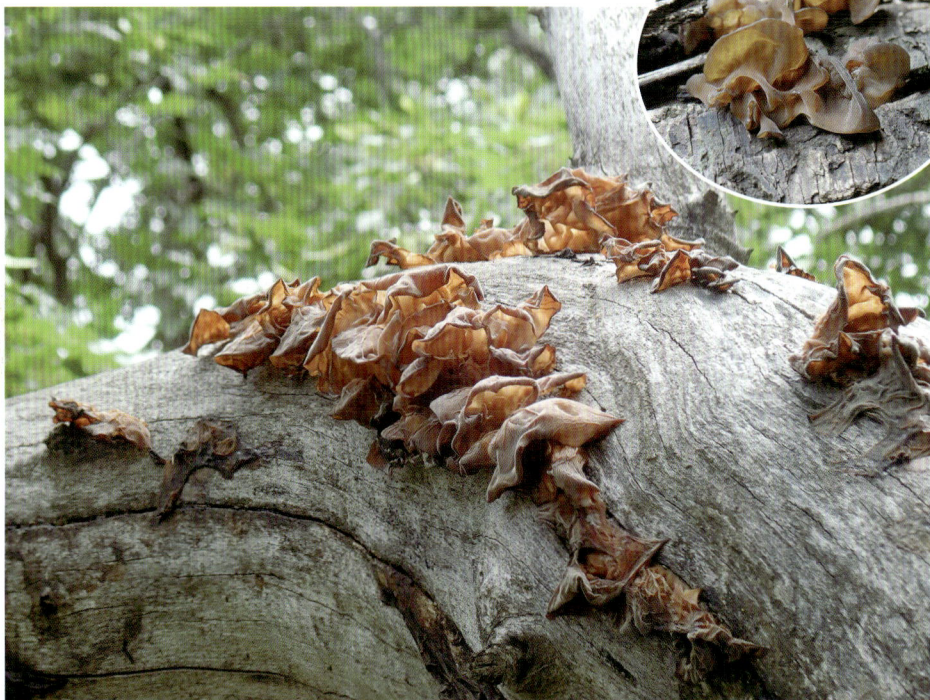

东方毡木耳（毡木耳）*Auricularia orientalis* Y.C. Dai & F. Wu

担子体新鲜时革质，不规则形，覆瓦状叠生，无菌柄，宽1-5cm，较厚。子实层表面灰蓝色，具条纹状褶皱，边缘浅裂。不育面绒毛状，具宽的灰白色和窄的棕褐色同心圆环带，间隔排列。横切面无髓层。不育面绒毛簇生，无色透明，基部略膨大，顶端钝圆或渐尖。担孢子肾形或椭圆形，8.5-10.4×5.4-6.9μm，光滑，无色，薄壁，具油滴。担子棒状，具3横隔。

夏秋季生于阔叶树倒木、枯木或腐木上。分布于我国东北、华北等地区。食用。

短毛木耳 *Auricularia villosula* Malysheva

担子体新鲜时软胶质，耳状、盘状、半圆形，半透明，似具菌柄或无菌柄，宽1.5-4cm，厚0.1cm。子实层表面光滑，具明显隆起的褶皱，棕褐色，边缘全缘或浅裂，偶波状。不育面被细柔毛。干时脆，深褐色。横切面具菌髓。不育面柔毛丛生，圆柱形，顶端钝圆，淡黄褐色。担孢子腊肠形，12.1-14.2×5.6-6.3μm，薄壁，光滑，具1或2个油滴。担子棒状，具3横隔。

夏秋季生于阔叶树腐木上。我国各地区均有分布。食用。

黑耳（黑胶耳、胶黑耳、黑胶菌）*Exidia glandulosa* (Bull.) Fr.

担子体新鲜时胶质，初小瘤状，后相互联合呈脑状，单个担子体直径1-3cm，较厚。子实层表面具钉状腺体，黑褐色至黑色，边缘全缘或具缺刻，失去水分时表面具褶皱。干后呈膜状黑色薄层。担孢子腊肠形或肾形，8.5-13.5×2.5-4.5μm，无色，光滑。原担子近球形，下担子卵形、十字形纵分隔，上担子近圆筒形。菌丝具锁状联合。

夏秋季生于阔叶树腐木、枯枝上。我国各地区均有分布。有毒。

葡萄状黑耳（珠形黑耳）
Exidia uvapassa Lloyd

担子体新鲜时软胶质，脑状，盾形，单个担子体宽1-3cm，连接成串生长，长8cm。子实层表面具隆状沟壑，粉褐色、浅红褐色，具腺体，排列规则，边缘折叠状。干后担子体表面出现褶皱，粗糙，浅红褐色。担孢子肾形至腊肠形，15.2-18.6×5.8-6.9μm，薄壁。担子近球形或卵圆形，十字形纵分隔。菌丝具锁状联合。

夏秋季群生于蒙古栎等阔叶树枯枝上。我国各地区均有分布。食用。

焰耳（勺状花耳）
Guepinia helvelloides (DC.) Fr.

担子体胶质，漏斗形、勺形，高3-13cm。菌盖表面橙红色、浅白色，近光滑，边缘呈波状或花瓣状。子实层面光滑或起皱，红棕色。菌柄长2.5-6.5cm，粗0.1-0.3cm，偏生，橙黄色至浅白色。不育面具白色细绒毛。担孢子椭圆形，9.2-11.3×5-7.5μm，光滑，无色。原担子近球形，下担子卵形、十字形纵分隔。菌丝具锁状联合。

夏秋季单生或群生于林中地上。我国各地区均有分布。食用，药用。

牛肝菌目 Boletales

牛肝菌科 Boletaceae
血色庭院牛肝菌 *Hortiboletus rubellus* (Krombh.) Simonini, Vizzini & Gelardi

　　菌盖直径2-6cm，半球形，后平展，表面深红色至红褐色，密布细小绒毛。菌管弯生或直生，孔口圆形或多角形，淡黄色。菌肉白色至乳黄色，伤变为蓝绿色。菌柄长5-7.5cm，粗0.5-1.5cm，柠檬黄色至淡红色，有网纹，基部膨大，实心，伤变为蓝色。担孢子长椭圆形，10-13×4-5μm，光滑，淡黄色。

　　夏秋季群生于阔叶林或针阔混交林地上。分布于我国东北、华北、华中、华南等地区。食用。

褐疣柄牛肝菌 *Leccinum scabrum* (Bull.) Gray

菌盖直径4-15.3cm，半球形或稍平展，表面橙黄色至棕褐色，近光滑。菌管直生或离生，乳白色至淡黄色，管口圆形、椭圆形，非放射状。菌肉较厚，白色至浅褐色。菌柄长5-12cm，粗1.1-2.5cm，向下渐粗，基部膨大、白色，密被黑色疣状鳞片。担孢子长椭圆形、近梭形，17.1-21.8×6.2-7.5μm，淡黄色，光滑，含油滴。担子棒状，具4担子小梗。管缘囊状体与管侧囊状体形状相似，纺锤形，有黄褐色内含物。无锁状联合。

夏秋季单生或散生于混交林地上。分布于我国东北、西北、西南等地区。食用。

红小绒盖牛肝菌 *Xerocomellus chrysenteron* (Bull.) Šutara

菌盖直径3-8cm，半球形，后中部凸出或平展，表面黄褐色至橙红色，龟裂。菌孔表面黄色、褐色或橄榄色。菌肉白色至淡黄色，伤变为蓝色。菌柄长3-7cm，粗0.8-1.2cm，黄色、粉红色至紫红色，基部具白色、淡黄色菌丝体。担孢子梭形，10-14×3-4μm，光滑，金黄色。囊状体梭形，黄色。

夏秋季散生或群生于阔叶林或混交林地上。分布于我国东北、华北、华中、华南等地区。食用。

铆钉菇科 Gomphidiaceae

淡紫色钉菇 *Chroogomphus purpurascens* (Lj.N. Vassiljeva) M.M. Nazarova

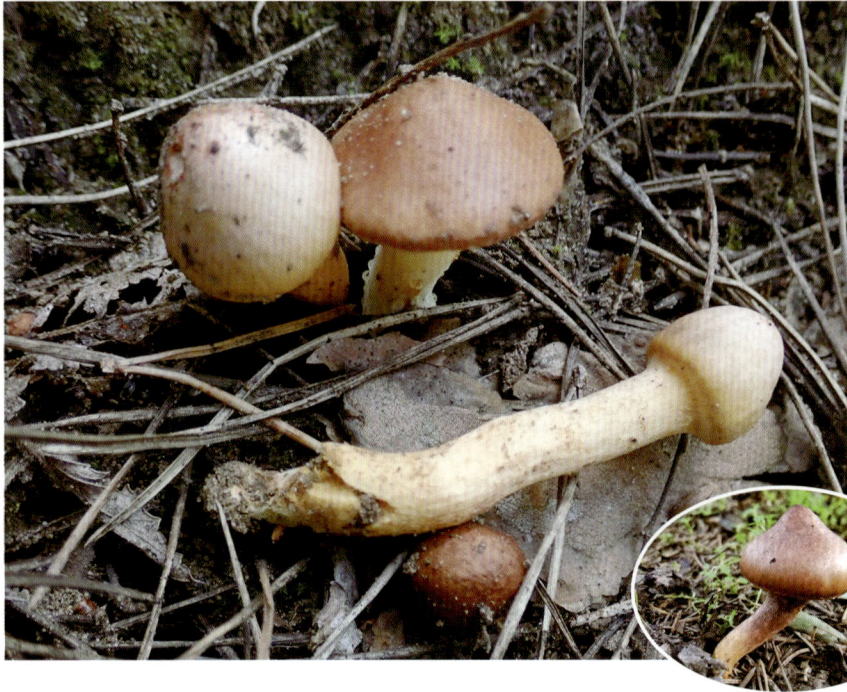

菌盖初期半球形，成熟时钟形至宽圆锥形，淡紫色至红褐色，表面光滑，湿时稍黏。菌褶延生，浅黄色至紫褐色，较稀，不等长。菌肉薄，淡红色至紫红色。菌柄长3.2-5.7cm，粗0.4-0.7cm，圆柱形，基部渐细，浅棕黄色，基部处浅黄色，实心，肉质。菌环呈丝膜状，成熟时消失。担孢子长椭圆形，15.5-18.5×5.5-6.5μm，光滑，壁稍厚，棕色至浅褐色。担子长棒状，具4担子小梗。缘生囊状体圆柱形至近纺锤形，薄壁。具锁状联合。

秋季群生于樟子松等针叶树附近地上。分布于我国东北、华北等地区。食用。

血红色钉菇（血红铆钉菇）*Chroogomphus rutilus* (Schaeff.) O.K. Mill.

菌盖直径2-9cm，半球形至近钟形，中部突起，表面光滑，较黏，紫红色、紫褐色至砖红色，边缘内卷，具毛絮状的菌幕残余。菌褶延生，较稀，黄色、锈色至紫褐色或灰紫色。菌肉白色至淡紫红色，较厚，伤后不变色。菌柄长3-8cm，粗1-3cm，向下渐细，与菌盖同色，具紫褐色纤毛状菌环。担孢子长椭圆形至近圆柱形，8-11.5×4-7.7μm，光滑，无色至淡黄色，内含油滴。担子棒状，具4担子小梗。侧生囊状体较大，近圆柱形的长棒状，光滑。无锁状联合。

夏秋季单生或散生于樟子松林地上。分布于我国东北等地区。食用。

桩菇科 Paxillaceae

波纹尿囊菌（覆瓦网褶菌、波纹桩菇、覆瓦假皱孔菌）*Meiorganum curtisii* (Berk.) Singer, J. García & L.D. Gómez

菌盖直径 6.3-11cm，半圆形至圆扇形，表面黄色、灰黄色，光滑，边缘内卷，渐伸展，厚。菌褶具横脉，交织，黄色。菌肉浅黄色，厚，质地柔软。菌柄极短，侧生或无。孢子印黄褐色。担孢子卵形至近圆柱形，3.6-5×1.5-3μm，光滑，淡黄色至浅褐色，壁厚。担子棒状，具4担子小梗，薄壁，无色。

夏季覆瓦状叠生或群生于腐木上。分布于我国东北、华北等地区。

卷边桩菇（卷边网褶菌、油蘑）*Paxillus involutus* (Batsch) Fr.

菌盖直径 6-16cm，半球形至扁半球形，后渐平展，中部下凹呈浅漏斗状，表面黄褐色至橄榄褐色，湿时稍黏，具绒毛至近光滑，边缘具条纹，内卷。菌褶延生，密，有横脉，不等长，靠近菌柄部分的菌褶间连接成网状，黄绿色至青褐色，伤后变暗褐色。菌肉较厚，浅黄色。菌柄长5-9cm，粗0.6-1.6cm，基部稍膨大，偏生，实心。担孢子椭圆形，6-11.5×5.5-7μm，光滑，锈褐色。侧生囊状体棒状，光滑。

春末至秋季散生或群生于杨树林地上。分布于我国东北、华北等地区。有毒。

硬皮马勃科 Sclerodermataceae
马勃状硬皮马勃（细裂硬皮马勃、龟纹硬皮马勃、网隙硬皮马勃）***Scleroderma areolatum* Ehrenb.**

担子体直径2-5cm，球形至扁球形，下部缩成柄状基部，其下形成许多根状菌索，浅土黄色。包被表面土黄色，被网状龟裂形的褐色鳞片，成熟时顶端不规则开裂。孢体初期灰紫色，后期灰色至暗灰色，成熟后粉末状。担孢子球形至近球形，直径9-11μm，褐色至浅褐色，密被小刺。孢丝褐色，厚壁，顶端膨大呈粗棒形。

夏末秋初群生于路边地上或林地上。我国各地区均有分布。药用。

光硬皮马勃 *Scleroderma cepa* Pers.

担子体球形至扁球形，直径2-9cm，由基部菌丝索固定于土中，下部有小的不育部分，具有橡胶的味道。外包被厚，表面平滑或具有鳞片，白色至杏黄色，内包被成熟时外包被外卷或星状反卷。产孢组织早期呈白色，松软，成熟后呈紫黑色或紫罗兰褐色，粉末状。担孢子球形至近球形，直径7-13μm，具有脊状刺突纹饰。担子具4担子小梗。

夏秋季单生至群生于林缘沙地上。我国各地区均有分布。

橙黄硬皮马勃 Scleroderma citrinum Pers.

担子体近球形或扁圆形，直径5-13cm。表面土黄色、灰黄褐色至近橙黄色或橙褐色，近平滑，龟裂，被细小鳞片。皮层厚，成熟后变浅色。内部幼时白色，孢体成熟过程中呈灰紫色、紫黑褐色，最后包被破裂散发孢子。担孢子球形，直径9-12μm，具网纹状突起，褐色。孢体中孢丝褐色，多分枝。具锁状联合。

夏秋季群生或单生于林地或林缘沙地上。我国各地区均有分布。有毒，药用。

灰疣硬皮马勃（多疣硬皮马勃）***Scleroderma verrucosum*** (Bull.) Pers.

担子体球形至扁球形，直径3-8cm，下部缩成柄状，基部包被较薄。表面土黄色至淡褐色，覆盖有细小的深褐色鳞片，在淡色的包被表面较为明显。孢体茶褐色，成熟后粉末状。担孢子球形至近球形，直径8-11μm，褐色至浅褐色，有小刺，无网纹。孢丝无色，无分隔。

夏季散生或群生于阔叶林地上。我国各地区均有分布。药用。

乳牛肝菌科 Suillaceae
美洲乳牛肝菌 *Suillus americanus* (Peck) Snell

菌盖直径3-10cm，平展至中部有脐突，表面黄白色至黄棕色，具褐色鳞片，黏。菌管直生，淡黄色至黄油色，多角形，管孔小而密集，放射状。菌肉厚，黄白色至淡黄色，伤后微变蓝或不变色。菌柄长3-7cm，粗1-2cm，黄白色至淡黄色，具膜质菌环，有明显黄褐色腺点，基部具白色菌丝体。担孢子圆柱形，9.5-10.5×4-5μm，光滑，薄壁，淡黄色至黄褐色。担子棒状，常具4（2）担子小梗。缘生囊状体与侧生囊状体相似，棒状，顶端圆钝，表面光滑，薄壁，淡黄色。无锁状联合。

夏秋季单生或群生于针叶林地上。分布于我国东北、华中、西南等地区。

点柄乳牛肝菌 *Suillus granulatus* (L.) Roussel

菌盖直径3-8cm，半球形至平展，表面幼时乳白色，成熟后为黄棕色至深棕色，较黏。菌管直生，黄油色，多角形，管口表面常分泌白色乳汁。菌肉厚，幼时白色、黄白色至淡黄色，伤后不变色。菌柄长5-8cm，粗1.2-4cm，奶白色至黄褐色，表面具腺点，基部具白色菌丝体。无菌环。担孢子圆柱形至杆状，8-11×3-4μm，光滑，薄壁，淡黄色至黄褐色。担子棒状，常具4（2）担子小梗。缘生囊状体与侧生囊状体相似，棒状，顶端圆钝或稍缢缩，光滑，薄壁，淡黄色，具褐色内含物。无锁状联合。

夏秋季单生或群生于松林地上。分布于我国东北、华北等地区。食用，药用。

厚环乳牛肝菌 *Suillus grevillei* (Klotzsch) Singer

菌盖直径3-15cm，半球形至平展，表面橙黄色至红褐色，胶黏，边缘具菌幕残余。菌管直生至稍延生，黄油色至污黄色，管口多角形，较小。菌肉较厚，淡黄色至红褐色，伤后或久放后变为褐色。菌柄长4-8cm，粗1-2cm，黄褐色至褐色，具菌环，基部具白色菌丝体。担孢子圆柱形，9-10×4-5μm，光滑，薄壁，无色至淡黄色、淡黄褐色。担子棒状，常具4担子小梗，淡黄色。缘生囊状体与侧生囊状体相似，长棒状，顶端圆钝或稍膨大，光滑，薄壁，淡黄色。无锁状联合。

夏秋季单生或群生于落叶松林地上。分布于我国东北、华北、西北、华南等地区。食用，药用。

褐环乳牛肝菌 *Suillus luteus* (L.) Roussel

菌盖直径2-10cm，扁半球形至平展，表面黄棕色至深棕色，黏，边缘具菌幕残余，膜质。菌管直生，黄油色至柠檬黄色，管口多角形，较密集。菌肉厚，黄白色，伤后不变色。菌柄长3-8cm，粗1-2cm，黄褐色，具明显黄褐色腺点，具膜质菌环，基部具白色菌丝体。担孢子圆柱形，7-11.5×3.7-4.9μm，光滑，薄壁，无色至淡黄色、黄褐色。担子棒状，常具4（2）担子小梗，淡黄色。缘生囊状体与侧生囊状体相似，棒状，顶端圆钝或稍膨大，光滑，薄壁，淡黄色。无锁状联合。

夏秋季群生或散生于落叶松林地上。分布于我国东北、西北、西南等地区。食用，药用。

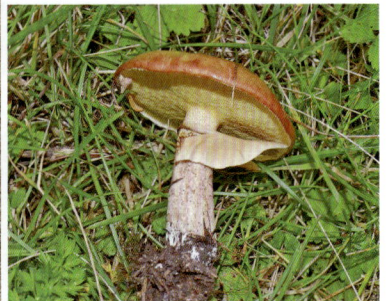

地中海乳牛肝菌 *Suillus mediterraneensis* (Jacquet. & J. Blum) Redeuilh

菌盖直径3.3-11cm，幼时初扁半球形，成熟后平展，中部突起，表面干，淡黄色至橙棕色。菌管黄色，成熟后污黄色，孔口圆形，辐射状排列。菌肉淡黄色至米色，伤不变色。菌柄长4-7cm，粗0.5-2cm，淡黄色至米色，具褐色点状鳞片。菌环缺失。担孢子长椭圆形至近梭形，9-12×3.5-5μm，无色至浅黄色。

夏秋季单生或散生于松林地上。分布于我国东北、华北等地区。

黏乳牛肝菌（灰环乳牛肝菌）*Suillus viscidus* (L.) Roussel

菌盖直径3-10cm，半球形至平展，表面污白色至灰绿色，稍黏，具褐色鳞片，边缘具菌幕残余。菌管延生，灰绿色，伤后变蓝色，呈放射状，管口多角形，较大。菌肉较厚，污白色，伤后近柄处变绿或蓝绿色。菌柄长5-12cm，粗1-2cm，黄褐色，具白色膜状菌环，基部具白色菌丝体。担孢子长椭圆形至圆柱形，11-12.5×5-5.5μm，光滑，薄壁，无色至淡黄色、黄褐色。担子棒状，具4担子小梗，淡黄色。缘生囊状体与侧生囊状体相似，棒状，顶端圆钝或稍缢缩，光滑，薄壁，淡黄色。无锁状联合。

夏秋季单生或群生于落叶松林地上。分布于我国东北、西北、西南等地区。食用，药用。

小塔氏菌科 Tapinellaceae
耳状小塔氏菌（耳状网褶菌）
Tapinella panuoides (Fr.)
E.-J. Gilbert

菌盖宽3-8cm，扇形或贝壳状、表面棕褐色、黄棕色或橙棕色，近光滑，边缘起初卷曲，通常呈扇形外观。菌褶暗橙色到淡黄色，分叉。菌肉带白色或微黄色，受伤不变色。无菌柄。担孢子椭球形，3.5-5×2.5-4μm，无色。囊状体未见。

夏秋季生于针叶树或木材上。分布于我国东北、华北、华中、华南等地区。有毒。

鸡油菌目 Cantharellales

齿菌科 Hydnaceae
灰锁瑚菌 *Clavulina cinerea*
(Bull.) J. Schröt.

担子体2-5×0.5-2.5cm，多分枝，呈二叉状至多叉状，分枝多为扁平状，有时呈棒状，顶端密集、圆钝，有时略扁平，呈流苏状。表面灰色至灰褐色，光滑，少数有褶皱。菌肉肉质，脆。菌柄近圆柱形或扁平，灰白色至浅黄色，有时与担子体同色。孢子印白色。担孢子近球形至球形，7.5-9.2×7.2-8.7μm，光滑，薄壁，无色，非淀粉质，有油滴和颗粒状等内含物。担子近棒状至近圆柱形，无色透明，具2担子小梗，内有油滴及颗粒内含物，部分担子具次生隔膜。具锁状联合。

秋季单生或群生于阔叶林地上。我国各地区均有分布。食用。

冠锁瑚菌 *Clavulina coralloides* (L.) J. Schröt.

担子体高 1.5-5cm，直径 0.5-6cm，珊瑚状。基部主枝常分为二叉状至多叉状，向上为不规则多分枝，有时顶端似鸡冠状。表面白色、乳白色至灰白色，少数象牙黄色，光滑，偶有纵褶。菌肉脆质，无特殊气味和味道。菌柄近圆柱形或膨大扁平状，近白色。担孢子近球形至球形、宽椭圆形，7.2-9.5×6.2-8.5μm，无色，光滑，薄壁，非淀粉质。担子近圆柱形或近棒状，具 2 担子小梗，无色，部分担子中存在次生隔膜。具锁状联合。

秋季散生或群生于杨树林地。我国各地区均有分布。食用。

皱锁瑚菌 *Clavulina rugosa* (Bull.) J. Schröt.

担子体高 3.5-5cm，直径 0.5-1.5cm，不分枝或少分枝，形似鹿角，污白色至灰白色，分枝顶端呈不规则隆起，凹凸不平。菌肉白色，质脆，伤不变色。担孢子宽椭圆形至近球形，8-12×7.5-10μm，无色，表面光滑至近光滑。担子长棒状，具 2 担子小梗。

夏秋季生于针阔混交林地。我国各地区均有分布。食用。

卷缘齿菌（美味齿菌）*Hydnum repandum* L.

担子体伞形，菌盖直径4-11cm，幼期凸镜形，后期渐近平展，橙黄色至奶油色，向边缘渐浅，边缘内卷。子实层体齿状，延生，尖锐，乳白色。菌肉浅黄白色。菌柄棒状，长3.5-6cm，粗0.7-1.4cm，基部稍膨大，白色，略带浅橙黄色。担孢子近球形至宽椭圆形，7.2-8.5×6.3-7.5μm，薄壁，无色，光滑。担子棒状，具4担子小梗。

夏秋季散生或群生于阔叶林地上。我国各地区均有分布。食用，药用。

伏革菌目 Corticiales

伏革菌科 Corticiaceae

紫红伏革菌（肉红伏革菌、亮松氏孔菌）*Corticium roseocarneum* (Schwein.) Hjortstam

担子体片状，薄，平伏，枯枝上背着生，边缘有窄的菌盖，柔软，皮质，厚约0.1cm。菌盖表面灰白色、淡黄色，覆盖着绒毛。子实层面平滑，有稀疏的疣状裂缝，新鲜时紫褐色、紫罗兰色，干燥后肉桂色、黄褐色，边缘与子实层面相同。担孢子长椭圆形、卵圆形，8-11×4.5-6μm，无色，平滑，薄壁，非淀粉质。单型菌丝系统，菌丝平滑，鹿角状分枝，具锁状联合。子实层具树状侧丝，薄壁，黄色，囊状体未见。担子圆柱形，具4担子小梗。

生于阔叶树树皮或枯枝上。分布于我国东北、华中等地区。药用。

阜氏革菌科 Vuilleminiaceae

柳枝囊革菌（沙利脉革菌、朱红脉革菌、柳生脉革菌）Cytidia salicina (Fr.) Burt

担子体一年生，平伏反卷、覆瓦状叠生，厚约0.1cm，圆盘状，深红色至血红色，胶质，干后边缘向内卷且坚韧，无特殊气味。担孢子腊肠形，12-18×4-5μm，无色，光滑，薄壁，淀粉质，不嗜蓝。子实层中存在树状侧丝，囊状体未见。无锁状联合。

夏秋季生于柳树死枝或树干上。分布于我国东北等地区。

花耳目 Dacrymycetales

花耳科 Dacrymycetaceae

白匙胶角耳 Calocera pallidospathulata D.A. Reid

担子体软凝胶状，高0.2-1cm，厚0.1-0.2cm。菌柄白色，菌柄向上呈白色或黄色棒状或披针状。纵向具褶皱，常见薄而扁平的匙形或扇形裂片。边缘光滑或卷曲，有时呈纵向褶皱。干时，子实层面变为浅橙色，菌柄变成深棕色。横切面具髓层，线形。担孢子香肠形，9.5-14.5×3.5-5.5μm，薄壁，无色，光滑，具1-3横隔，萌发产生再生孢子或萌发管。担子棒状，成熟时叉状。菌丝不具锁状联合。

秋季群生于腐木、树桩或倒枝上。分布于我国东北等地区。有毒。

沙地假花耳 *Dacryopinax manghanensis* T. Bau et X. Wang

担子体新鲜时胶质，匙状至花瓣状，具短柄，金黄色，高0.3-0.8cm。表面光滑，边缘全缘，钝。不育部分被细绒毛。干燥时收缩，柄具纵棱，白色细绒毛明显。横切面不具菌髓，由子实层、菌肉菌丝和皮层菌丝构成。子实层单侧生，由担子和侧丝组成。原担子棒状，成熟后叉状，浅黄色，基部具隔。侧丝窄圆柱状，不分枝，基部具隔。担孢子弯圆柱状，7.9-9.5×4.3-4.9μm，光滑，薄壁，成熟时分1隔。未见萌发。无锁状联合。

夏季群生于腐木或落枝上。分布于我国东北等地区。

桂花耳（匙盖假花耳）*Dacryopinax spathularia* (Schwein.) G.W. Martin

担子体新鲜时胶质，圆柱状、匙状，高0.7-1.3cm，橙黄色。子实层面具棱，边缘波状，覆水后呈扭曲状。不育部分具绒毛。基部浅褐色，具白色绒毛。干燥时基部及不育面致密绒毛明显，浅黄色。横切面具菌髓。原担子棒状，成熟后叉状，基部具隔。侧丝窄圆柱状，不分枝。担孢子长椭圆形至弯圆柱形，8.5-10.2×4.3-5.9μm，薄壁，不分隔或分1隔，具油滴。皮层菌丝圆柱状，壁稍厚。

春季至晚秋丛生于倒木、腐木上。我国各地区均有分布。食用。

地星目 Geastrales

地星科 Geastraceae

花冠状地星 *Geastrum corollinum* (Batsch) Hollós

担子体直径1.7cm。外包被囊状，开裂至大于一半处形成7-10瓣裂片，具吸湿性，干燥时裂瓣卷，湿时展开，裂片宽0.2-0.6cm。肉质层表面平滑，暗栗色、土棕色或黑褐色。纤维层污白色、灰白色。菌丝体层土棕色、污褐色，易脱落，不具植物残体壳。内包被体近球形，灰棕色、污褐色，表面平滑，基部无菌柄和囊托。子实口缘呈圆锥形，纤毛状，常具明显口缘环。担孢子球形或近球形，直径3.2-4μm，遇5% KOH溶液呈褐色，表面具微刺突、粗疣突，略呈锥形，其基部渐宽，非淀粉质，不嗜蓝。孢丝褐色、黑棕色，厚壁，不分枝，直径2.1-6.8μm，表面具颗粒状突起。

秋季散生至群生于沙地杨树林地上。分布于我国东北、华北、西北等地区。

毛嘴地星 *Geastrum fimbriatum* Fr.

担子体小型至中型，外包被浅囊状、深囊状或拱形，形成6-11瓣裂片，裂片干后柔软且薄，先端渐尖，向外翻卷至外包被盘下。内包被体球形、卵形或葫芦形，顶部突起或延伸成喙，基部无菌柄、无囊托。子实口缘阔圆锥形，绢毛状或纤毛状表面具小绒毛，幼时浅棕色，无明显子实口缘环。担孢子球形，直径2-4μm，黄棕色至暗褐色，具疣突，非淀粉质。孢丝一部分黄褐色或一部分无色近透明，无分枝或偶见短分枝，厚壁，尖端稍细，表面具颗粒状突起，较疏。

秋季散生至群生于杨树林地上。分布于我国东北、华北、华南、华中、西北、西南等地区。药用。

佛得角地星 *Geastrum gorgonicum* M.P. Martín, M. Dueñas & Telleria

担子体外包被浅囊状、深囊状，形成7-12瓣裂片。肉质层表面平滑，厚，浅棕色、棕色，干后表面沿裂片边缘收缩，脱落，不形成菌领。纤维层污白色，紧贴菌丝体层。菌丝体层褐色、深棕色，基部浅棕色，干后棕色，不脱落，具植物残体壳。内包被体近球形，顶部突起或延伸成喙。无菌柄，无囊托。内包被灰棕色，表面平滑可见灰色绒毛。子实口缘呈阔圆锥形，纤毛状，颜色同于或深于内包被，具口缘环。担孢子球形，直径3.2-3.9μm，褐色、青灰色，具刺突，非淀粉质。孢丝青灰色，厚壁，偶见分枝，表面具颗粒状突起，较稀疏。

秋季散生至群生于杨树林地上。分布于我国东北、西南等地区。

葫芦形地星 *Geastrum lageniforme* Vittad.

成熟担子体外包被开裂，形成8或9瓣裂片，裂片向外翻卷至外包被盘下，干燥后先端极窄。内包被体近球形，顶部突起或延伸成喙，基部无菌柄、无囊托。内包被浅褐色，表面较光滑，子实口缘阔圆锥形，颜色深于内包被，绢毛状，具明显的子实口缘环。担孢子球形，直径3.1-3.7μm，棕黄色至暗褐色，表面具微刺突或微疣突，非淀粉质。孢丝厚壁，青色，近透明，无分枝，壁光滑，表面具稀疏颗粒状突起。

秋季散生至群生于水曲柳、核桃楸的腐殖质层上。分布于我国东北等地区。

黑头地星 *Geastrum melanocephalum* (Czern.) V.J. Staněk

幼担子体生于地面,卵形、近球形、洋葱形。成熟担子体外包被拱形、深囊状,形成5-8瓣裂片。内包被体近球形、扁球形,顶部突起或延伸成喙。具短柄和不明显囊托。内包被棕黄色、灰棕色、棕黄绿色。子实口缘呈圆锥形,绢毛状,颜色深于内包被,具口缘环。担孢子球形,直径3.1-3.8μm,遇5% KOH溶液呈褐色,具短柱状突起,非淀粉质。孢丝棕黄色,厚壁,不分枝,先端稍渐窄,表面具颗粒状突起。

秋季散生至群生于蒙古栎树下。分布于我国东北、西北等地区。

蒙古地星 *Geastrum mongolicum* T. Bau & X. Wang

担子体外包被盘直径2-2.5cm。外包被拱形、深囊状,形成7-10瓣裂片。肉质层灰棕色或褐灰色,干燥后大多数纵裂,易脱落,不形成菌领。纤维层白色,紧贴菌丝体层。菌丝体层红褐色,粗糙,有皱纹,脱落,具植物残体壳。内包被体近球形,直径0.8-1.4cm,顶部延伸成喙。具短柄和囊托,灰棕色或褐灰色,平滑。子实口缘呈阔圆锥形,绢毛状,颜色浅于或同于内包被,无口缘环。担孢子球形,直径4.1-4.5μm,表面具微刺突,非淀粉质。孢丝厚壁,棕黄色,不分枝。

秋季散生至群生于沙地蒙古栎、五角槭树下的苔藓层上。分布于我国东北等地区。

四裂地星 *Geastrum quadrifidum* Pers.

担子体直径 0.8-2.1cm。外包被 4-6 瓣裂。肉质层最初为浅米色，后呈褐色至近黑色，部分脱落，表面粗糙，无菌领。纤维层白色。菌丝体层褐色，干燥后呈杯状脱落，具植物残体壳。内包被体近球形，顶部突起，被灰色、灰棕色，表面具结晶体，具短柄。子实口缘宽圆锥形，绢毛状，具突起的口缘环。担孢子球形，直径 4.4-6.2μm，褐色，具微疣突。孢丝棕黄色，厚壁，不分枝。

秋季群生至群生于林中地上。分布于我国东北等地区。

粉红地星 *Geastrum rufescens* Pers.

成熟担子体外包被拱形或浅囊状，瓣裂，裂瓣呈横纹或不规则状开裂。肉质层较厚，沙土色、污黄棕色至污褐色，具杯状菌领。纤维层草黄色、淡玫瑰色。植物残体壳与菌丝体层较疏松地贴生，菌丝体层为草黄色、暗肉色、棕黄色，表面较粗糙，纵裂纹。内包被体球形、扁球形，直径 0.8-2.5cm，顶部呈乳突状，基部不具囊托。子实口缘乳突状，无口缘环。担孢子球形，直径 2.5-5.5μm，黄棕色至暗棕色，有疣突。孢丝多数不分枝，少数有短分枝，黄棕色、浅棕色。

夏秋季群生或散生于林地上。我国各地区均有分布。药用。

袋形地星 *Geastrum saccatum* Fr.

担子体外包被浅囊状、深囊状或袋状，呈拱形，瓣裂，裂瓣先端渐尖。肉质层棕黄色至暗褐色，裂片边缘收缩或呈横纹状开裂。纤维层淡黄色至棕黄色。菌丝体层不具植物残体壳，草黄色至暗褐色、污白色，多数呈鳞片状脱落。内包被棕黄色、污白色或深褐色，表面较光滑，具灰色绒毛。子实口缘阔圆锥形，绢毛状至纤毛状，具子实口缘环。担孢子球形或近球形，3~3.5×3μm，黄棕色至暗褐色，具疣突。孢丝黄褐色，少分枝。

夏秋季散生至群生于林地上、腐木上。我国各地区均有分布。药用。

褶皱地星 *Geastrum striatum* DC.

担子体外包被拱形，形成5~12瓣裂片，裂片渐尖。肉质层平滑，厚，偏米白色，边缘浅棕色，不脱落，不形成菌领。纤维层米白色，紧贴菌丝体层。菌丝体层褐色，不脱落，具植物残体壳。内包被浅灰棕色，表面平滑或有灰色绒毛。子实口缘呈阔圆锥形，纤毛状，颜色同于或深于内包被，口缘环明显微突起并有褶皱。担孢子球形，直径3.6~4.5μm，褐色，具刺突，非淀粉质。孢丝棕黄色，厚壁，不分枝。

秋季散生于阔叶树下沙地上。分布于我国东北等地区。

尖顶地星 *Geastrum triplex* Jungh.

担子体外包被浅囊状至深囊状，瓣裂，裂片先端渐窄。肉质层较厚，污黄色至栗色，常在裂片基部断裂，形成杯状菌领，裂片上的肉质层容易脱落。纤维层土黄色至姜黄色。菌丝体层不具植物残体壳，栗色至暗褐色，多皱纹，较粗糙，开裂呈鳞片状，易脱落。子实口缘呈宽圆锥状突起，纤毛状，颜色较深于内包被。子实口缘环明显且边缘突起。担孢子球形至近球形，3~3.8×2.5~3.5μm，褐色，具短刺突，非淀粉质。孢丝浅褐色，无分枝。

夏秋散生至群生于林地上。我国各地区均有分布。药用。

绒皮地星 *Geastrum velutinum* Morgan

成熟担子体外包被拱形或浅囊状，形成6或7瓣裂片，先端渐窄，向外稍翻卷或翻卷至外包被盘下。内包被灰棕色，具粉色调，表面较光滑，子实口缘阔圆锥形，纤毛状至绢毛状，颜色深于内包被，无子实口缘环。担孢子球形，直径2.6-3.1μm，黄棕色至暗褐色，具疣突，不含小油滴，非淀粉质。孢丝黄棕色或浅棕色至近透明，无分枝，先端渐窄，表面具颗粒状突起。

秋季单生于沙地灌木丛地上。分布于我国东北、华南、西北、西南等地区。药用。

星状弹球菌 *Sphaerobolus stellatus* Tode

子实体近球形，直径0.1-0.2cm，外包被肉质，新鲜时黄色，干时色淡或呈白色。成熟后包被上部呈星状开裂成7或8裂片。内包被膜质。内部具有一个白色球形的、细颗粒状的、类胶质的小包，小包黄色、球形、光滑并具有光泽，直径约0.1cm，内含大量黏液。担孢子宽椭圆形，7-9×5.9-8.6μm，薄壁，光滑，孢芽不明显。

初夏至夏季生于腐木、枯枝上或粪上。分布于我国东北、西北、华中、华东等地区。

褐褶菌目 Gloeophyllales

褐褶菌科 Gloeophyllaceae

深褐褶菌（褐褶孔菌、篱边黏褶菌）
Gloeophyllum sepiarium (Wulfen) P. Karst.

担子体扇形，菌盖宽3-10cm，厚0.3-0.5cm，覆瓦状，木栓质，表面被橙黄色、茶褐色绒毛，具同心环状起伏和皱纹，幼时边缘带白色至黄棕色。子实层体褶状，边缘圆齿，灰白色至黄褐色、锈褐色。担孢子圆柱形，8.5-11.5×3.5-4.5μm，光滑，透明。担子棒状，40-50×3.5-6μm，具4担子小梗。三型菌丝系统：生殖菌丝薄壁，无色，透明，具锁状联合；骨干菌丝棕色，厚壁；联络菌丝分枝，厚壁。

生于松、落叶松等针叶树木材上。我国各地区均有分布。药用。

沟纹阳盖伞 *Heliocybe sulcata* (Berk.) Redhead & Ginns

担子体小型，伞形。菌盖直径2.5-5cm，扁平、平展，表面干，红棕色，中部微凹，暗褐色，具放射状棕色鳞片，边缘薄，具褐色绒毛。菌肉薄，白色。菌褶离生，不等长，边缘锯齿状。菌柄长1-3cm，粗0.2-0.4cm，实心，表面被褐色绒毛。孢子印白色。担孢子椭圆形，12.5-16×4.5-6.5μm，光滑，淀粉质。担子棒状，具4担子小梗。菌盖表皮菌丝厚壁，平伏排列。

夏秋季单生或群生于腐木上。分布于我国东北、华北等地区。

洁丽新香菇（洁丽香菇、豹皮香菇、豹皮菇）
Neolentinus lepideus (Fr.) Redhead & Ginns

菌盖直径5-15cm，钟形或半球形，渐平展或中部下凹。表面乳白色至浅黄褐色或淡黄色，被深色或浅色大鳞片，边缘钝，有时开裂或波状。菌褶延生，白色至奶油色，稍稀，褶缘锯齿状。菌肉白色至奶油色，干后软木质。菌柄长5-7cm，粗1-3cm，偏生，向下变细，奶油色至浅黄色，基部浅褐色，有褐色至黑褐色鳞片，有膜质菌环。担孢子近圆柱形，9.2-13.5×3.6-5.4μm，薄壁。

夏秋季生于针叶树腐木、木材上。我国各地区均有分布。食用，药用。

钉菇目 Gomphales

钉菇科 Gomphaceae
冷杉暗锁瑚菌（变绿丛枝菌）*Phaeoclavulina abietina* (Pers.) Giachini

担子体高5-7.5cm，宽3-5cm，二叉分枝至多歧分枝，分枝密集，圆柱形，有时扁平状。表面光滑，初期淡黄色，后期黄褐色或橄榄绿色，伤后变蓝绿色。菌肉革质，坚硬，无特殊气味，味苦。菌柄较粗壮，基部有白色绒毛。孢子印淡黄色。担孢子泪滴形或卵圆形，7-9×3.5-4.5μm，黄色，薄壁，有小尖刺或疣突。担子棒状，具4（2）担子小梗，具次生隔膜。无锁状联合。

夏秋季生于云杉、冷杉附近的林中落叶层上。分布于我国东北、华中、西北等地区。食用。

雅形枝瑚菌 *Phaeoclavulina eumorpha* (P. Karst.) Giachini

担子体高4-6cm，宽3-8cm，树枝状，不规则或二叉状分枝，直立。表面光滑，但无光泽，初期稍显白色，成熟之后，逐渐变为黄色至米黄色，有褶皱，顶端分枝多为二叉状。菌肉白色，有苦味，干燥时有浓烈的胡萝卜味。菌柄短。担孢子泪滴状或宽椭圆形，6.3-10×3.3-4.8μm，薄壁，土黄色，具疣突。担子棒状，薄壁，具4（2）担子小梗，有颗粒状和油滴等内含物。

夏秋季散生或群生于阔叶林或针叶林落叶层上，腐生。分布于我国东北、西南等地区。

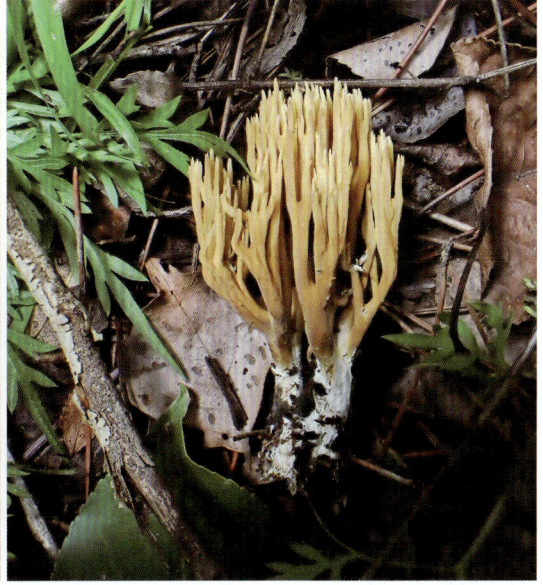

萎垂暗锁瑚菌 *Phaeoclavulina flaccida* (Fr.) Giachini

担子体高2-6cm，宽2-4cm，从基部分枝，二叉至多歧分枝，分枝纤细，直立或弯曲，呈圆柱形或扁平状，有凹槽，末端有两到三个细小分枝。表面初为淡黄色，成熟后为黄褐色，光滑或褶皱且有光泽。菌肉淡白色，纤维状，有弹性，微苦，有轻微的果味。菌柄初白色，成熟后与分枝同色。孢子印黄色。担孢子泪滴状或椭圆形，6.5-9.5×3-4μm，白色、黄褐色，具疣突，厚壁，无色，淀粉质，有颗粒状内含物。担子棒状，具4担子小梗，有颗粒状内含物。具锁状联合。

秋季散生于阔叶林或针叶林地上。分布于我国东北、华南等地区。药用。

尖枝瑚菌 *Ramaria apiculata* (Fr.) Donk

担子体高3-5.5cm，从基部多回分枝。表面幼年时呈淡赭色、棕褐色，成熟后为肉桂棕色至肉桂棕褐色，伤时变巧克力色。顶端锐尖到近掌状，通常变平，棕褐色到米色。基部灰白色，毡状到微小具糙伏毛，通常粉状。担孢子椭圆形，8-11×2-4.5μm，具疣状和脊状纹饰。担子棒状，具4担子小梗。

夏秋季单生或丛生于林中倒腐木、腐殖质上。分布于我国东北、西南等地区。食用，药用。

黄枝瑚菌（疣孢黄枝瑚菌、黄珊瑚菌、扫帚菌）*Ramaria flava* (Schaeff.) Quél.

担子体高10-20cm，宽约15cm，珊瑚形，具密集多分枝。表面柠檬黄至硫黄色，干后青褐色。菌肉无明显气味和味道。主枝基部颜色稍浅，白色至污黄色，分枝较扁，帚状，节间距较长，分枝末端顶部时有淤伤。孢子印橘黄色至赭石色。担孢子椭圆形至长椭圆形或近纺锤形，10.9-17.2×4.2-6.5μm，浅黄色至浅黄绿色，具细小疣突，含油滴，非淀粉质。担子棒状，薄壁，透明。具锁状联合。

夏秋季生于壳斗科树的附近地上。我国各地区均有分布。食用，药用。

刺革菌目 Hymenochaetales

刺革菌科 Hymenochaetaceae

丝光钹孔菌（肉桂色集毛菌、肉桂集毛孔菌）*Coltricia cinnamomea* (Jacq.) Murrill

担子体一年生，革质。菌盖直径2-5cm，近圆形、扁平或浅漏斗形。新鲜时表面光亮，肉桂棕色，具褐色同心环纹及辐射状纹理，边缘薄。孔口为多角形至圆形，与孔表面同色。菌肉锈棕色至橙色，薄且坚韧。菌柄中生，坚韧，长1.5-5cm，粗0.1-0.4cm，干后棕色至肉桂棕色，新鲜时呈革质，成熟时坚硬，具细绒毛。孢子印黄褐色。担孢子椭圆形至长椭圆形，6.5-8.5×4.5-5μm，光滑，薄壁，具不明显的芽孔，拟糊精质，无刚毛。单型菌丝系统，无锁状联合。

生于阔叶林地上。分布于我国东北、西南、华东等地区。药用。

多年生集毛菌（钹孔菌、集毛菌）*Coltricia perennis* (L.) Murrill

担子体一年生，菌盖宽1.5-5cm，漏斗状或脐状，边缘波浪状，表面肉桂棕色、黄棕色。具辐射状灰褐色条纹和一环黑色同心环纹，具无光泽细绒毛，具轻微褶皱。新鲜时柔软，干燥时坚硬。孔口多角形，颜色与孔隙表面相似。菌肉呈棕色，薄而坚韧。菌柄长0.5-5cm，粗0.3-0.7cm，圆柱形，实心，基部膨大，表面被暗黄棕色绒毛。担孢子椭圆形至长方椭圆形，6-8.5×4-4.5μm，光滑，薄壁，弱糊精状，嗜蓝。担子棒状，具4担子小梗。单型菌丝系统，无锁状联合。

夏秋季群生或散生于针叶林地上。我国各地区均有分布。药用。

斑点嗜蓝孢孔菌 *Fomitiporia punctata* (P. Karst.) Murrill

担子体多年生，平伏状，不育边缘灰色，老后呈黑色、灰褐色，表面棕褐色、栗褐色。孔口圆形，菌管与孔隙表面同色，比菌肉层色浅，硬木栓质，分层明显。担孢子近球形，直径3.3-5.7μm，无色、厚壁，光滑，拟糊精质，强嗜蓝。担子筒形，具4担子小梗。二型菌丝系统，无锁状联合。

生于阔叶树等倒木上。分布于我国东北、华南、华北等地区。药用。

淡黄木层孔菌（粗皮针层孔菌） *Fuscoporia gilva* (Schwein.) T. Wagner & M. Fisch.

担子体一年生，木栓质。菌盖扇形至半圆形，平展至微凸，长7-9cm，宽8-11cm，厚约1cm，表面浅黄棕色至深红棕色，后期光滑，具不明显环状纹，成熟后表面粗糙，具不规则突起，边缘薄。菌孔表面亮棕色至棕色，菌孔圆形至多角形。菌肉浅黄棕色至暗褐色。担孢子宽椭圆形至近球形，4.5-6.5×3.2-4.1μm，光滑，无色，薄壁，具油滴，非淀粉质，不嗜蓝。担子棒状，具4担子小梗。二型菌丝系统：生殖菌丝具分枝，无隔膜，厚壁；骨干菌丝黄褐色，无分枝，无隔膜，厚壁。子实层刚毛锥形，先端锐，暗褐色至锈褐色，厚壁。

夏秋季叠生于桦等阔叶树树干上。我国各地区均有分布。药用。

厚褐刺革菌（针毡）*Hydnoporia corrugata* (Fr.) K.H. Larss. & Spirin

担子体一年生，平伏状，不易与基物剥离，革质。平伏面薄。子实层面光滑，白褐色至锈褐色，不规则开裂。不育边缘初期明显，毛刷状，颜色较

子实层体浅，灰白色。担孢子圆柱形或腊肠形，4.2-5.3×1.3-2.1μm，稍弯曲，无色，薄壁，光滑，非淀粉质，不嗜蓝。刚毛顶端被结晶体，突出于子实层。

夏秋季生于阔叶树倒木或枯枝上。分布于我国东北、华东、华南、西南等地区。药用。

辐裂锈革菌 *Hydnoporia tabacina* (Sowerby) Spirin, Miettinen & K.H. Larss.

担子体一年生，长2-10cm，宽1-5cm，平伏至反卷，贴生，薄，革质。菌盖表面具细绒毛，具同心环纹，边缘上卷，干后颜色减淡至深棕色。子实层面近光滑，成熟后具裂纹或不规则突起，茶褐色。担孢子圆柱形至腊肠状，5.5-

7.5×1.3-2.1μm，光滑，无色，薄壁。担子近棒状，具4担子小梗。单型菌丝系统，生殖菌丝具分隔，无色至浅褐色，薄壁至厚壁。子实层具刚毛，披针形，顶端略具结晶的疣状突起，突出于子实层。

夏秋季生于阔叶树腐木上。我国各地区均有分布。

红锈革菌 *Hymenochaete cruenta* (Pers.) Donk

担子体一年生，平伏，贴生，厚约0.1cm，革质，新鲜时光滑，干后坚硬。边缘颜色浅，薄，上翘。子实层体光滑至具疣状，新鲜时红色至紫红色，干后棕红色，边缘浅棕红色。担孢子圆柱形，5.5–7.8×1.5–2.2μm，光滑，无色，薄壁。担子棒状，具4担子小梗。单型菌丝系统，生殖菌丝具隔膜，薄壁至厚壁，菌丝浅黄棕色。刚毛锥形至纺锤形，薄壁，浅红棕色。侧丝无色，透明，薄壁至厚壁，顶端具不规则分枝。

夏秋季生于阔叶树腐木、枯枝上。我国各地区均有分布。

穆氏锈革菌（红锈刺革菌）
Hymenochaete mougeotii
(Fr.) Cooke

担子体贴生，不易与基物剥离，革质，不规则形、半圆形或平伏而反卷呈檐状。表面锈褐色、深赭褐色，被细绒毛，具同心环带。边缘锈色，反卷。菌肉锈褐色。子实层面具疣状突起，呈铁锈色，干后有裂缝。担孢子椭圆形，5.2–6.8×1.8–3.2μm，薄壁，无色，光滑。刚毛红褐色，渐尖。无锁状联合。

生于腐木或枯枝上。我国各地区均有分布。

干锈革菌 *Hymenochaete xerantica* (Berk.) S.H. He & Y.C. Dai

担子体菌盖呈半圆形、扇形，长约3cm，宽7cm，厚约0.5cm，革质，表面浅黄褐色至暗褐色，具同心环纹，被绒毛或光滑，边缘锐，浅黄褐色，波浪状。菌孔圆形至多角形，浅黄褐色。菌肉棕黄色至暗褐色。担孢子圆柱形，2.9–4.5 × 1.2–1.8μm。担子棒状，具4担子小梗。囊状体棒状。刚毛厚壁，暗褐色，锥形。

夏秋季叠生于阔叶树腐木上。我国各地区均有分布。

缠结拟锈革菌（缠结锈革菌）*Hymenochaetopsis intricata* (Lloyd) S.H. He & Jiao Yang

担子体一年生，平伏状，皮质，干时革质。菌盖表面被绒毛，呈棕色至锈棕色，边缘内卷，锐。子实层面初黄褐色，成熟时变暗呈浅灰色，开裂。担孢子圆柱形，3.4–4.8 × 1.5–2.1μm，薄壁，无色，光滑。担子棒状，具4担子小梗，基部具隔膜。囊状体未见。单型菌丝系统，菌丝浅黄色，薄壁，分枝，疏松交错排列。

夏秋季生于阔叶树腐木和倒木上。分布于我国东北、西北、西南等地区。

杨核纤孔菌（团核针孔菌）*Inocutis rheades* (Pers.) Fiasson & Niemelä

担子体一年生，覆瓦状，长5cm，宽6cm，厚可达1cm，木栓质，干后坚硬、易碎。菌盖表面浅黄褐色至淡褐色，被绒毛，粗糙，具不明显同心环状，边缘钝、色浅。菌肉暗棕褐色，纤维质至硬木质，无特殊气味。菌孔多角形至圆形，淡黄棕色、暗褐色至暗红褐色。担孢子椭圆形，5.3-6.8×3.8-4.7μm，浅黄棕色，薄壁，光滑。担子棒状，具4担子小梗。单型菌丝系统，菌丝淡黄色，薄壁至厚壁，具隔膜。

夏秋季叠生于杨属树木上。分布于我国东北、华北、西北等地区。药用。

粗毛纤孔菌（粗毛针孔菌、粗毛焦炭菌、桑黄）*Inonotus hispidus* (Bull.) P. Karst.

担子体一年生，菌盖扁平形，长8-12cm，宽10-20cm，厚可达5cm，软木栓质，干后变黑，呈木栓质，表面初期亮褐色至金褐色，后呈暗褐色、黑褐色，密生粗毛，无环纹，边缘钝圆。菌肉暗茶褐色，软纤维质至木栓质，无明显味道。菌孔表面浅棕色至暗褐色，受伤后变暗。菌孔多角形，菌管浅棕色至暗褐色，木栓质或易碎。担孢子近球形至宽椭圆形，8.2-1.5×6.8-8.9μm，金黄色，厚壁，非淀粉质，非嗜蓝。担子宽圆柱形，具4担子小梗。单型菌丝系统，生殖菌丝具隔膜。未见子实层刚毛。

夏秋季单生或叠生于水曲柳等阔叶树活立木或倒木上。分布于我国东北、华北、华东、西北等地区。药用。

粗糙纤孔菌 *Inonotus scaurus* (Lloyd) T. Hatt.

担子体一年生，叠生，木栓质。菌盖扇形，长8-10cm、宽8-9cm、厚0.5cm，表面黄褐色、棕褐色，被短绒毛且柔软，平滑，具光泽，具明显环纹。子实层面黄褐色，管孔圆形。担孢子球形，直径4.8-5.8μm，薄壁，透明。担子棒状，具4担子小梗。子实层无刚毛。单型菌丝系统，菌丝透明至黄褐色，薄壁。无锁状联合。

夏秋季生于阔叶树活立木或倒木上。分布于我国东北、华北等地区。

针拟木层孔菌（贝形拟木层孔菌）*Phellinopsis conchata* (Pers.) Y.C. Dai

担子体多年生，无菌柄，覆瓦状，木栓质。菌盖长3cm、宽5cm、厚约1cm，表面暗灰色至黑色，具不明显同心环，初期被绒毛，后光滑。菌盖边缘锐，浅色。菌孔表面黄褐色至棕褐色，菌孔圆形。担孢子宽椭圆形，4.8-6×4-5.2μm，淡黄色，光滑，厚壁。二型菌丝系统：生殖菌丝透明，薄壁，具隔膜，无锁状联合；骨干菌丝锈棕色，厚壁，不分枝，弯曲。

生于杨、柳等阔叶树活树干或腐木上。分布于我国东北、华中、西南、西北等地区。药用。

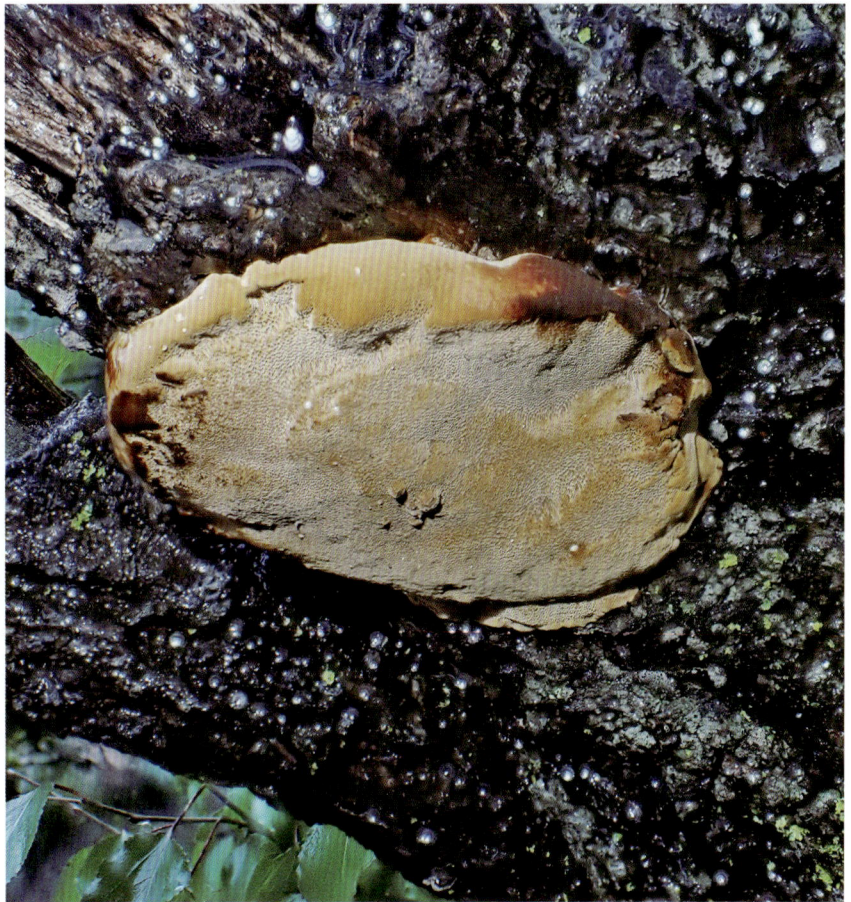

火木层孔菌（火木针层孔菌、针层孔菌）
Phellinus igniarius (L.) Quél.

担子体多年生，半球形至马蹄形，木栓质。菌盖长5-18cm、宽8-25cm、基部厚5-15cm，表面褐色、灰褐色至黑色，具明显的环状纹和裂纹，具绒毛至光滑，龟裂。菌孔圆形至椭圆形，棕褐色。菌肉深褐色。菌管与菌肉近色，分层，成熟菌管具奶油色菌丝。担孢子近球形，5.6-6.8×4.5-6.2μm，非淀粉质，不嗜蓝，壁稍厚，光滑，无色。担子棒状，具4担子小梗。二型菌丝系统。子实层刚毛锥形，褐色，厚壁，基部膨大。

夏秋季单生或叠生于柳等阔叶树活立木或倒木上。我国各地区均有分布。药用。

苹果木层孔菌（多瘤木层孔菌、李木层孔菌、苹果针层孔菌）*Phellinus pomaceus* (Pers.) Maire

担子体多年生，蹄形，具瘤状突起。菌盖长1-5cm、宽3-5cm、基部厚1-4cm，表面浅灰色，边缘棕褐色至赭色，无光泽，粗糙，平展，老后不规则龟裂。表面具密生绒毛，后光滑。边缘圆，肉桂色。子实层面平，棕色、灰棕色至浅灰色，伤变为锈褐色。菌孔圆形至椭圆形。担孢子椭圆形，5.5-6.5×4.5-5.6μm，薄壁，光滑，无色。担子棒状，具4担子小梗。二型菌丝系统。

夏秋季单生或叠生于蔷薇科植物活立木上。我国各地区均有分布。药用。

胶质射脉菌 *Phlebia tremellosa* (Schrad.) Nakasone & Burds.

担子体覆瓦状叠生，平伏反卷，新鲜时易与基物剥离，肉质至革质。菌盖窄半圆形，长2-3cm，宽3-7cm。表面乳白色、淡黄色至淡粉色，被绒毛，无环纹。子实层体浅肉桂色、橘黄色至锈橘色，具放射状脊，干后似浅孔状。孔口圆形，边缘厚，全缘。菌肉灰白色，胶质。孢子印白色。担孢子腊肠形，4-4.5×1-1.5μm，无色，薄壁，光滑，非淀粉质。囊状体有结晶体。

夏秋季叠生于阔叶树倒木和腐木上。我国各地区均有分布。有毒。

落叶松木层孔菌 *Porodaedalea laricis* (Jacz. ex Pilát) Niemelä

担子体多年生，蹄形，单生或偶尔覆瓦状叠生，硬木质。菌盖长4-9cm、宽7-15cm、基部厚3-5cm，表面暗棕色至深红褐色，具同心环沟及窄的环带，密被绒毛，边缘暗棕色，锐，具硬毛。孔口圆形，黄褐色。菌肉肉桂褐色。菌管浅黄褐色、栗褐色，木栓质。担孢子近球形至宽椭圆形，4-5.1×3.2-4.2μm，无色，光滑，嗜蓝。担子棒状，具4担子小梗，基部具隔膜。二型菌丝系统，无锁状联合。

生于落叶松活立木或倒木上。分布于我国东北、华南、西北、西南等地区。药用。

松锈原迷孔菌（松孔状迷孔菌）*Porodaedalea pini* (Brot.) Murrill

担子体多年生，硬木质。菌盖马蹄形，长约5cm、宽约10cm，表面灰色至黑色，具凹槽和环纹，边缘钝，暗褐色。菌肉暗褐色，硬质。菌孔圆形至迷宫形，表面锈褐色至茶褐色，弱折光性。菌管浅黄褐色至淡茶褐色，木栓质。担孢子宽椭圆形，3.8-5.5 × 3.2-4.5μm，光滑，壁薄至稍厚，非淀粉质。担子棒状，具4担子小梗。二型菌丝系统：生殖菌丝具隔膜；骨干菌丝浅黄棕色，厚壁，不具分枝，具隔膜。刚毛锥形，暗褐色，厚壁。

夏秋季单生于松的活立木上。分布于我国东北、西北、西南等地区。

鲍姆桑黄孔菌（鲍姆木层孔菌）*Sanghuangporus baumii* (Pilát) L.W. Zhou & Y.C. Dai

菌盖半圆形、蹄形、平展或弧形，直径3-6cm，表面环带有辐射状裂缝，污灰褐色、黑色，边缘尖锐或近尖锐且稍薄，淡色或黄锈色。菌管近紫褐色或锈色，多层，管口圆形。菌肉硬木质，锈色，易破碎。担孢子球形或椭圆形至球形，3-4 × 2.5-3μm，黄色或黄褐色。担子棒状，具4担子小梗。刚毛密生，近纺锤形，基部膨大，端尖，锈褐色。

夏秋季生于暴马丁香等阔叶树树桩、倒木上。分布于我国东北、华北、西北等地区。药用。

忍冬桑黄孔菌（忍冬木层孔菌）
Sanghuangporus lonicericola (Parmasto)
L.W. Zhou & Y.C. Dai

担子体多年生，呈盖形，木栓质，干燥后硬木质。菌盖半圆形，长5-8cm，宽6-9cm，表面新鲜时土黄色，具同心环形沟纹，粗糙，边缘钝，亮黄色。菌孔表面初期黄色，成熟后呈暗褐色，孔口多边形或圆形。菌肉深茶色，烘干后棕褐色。菌管与孔面颜色一致，子实层与菌肉分层明显。担孢子卵圆形、近圆形，2.5-4×2.2-3.5μm，淡黄色，厚壁，光滑。担子柱状，具4担子小梗。二型菌丝系统：生殖菌丝透明，光滑，土黄色，薄壁至厚壁，具分隔及分枝；骨干菌丝厚壁，无分枝。

单生或叠生于忍冬的活立木和倒木上。分布于我国东北、西南、华中等地区。药用。

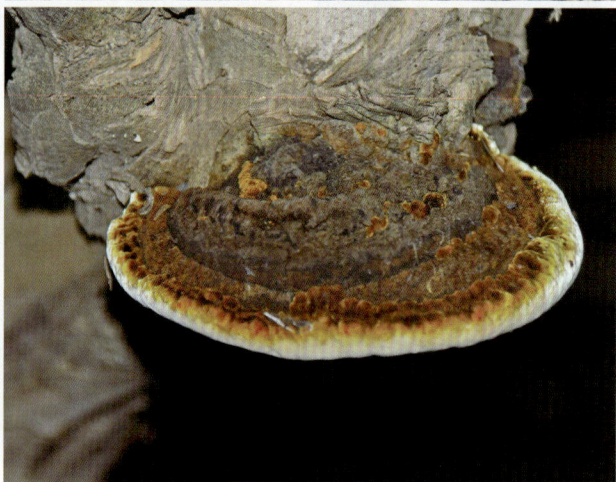

蒙古桑黄 *Sanghuangporus mongolicus* T. Bau

担子体多年生，新鲜时木栓质，干燥后坚硬。菌盖圆形至蹄形，扁平，单生或叠生，有时覆瓦状，表面深棕色至黑褐色，具同心环带和深的沟纹，粗糙，具辐射状纵向开裂的沟纹，具致密细绒毛，边缘金黄色至浅黄褐色，完整，波浪状弯曲，薄。菌肉污棕色至灰褐色，硬木质。菌管层分层，菌孔表面黄褐色至污褐色，具折光反应。管口多角形至圆形，管口边缘薄，全缘。担孢子椭圆形至宽椭圆形，4.2–5 × 2.7–3.5μm，厚壁，淡黄色，光滑。担子桶状，具4担子小梗，无色，透明，薄壁。二型菌丝系统，生殖菌丝具锁状联合。囊状体近梭形，顶端窄且弯曲，无色，薄壁。子实层刚毛锥形或近三角形，暗褐色至红褐色，厚壁。

单生或少数叠生于刺榆的活立木上。分布于我国东北地区。

杨树桑黄（瓦宁桑黄、瓦宁木层孔菌）
Sanghuangporus vaninii (Ljub.) L.W. Zhou & Y.C. Dai

担子体多年生，木栓质，干燥后硬木质。菌盖长约6cm，宽10cm，表面暗红褐色至深棕褐色，新生长的边缘金黄色，具同心环形沟纹，近光滑。菌孔表面初期呈深黄色，成熟后逐渐呈棕褐色，孔口圆形。菌肉茶褐色，菌管与孔面颜色基本一致。担孢子宽卵圆形、近圆形，3.2-4.8×2.2-4μm，暗黄色。担子桶状，具4担子小梗。二型菌丝系统：生殖菌丝无色至浅黄色，光滑，壁稍厚，具分隔及分枝；骨干菌丝金黄色，厚壁。刚毛锥形或一侧突出近

梭状，深褐色，厚壁。

生于杨等阔叶树树干或伐桩、倒木上。分布于我国东北地区等。药用。

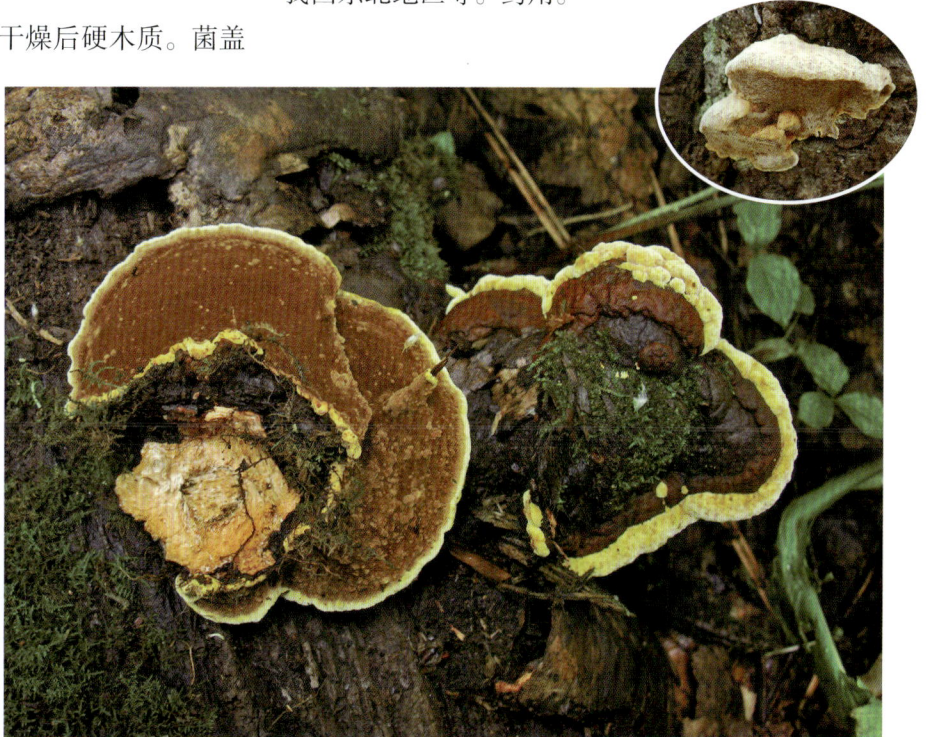

辐射状黄卧孔菌（辐射状纤孔菌、亚稀针孔菌）*Xanthoporia radiata* (Sowerby) Ţura, Zmitr., Wasser, Raats & Nevo

担子体一年生，无菌柄，覆瓦状叠生，木栓质。菌盖半圆形、扇形，长2-5cm，宽3-10cm，表面浅黄褐色至浅红褐色，有褐色纤细绒毛，具明显环纹，边缘薄至厚，锐，有辐射状皱纹，干后内卷。菌肉锈褐色。菌管浅灰褐色，圆形。担孢子椭圆形，3.8-5.4×2.6-3.8μm，浅黄褐色，厚壁，光滑，非淀粉质。单型菌丝系统，菌肉菌丝壁稍厚，淡黄色至金黄色，具分枝，具隔膜。刚毛短，基部膨大，顶端弯曲。

夏秋季叠生于杨、栎等阔叶树活立木或倒木上。我国各地区均有分布。药用。

藓菇科 Rickenellaceae
白斗杯革菌（白斗韧革菌）*Cotylidia diaphana* (Cooke) Lentz

担子体扇形至深漏斗形，革质，高2-5cm。菌盖宽1-3cm，表面白色，中心浅棕色，具辐射状或同心环状条纹，边缘薄，呈锯齿状。菌柄圆柱形，棕褐色，长0.5-2.5cm，粗0.1-0.5cm，具白色细绒毛，基部具菌丝体。担孢子4-5.5×2-4.5μm，光滑，非淀粉质。单型菌丝系统，无锁状联合。囊状体圆柱形，薄壁。

夏季群生于林中枯枝落叶及地上。分布于我国东北、华北、华东、西南等地区。

鬼笔目 Phallales

腹孢菌科 Gastrosporiaceae
草棉腹孢菌 *Gastrosporium gossypinum* T. Kasuya, S. Hanawa & K. Hosaka

担子体球形至近球形，高0.3-1.5cm，宽0.3-1cm，有一根较长的菌索。包被双层，外层为棉质的白色菌丝团，附着沙粒，内层薄，胶化，湿时柔韧，干燥时易碎，淡黄褐色至淡橄榄色，产孢组织占据整个空腔，白色、浅黄棕色至浅橄榄色，成熟后粉末状。担孢子近球形、卵形至椭圆形或不规则形，3.5-6.5×3-5μm，光滑至疣突，浅绿色至浅灰蓝色。假孢丝薄壁，偶呈不规则肿胀，淡黄色。外包被由松散交织的薄壁分枝菌丝组成。

沙地地下成群或散布在沙土中。分布于我国东北地区等。

鬼笔科 Phallaceae

红笼头菌 *Clathrus ruber* P. Micheli ex Pers.

担子体中型或大型，圆柱形或椭圆形，直径 3-7cm。菌蕾球形，白色。以菌丝束结构固定于沙土。孢托卵圆形至近球形，高6-18cm，直径5-20cm。笼头状，红色、海绵质，网格五角形，外侧平滑至有皱，内侧不平整。具暗橄榄褐色黏液状孢体，有恶臭味。担孢子椭圆形至杆形，5-6.5×2.5-3μm，光滑，无色。

春季至秋季生于林地、草地、沙地上。分布于我国东北、华中、华南、西南等地区。有毒。

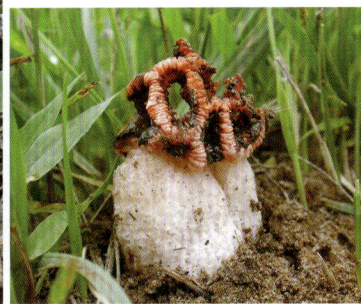

五棱散尾鬼笔 *Lysurus mokusin* (L.) Fr.

担子体成熟时高10-13cm，直径1.5-3cm，初期卵形、毛笔形。托臂4-7条，红色至粉红色，近顶生。顶端不育。粉红色，初连生，后分开。孢体黏液橄榄褐色，生于托臂内侧。菌柄长7-9cm，粗1-2cm，具有4-7条纵向棱脊，粉红色至红色，断面筛形。菌托直径1.5-2.5cm，近球形，外表白色至污白色。担孢子长椭圆形至杆形，4-4.5×1-2μm，无色，光滑。

生于林中地上或路边草地上。我国各地区均有分布。药用。

围篱状散尾鬼笔 *Lysurus periphragmoides* (Klotzsch) Dring

菌蕾幼时直径2-2.4cm，卵形，基部有白色根状菌索。后期外菌幕破裂形成菌托，内部伸出孢托。孢托头部浅橙色至橙红色，近球形，网格状，格内生有橄榄色的黏液，具有强烈的粪臭味。菌

柄长3-10cm，粗1.5-3cm，粉红色至黄白色带粉红色，空心，顶端开裂，缩小，基部稍尖，壁呈海绵状。菌托白色，不规则开裂。担孢子椭圆形，4.5-5×1.8-2.5μm，无色，光滑。

夏季群生于林中地上。分布于我国东北、西南等地区。

蛇头菌（狗蛇头菌）*Mutinus caninus* (Schaeff.) Fr.

菌蕾球形至卵形，白色，基部有白色根状菌索。担子体高6.5-8cm，直径可达1cm。菌盖与菌柄无明显界限，圆锥形，顶端有小孔，鲜红色，近平滑或有疣状突起，其上具橄榄褐色并有腥臭味孢

体。菌柄上部红色至橙红色，向下渐变淡粉色至白色，海绵状，中空，圆筒形。菌柄基部有白色菌托，卵圆形至近椭圆形。担孢子椭圆形或长椭圆形，3.2-5×1.2-2μm，无色，光滑。

夏秋季单生、散生或群生于林中地上、人家附近空旷地。我国各地区均有分布。有毒。

粉托鬼笔 *Phallus hadriani* Vent.

担子体菌蕾期表面粉紫色，长卵圆形，高2.5-4cm，粗2-2.5cm。成熟后菌盖圆锥形，深棕色，网格内带有恶臭味的深绿色孢体。菌柄圆柱形，中空，长4-5.5cm，粗0.6-1cm，白色，松软，表面呈蜂窝状。菌托着生于菌柄基部，粉色，袋形。担孢子椭圆形，3.5-4.5×2-2.5μm，无色，光滑。

夏秋季生于庭院、草地。分布于我国东北地区。

细皱鬼笔（红鬼笔、细皱红鬼笔、皱鬼笔）*Phallus rugulosus* (E. Fisch.) Lloyd

菌蕾球形，白色，基部有菌索。成熟担子体顶端伞状，红色，带有具恶臭味的暗绿色黏液。菌柄圆形，高5-15cm，上部红色，下部浅色且变粗，表面具蜂窝状小孔，干后海绵状，易碎。担孢子柱状或长椭圆状，4-4.8×1.5-2μm，亮橄榄绿色，非淀粉质，光滑，薄壁。

夏秋季群生或单生于庭院、草地或林中地上。我国各地区均有分布。

多孔菌目 Polyporales

齿毛菌科 Cerrenaceae

一色齿毛菌（单色云芝、单色革盖菌、齿毛芝）*Cerrena unicolor* (Bull.) Murrill

担子体一年生，软革质至坚韧硬革质。菌盖肾形至扇形，长2-3cm，宽3-7cm，表面具绒毛，具环纹，边缘乳白色、棕色、深棕色、褐色至灰褐色。孔口呈迷宫状或凹槽状，成熟后呈齿状。菌肉白色，革质。孢子印白色。担孢子长椭圆形，4.5-7.5×2.5-4μm，光滑，非淀粉质。担子圆柱形，具4担子小梗。三型菌丝系统：生殖菌丝无色透明，薄壁，分枝，具锁状联合；骨干菌丝厚壁，无分枝；联络菌丝厚壁，分枝。

生于多种阔叶树的活立木、倒木、腐朽木及树桩上。我国各地区均有分布。药用。

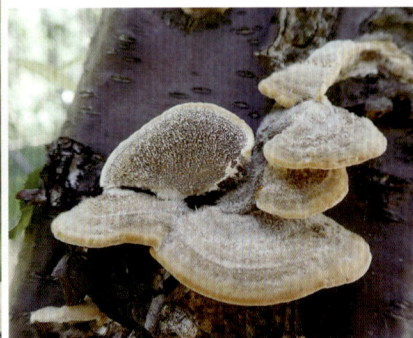

拟层孔菌科 Fomitopsidaceae

肉色迷孔菌（迪氏迷孔菌、柞迷孔菌、白肉迷孔菌、肉色栓菌）*Daedalea dickinsii* Yasuda

担子体一年生，木栓质，无菌柄。菌盖半圆形、扇形，长3-12cm，宽10-20cm，表面具灰棕色同心环纹，被细绒毛，初期浅肉色，后为灰棕色至深灰棕色，边缘薄，钝，全缘，近光滑。菌肉棕褐色、肉桂色。孔口圆形至迷路状，淡褐色、棕褐色。担孢子近球形，直径3-4.5μm，平滑，无色，非淀粉质。三型菌丝系统：生殖菌丝薄壁，具锁状联合；骨干菌丝厚壁，无色或淡黄色；联络菌丝厚壁，无色，弯曲，分枝。

夏秋季覆瓦状叠生于阔叶树枯立木或腐木上。我国各地区均有分布。药用。

桦拟层孔菌（桦剥孔菌、桦剥管菌、桦滴孔菌）*Fomitopsis betulina* (Bull.) B.K. Cui

担子体一年生，坚韧，木栓质。菌盖肾形，长8-20cm，宽15-25cm，表面污白色至棕色，具明显环带，边缘白色至黄褐色，锐，干后内卷。孔口污白色至浅褐色，圆形。菌肉厚，浅黄色，木栓质。具短柄，长2-3cm，粗2.5-3cm，浅棕色，弯曲。孢子印白色。担孢子圆柱形至腊肠形，4-5.8×1.3-2μm，光滑。担子棒状，具4担子小梗。二型菌丝系统：生殖菌丝分枝，弯曲，具锁状联合；骨干菌丝多分枝，弯曲，交织排列。

单生于桦的活立木或倒木上。分布于我国东北、华北、西北、西南等地区。药用。

粉红层孔菌 *Rhodofomes cajanderi* (P. Karst.) B.K. Cui

担子体多年生，木栓质。球形、盖形至平伏反卷，单生或覆瓦状叠生。菌盖扇形至半圆形，长4-7cm，宽7-10cm，表面浅褐色至淡粉红色，后加深呈粉褐色或灰色至黑灰色，被绒毛或近无毛，具明显的环沟和纵条纹，粗糙，边缘颜色较浅，薄而锐。孔口表面粉褐色或褐色，不育边缘明显，孔口圆形至多角形。菌肉浅粉褐色，木栓质。担孢子腊肠形，4.8-5.9×1.8-2μm，无色，光滑。二型菌丝系统：生殖菌丝无色，薄壁，少分枝，具锁状联合；骨干菌丝淡黄色至淡黄褐色，厚壁，无分枝，交织排列。担子棒状，具4担子小梗。

生于针叶树活立木、倒木、树桩上。分布于我国东北、西南等地区。药用。

结晶伏孔菌科 Incrustoporiaceae
薄皮干酪菌 *Tyromyces chioneus* (Fr.) P. Karst.

担子体一年生，新鲜时软，干后硬而脆，奶酪质。菌盖半圆形，长约5cm，宽约3cm，表面白色、奶油色，边缘锐。孔口表面白色至奶油色，孔口圆形至多角形，管口边缘薄，全缘。菌肉白色，干后奶酪质。担孢子圆柱形至腊肠形，3.9–5×1.5–2μm，无色，薄壁，光滑。二型菌丝系统：生殖菌丝无色，薄壁，分枝，具锁状联合；骨干菌丝无色，厚壁，不分枝。担子棒状，具4担子小梗。

生于阔叶树树桩上。我国各地区均有分布。药用。

耙齿菌科 Irpicaceae
白囊耙齿菌（乳白耙齿菌）*Irpex lacteus* (Fr.) Fr.

担子体一年生，革质，平伏状至边缘反卷。菌盖扇形至半圆形，长约1cm，宽2cm，表面乳白色至浅黄色，具细绒毛，具不明显同心环，边缘与表面同色，干后内卷。菌肉白色至奶油色。子实层体齿状，奶油色至淡黄色。担孢子椭圆形至圆柱形，3.8–4.6×2.2–3.2μm，无色，光滑，薄壁，非淀粉质。囊状体棒状至纺锤形，具结晶体。二型菌丝系统：生殖菌丝薄壁，分枝，具隔膜，无锁状联合；骨干菌丝无色，厚壁。

夏秋季生于阔叶树倒木和枯枝上。我国各地区均有分布。药用。

绚孔菌科 Laetiporaceae

奶油炮孔菌（硫黄菌）*Laetiporus cremeiporus* Y. Ota & T. Hatt.

担子体一年生，叠生。菌盖半圆形至扇形，扁平，长约20cm，宽15cm，表面橙黄色至橙红色，干后呈浅棕色、易碎，边缘薄，波状或撕裂状，具径向沟纹。孔口表面黄白色至乳白色，近圆形至多角形。菌肉白色至乳白色，厚，味道温和。担孢子卵圆形至椭圆形，$5.2-7.2 \times 3.3-4.8\mu m$，无色，薄壁，光滑，非淀粉质。担子棒状，具4（2）担子小梗。囊状体未见。三型菌丝系统：生殖菌丝薄壁，透明，具隔膜，具分枝；联络菌丝厚壁，透明，无隔膜，具分枝；骨干菌丝厚壁，质坚，不分枝。

夏秋季生于阔叶树活立木或倒木上。分布于我国东北、华北、西北等地区。食用，药用。

皱孔菌科 Meruliaceae

海绵皮孔菌 *Sarcodontia spumea* (Sowerby) Spirin

担子体一年生，肉质柔软、吸水性强，干后坚硬易碎。菌盖长12-18cm，宽约10cm。菌盖表面白色至奶油色，干时苍白、麦秆色至赭红色，被细毛或绒毛，边缘圆形。菌肉厚，奶油色。菌孔面白色、浅粉色，干后稻草色至赭色。担孢子球形至宽椭圆形，$6-8.5 \times 4.5-6\mu m$，无色，光滑，厚壁。担子棒状，具4担子小梗。单型菌丝系统，生殖菌丝壁稍厚，透明且互相交织。

夏秋季生于阔叶树树干、枯立木或木桩上。分布于我国东北、华北、西南等地区。药用。

锐孔菌科 Oxyporaceae
杨锐孔菌 *Oxyporus populinus* (Schumach.) Donk

担子体多年生，无菌柄，木质。菌盖平展，长3-8cm，宽5-12cm，表面乳白色至浅黄色，有时呈浅灰黑色，常被苔藓和藻类所覆盖，被绒毛至光滑，无环状纹，边缘薄。菌肉白色、奶油色。菌孔白色、浅黄色，圆形至多角形，边缘薄，具齿。菌管白色，分层。担孢子近球形至椭圆形，3.5-4.5 × 3.1-4.2μm，无色，光滑，非淀粉质。担子棒状，具4担子小梗。囊状体头状至棒状，顶端具结晶体。单型菌丝系统，菌丝无色，透明，薄壁，具分枝和隔膜。

夏秋季覆瓦状叠生于阔叶树上。我国各地区均有分布。

革耳科 Panaceae
贝壳状革耳 *Panus conchatus* (Bull.) Fr.

菌盖直径1.8-3cm，漏斗形，浅棕色至褐色，表面具辐射状细条纹。菌褶延生，奶白色，薄，稍密，不等长。菌肉薄，污白色。菌柄中生，长1.7-3.4cm，粗0.1-0.2cm，圆柱形，中空，纤维质，污白色至浅黄褐色，表面具小纤毛。担孢子椭圆形，4-5.8 × 2-3.6μm，透明，薄壁，非淀粉质。担子具4担子小梗，薄壁，基部具锁状联合。侧生囊状体窄棒状，薄壁，无色，透明。缘生囊状体棒状，透明，薄壁。菌盖表皮层菌丝表皮型，无色，具锁状联合。

夏秋季散生于阔叶林中腐木上。分布于我国东北、华北、华东、西南等地区。食用，药用。

新粗毛革耳（粗毛香菇、粗毛斗菇）*Panus neostrigosus* Drechsler-Santos & Wartchow

菌盖直径2.5-5.5cm，中部下凹呈浅漏斗形，表面被长粗毛，紫色至红褐色、粉棕色或棕褐色，边缘内卷。菌褶延生，密，初期紫色，成熟时白色，最终淡棕色。菌肉白色，纤维质。菌柄长1-2cm，粗0.8-1.2cm，偏生，基部膨大，具纤毛。孢子印白色。担孢子圆柱形至长椭圆形，4.2-5.6×1.4-2.1μm，光滑，无色。担子棒状，具4担子小梗。侧生囊状体圆柱形，光滑，厚壁，透明。食用，药用。

夏秋季散生于腐木上。分布于我国东北、华中、华南、西南等地区。药用。

隔孢伏革菌科
Peniophoraceae
栎隔孢伏革菌 *Peniophora quercina* (Pers.) Cooke

担子体平伏状，反卷，呈大小不一的片状。子实层体近平滑或瘤状突起，淡粉色、粉褐色。边缘向外变薄并且颜色变浅。不育面棕色至黑色。菌肉淡褐色，革质。担孢子腊肠形至圆柱形，8-10.8×3.5-4.2μm，无色，透明，非淀粉质。担子棒状，具4担子小梗。囊状体棒状或梭形，光滑，厚壁。单型菌丝系统，具锁状联合。

夏秋季生于针阔混交林枯木上。分布于我国东北、华南、西南等地区。

槭射脉菌 *Phlebia acerina* Peck

担子体一年生，平伏，软。孔口表面新鲜时乳白色至橙黄色，干后污白色至黄褐色，圆形至多角形，每毫米1或2个，边缘薄至撕裂状。不育边缘乳白色。菌肉污白色至黄白色，薄或无。菌管乳白色至淡黄褐色。担孢子椭圆形，4-5.8×1.6-2.3μm，无色，透明，光滑。担子长棒状，具4担子小梗，基部具锁状联合。单型菌丝系统。

夏季生于阔叶树树干上。分布于我国东北、西南等地区。

原毛平革菌科 Phanerochaetaceae

黑烟管孔菌（烟管菌、烟色多孔菌）
***Bjerkandera adusta* (Willd.) P. Karst.**

担子体一年生，无菌柄。菌盖半圆形到不规则形，长6-10cm，宽4-6cm，表面密被细绒毛，后光滑。菌管层表面灰色到黑色，伤变为深黑色，孔口多角形。菌肉白色至褐色，木栓质或革质。担孢子椭圆形或长椭圆形，4.5-5.5×2.5-3.5μm，无色。单型菌丝系统，生殖菌丝无色，具锁状联合。

腐生于阔叶树等伐桩、枯立木、倒木上。我国各地区均有分布。药用。

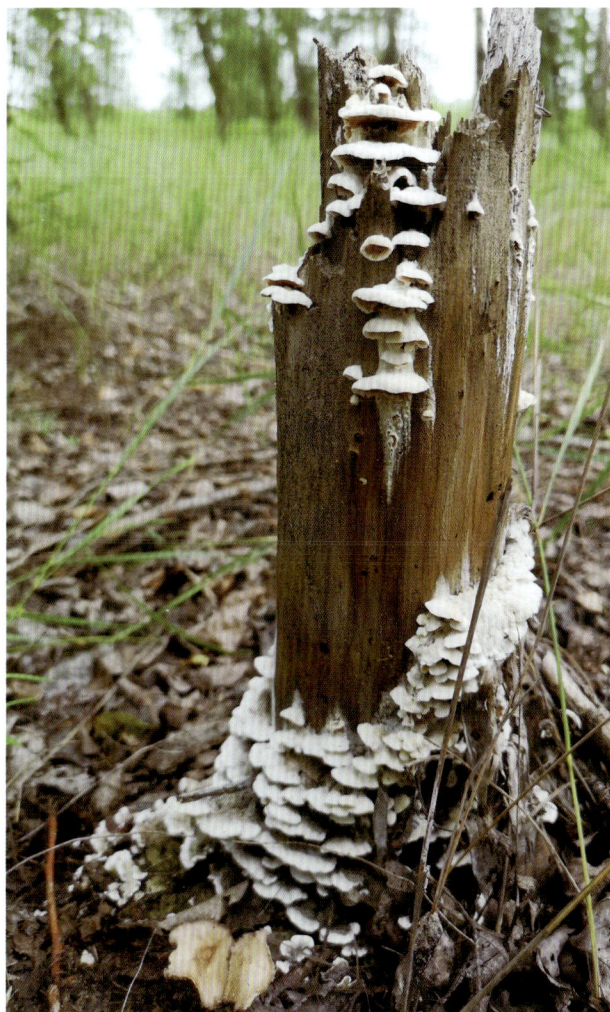

烟色烟管孔菌（亚黑管孔菌）*Bjerkandera fumosa* (Pers.) P. Karst.

担子体平伏生长，反卷部分呈贝壳状，往往呈覆瓦状。菌盖表面白色、淡黄色、浅棕色或浅灰色，具不明显的环纹，长2-8cm，宽3-10cm。菌肉白色或近白色，木栓质。管口面乳白色，孔口多角形。担孢子长椭圆或椭圆形，5.5-7×2.5-4μm，无色，光滑。单型菌丝系统，生殖菌丝薄壁，具横隔，具锁状联合。

生于阔叶树倒木及枯树干上。我国各地区均有分布。药用。

红彩孔菌（红橙彩孔菌、变红彩孔菌）
Hapalopilus rutilans (Pers.) Murrill

担子体圆形至肾形，长2-5cm，宽1.4-4cm。菌盖表面光滑或被绒毛，黄棕色、赭色至紫褐色，无环带，边缘略微弯曲，光滑，锐。子实层面灰褐色至黄棕色，孔口多角形、圆形至长方形。担孢子椭圆形，3-5×2-3μm，光滑，薄壁。二型菌丝系统：生殖菌丝薄壁，分枝；联络菌丝厚壁，具分枝。担子长棒状，具4担子小梗。

秋季生于阔叶树倒木上。分布于我国东北等地区。有毒。

皮拉特拟射脉菌 *Phlebiopsis pilatii* (Parmasto) Spirin & Miettinen

担子体一年生，平伏状，新鲜时软木质，干燥时木质，易撕裂。子实层面肉桂色至褐黄色，稍光滑。边缘较浅，淡黄色，窄，薄。担孢子卵圆形，8.2–9.4×3.8–4.2μm。单型菌丝系统，生殖菌丝具隔膜，透明至黄色，薄壁，多分枝，有时膨大。担子圆柱形，具4担子小梗，基部具锁状联合。

生于阔叶树腐木或倒木上。分布于我国东北、华北等地区。

柄杯菌科 Podoscyphaceae

二年残孔菌（粉残孔菌、褐伞残孔菌）*Abortiporus biennis* (Bull.) Singer

担子体一年生，无菌柄或具短菌柄，单生或覆瓦状叠生。菌盖宽5–12cm，半圆形，表面肉粉色至褐粉色，密被绒毛，边缘白色。管口面粉白色，孔口多角形。菌肉质地坚韧，白色至粉红色，新鲜时常常渗出粉红色至橙色液体。担孢子椭圆形，5–7×3.5μm，光滑，无色，非淀粉质，不嗜蓝。囊状体近圆柱状，光滑，薄壁。单型菌丝系统，具锁状联合。

夏秋季生于阔叶树倒木、树桩上。我国各地区均有分布。药用。

多孔菌科 Polyporaceae

雅致蜡孔菌（黄多孔菌、柳叶状多孔菌、软盖多孔菌）*Cerioporus leptocephalus* (Jacq.) Zmitr.

担子体一年生，匙形至扇形，具柄。菌盖直径1-5cm，表面奶油色至黄褐色，具细放射状条纹及斑点，边缘幼时直，后稍内卷。菌肉奶油色至土黄色。子实层体面白色、灰黄色至肉桂色，孔口多角形至圆形。菌柄长1-2cm，粗0.3-0.8cm，偏生，棕黑色。担孢子纺锤形，8-9×3-4μm，无色，薄壁，非淀粉质，不嗜蓝。担子棒状，具4担子小梗。二型菌丝系统：生殖菌丝具分枝，具锁状联合；骨干菌丝无分枝，厚壁，浅黄色。

夏秋季生于阔叶树腐木或枯枝上。我国各地区均有分布。

盘异角孔菌（盘异薄孔菌、肉色盘革耳）*Cerioporus scutellatus* (Schwein.) Zmitr.

担子体一年生，无菌柄，平伏状。表面从边缘至基部呈黄褐色到黑色。孔口表面为米黄色、浅棕色至浅褐色，孔口圆形至多角形。担孢子圆柱形，7.5-9.5×3-4μm，无色，薄壁、光滑，非淀粉质。二型菌丝系统：生殖菌丝薄壁，具锁状联合；骨干菌丝厚壁，非淀粉质。

秋季生于阔叶树树干上。分布于我国东北、华北、西南等地区。

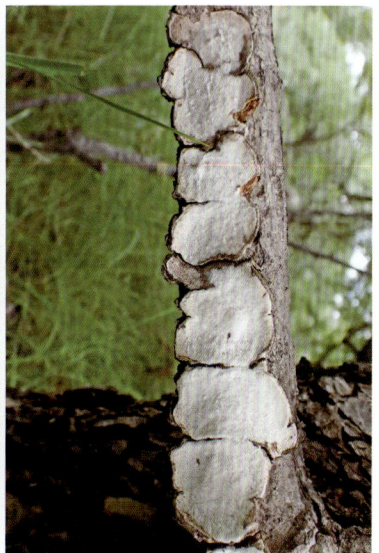

宽鳞角孔菌 *Cerioporus squamosus* (Huds.) Quél.

担子体一年生，肉质，具柄。菌盖圆形、椭圆形，长 20-40cm，宽 15-25cm，表面浅黄褐色、浅棕色，被放射状褐色鳞片，边缘全缘，薄，直或内卷。菌孔表面奶白色、米黄色，孔口多角形、菱形。菌肉白色、米黄色。菌柄粗短，实心，长 1.5-4cm，粗 1-2cm。担孢子长椭圆形，9.5-15 × 4.5-7μm，无色，薄壁，光滑。二型菌丝系统：生殖菌丝薄壁，分枝，具锁状联合；骨干菌丝厚壁，无分枝。担子棒状，具 4 担子小梗。

夏秋季单生或叠生于阔叶树树干、伐桩或倒木上。我国各地区均有分布。食用，药用。

多变蜡孔菌 *Cerioporus varius* (Pers.) Zmitr. & Kovalenko

担子体一年生，外形似伞菌，革质，干后木质。菌盖浅漏斗形、肾形，宽 5-10cm，浅棕黄色，光滑，具不明显的放射状条纹，边缘白色，波状。菌孔面灰白色，孔口多角形。菌肉白色至米黄色，革质。菌柄长 2-6cm，粗 0.5-0.8cm，实心，近黑色。担孢子圆柱形，8-9.5 × 3.5-4.5μm，无色，薄壁，光滑，非淀粉质。二型菌丝系统：生殖菌丝薄壁，分枝，具锁状联合；骨干菌丝厚壁，无分枝。担子棒状，具 4 担子小梗。

生于阔叶树枯枝或倒木上。我国各地区均有分布。

粗拟革盖菌（粗毛盖菌、法国粗盖孔菌、粗毛革孔菌）*Coriolopsis gallica* (Fr.) Ryvarden

担子体一年生，革质，干后坚硬。菌盖半圆形或近贝壳形，长5–20cm，宽8–25cm，密被黄褐色、棕色硬毛，具不明显的同心环纹。子实层体表面灰色至灰棕色，孔口多角形，有时迷宫状。菌肉黄棕色，木栓质，韧。担孢子圆柱形，10–18×3.5–5.5μm，非淀粉质。三型菌丝系统：生殖菌丝薄壁，透明，具锁状联合；骨干菌丝厚壁，黄棕色；联络菌丝厚壁，金黄色。

夏季单生或群生于杨树干、倒木、伐桩上。分布于我国东北、西南、华南等地区。药用。

灰蓝孔菌 *Cyanosporus caesius* (Schrad.) McGinty

担子体贝壳状，柔软，干后木栓质。菌盖扇形，长2–3cm，宽3–5cm，表面白色、铅灰色到蓝灰色，带蓝色斑点，边缘钝，颜色较深，平展或稍内卷。子实层体表面奶油色、浅黄色，孔口圆形至角形。担孢子腊肠形，3.9–6×1.2–1.9μm，无色，厚壁。单型菌丝系统，生殖菌丝薄壁，分枝，具锁状联合。担子棒状，具4担子小梗。

生于针叶树上。分布于我国东北、西南等地区。药用。

粗糙拟迷孔菌（裂拟迷孔菌、茶色拟迷孔菌）
Daedaleopsis confragosa (Bolton) J. Schröt.

担子体一年生，贝壳形、扇形或半圆形。菌盖表面浅棕色，受伤易变深色，粗糙，具不明显的同心环纹和放射状纹理。菌肉白色，木栓质。子实层体面乳白色、暗褐色，孔口迷宫状。孢子印白色。

担孢子圆柱形至椭圆形，7-10×2.5-3.4μm，薄壁，光滑。三型菌丝系统，生殖菌丝具锁状联合。担子棒状，具4担子小梗。

生于阔叶树腐木上。我国各地区均有分布。药用。

三色拟迷孔菌（褶孔菌、褶拟迷孔菌）
Daedaleopsis tricolor (Bull.) Bondartsev & Singer

担子体无菌柄，菌盖直径5-10cm，扇形、黄褐色、锈色、红棕色，边缘浅棕色，具同心环带和辐射状条纹。菌肉浅褐色、浅棕色，木栓质。孔口呈迷宫状。担孢子圆柱形，6.5-8×1.2-1.6μm，稍弯曲，薄壁，光滑。三型菌丝系统：生殖菌丝透明，薄壁，具锁状联合；骨干菌丝无分枝；联络菌丝厚壁，多分枝。担子棒状，具4担子小梗，基部具锁状联合。

夏秋季覆瓦状叠生于针阔叶树枯立木或腐木上。我国各地区均有分布。药用。

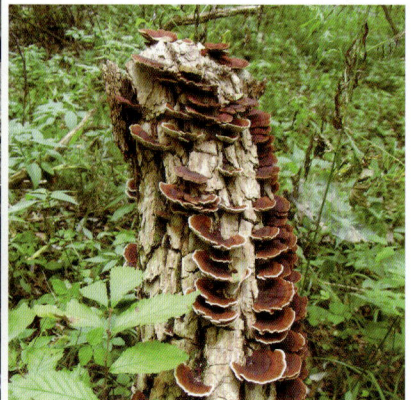

木蹄层孔菌 *Fomes fomentarius* (L.) Fr.

担子体多年生，蹄形，坚硬。菌盖直径10-20cm，表面灰色至深棕色，近光滑，具同心环纹，边缘棕灰色，钝。菌肉褐色，木栓质。管口面呈米色、灰色至褐色，孔口圆形。担孢子近圆形或椭圆形，11-18×4.5-7μm，光滑，无色，非淀粉质。担子圆柱形，具4担子小梗。三型菌丝系统，具锁状联合。

夏秋季单生或群生于阔叶树树桩或倒木上。我国各地区均有分布。药用。

树舌灵芝（扁灵芝、平盖灵芝）*Ganoderma applanatum* (Pers.) Pat.

担子体多年生，无菌柄，木栓质。菌盖蹄形、半圆形或扇形，长15-35cm，宽6-15cm，表面灰色、黑色或棕色，具同心沟纹，龟裂，边缘钝。菌肉棕色，薄，木栓质。孔口面白色至浅灰色，伤变为棕色，孔口圆形。担孢子卵圆形，6-9×4-5μm，平截，褐色，双层壁，非淀粉质。担子长筒形，具4担子小梗。三型菌丝系统，生殖菌丝具锁状联合。

生于多种阔叶树活立木、倒木、腐朽木上。我国各地区均有分布。药用。

漏斗状香菇（大孔菌、棱孔菌）*Lentinus arcularius* (Batsch) Zmitr.

　　担子体一年生，伞形。菌盖直径2-5cm，薄，浅漏斗形，表面暗棕色，老后变浅色，具鳞片，边缘具绒毛，稍内卷。孔口面白色至浅棕黄色，孔口多角形，放射状排列。菌肉白色，薄。菌柄长2-3cm，粗0.1-0.4cm，棕色至浅黄褐色，具细鳞片，实心，基部具白色菌丝。担孢子椭圆形，7.5-9.5×3.5-4.2μm，光滑，无色，非淀粉质。

　　夏秋季群生或散生于阔叶树根际。我国各地区均有分布。药用。

冬生香菇（冬生多孔菌、冬生小多孔菌）*Lentinus brumalis* (Pers.) Zmitr.

　　担子体一年生，伞形。菌盖直径3-6cm，中部微凹，表面密被灰白色长绒毛，灰褐色，边缘内卷。孔口面白色、灰白色，孔口圆形，全缘。菌管延生。菌柄中生或偏生，长1-5cm，粗0.3-0.5cm，近光滑，灰棕色。担孢子圆柱形，5.5-7×2-2.5μm，无色，光滑，薄壁。担子棒状，具4担子小梗。二型菌丝系统：生殖菌丝薄壁，分枝，具锁状联合；骨干菌丝厚壁。

　　生于阔叶树或朽木上。我国各地区均有分布。药用。

缘毛香菇（缘毛多孔菌）*Lentinus substrictus* (Bolton) Zmitr. & Kovalenko

担子体一年生，伞形。菌盖近圆形，直径3-6cm，表面土褐色，干后呈栗色至棕色，被绒毛，边缘渐浅至棕黄色，锐，内卷。孔口面奶油色至黄褐色，孔口圆形至多角形。菌肉白色，木栓质。菌柄长1-2cm，粗0.5-1cm，淡褐色，基部稍膨大，实心。担孢子圆柱形，5.5-8×2-2.5μm，无色，光滑，薄壁，非淀粉质。担子棒状，具4担子小梗。双型菌丝系统：生殖菌丝薄壁，透明，分枝，具锁状联合；骨干菌丝厚壁，黄色。

夏秋季单生或散生于阔叶树上。分布于我国东北、华北等地区。

桦褶孔菌 *Lenzites betulinus* (L.) Fr.

担子体一年生，无菌柄，扇形，革质，长3.5-6.5cm，宽5-8cm，表面污白色至浅褐色，被粗毛，呈明显的同心环状，边缘薄，黄棕色、棕色。子实层体褶状，黄褐色，叉状分枝。菌肉土黄色，木栓质。担孢子圆柱状至腊肠形，4-5×1.5-2μm，薄壁，光滑，无色。担子棒状，具4担子小梗。三型菌丝系统，生殖菌丝具锁状联合。

单生或覆瓦状叠生于桦树等阔叶树活立木或倒木上。我国各地区均有分布。药用。

灰齿脉菌（奇异脊革菌）
Lopharia cinerascens
(Schwein.) G. Cunn.

担子体一年生，平伏状，革质。菌盖狭窄，表面具刺毛。子实层体表面刺状、齿状，具不规则环带，浅褐色、土黄色至灰白色，边缘灰白色，反卷。担孢子椭圆形，8-12×5-6.5μm，无色，光滑，薄壁，非淀粉质。担子棒状，具4担子小梗。二型菌丝系统：生殖菌丝薄壁，分枝，具锁状联合；骨干菌丝厚壁，具结晶体。

夏秋季贴生于阔叶树树干上。我国各地区均有分布。

囊泡新棱孔菌（新大孔菌、桑多孔菌）**Neofavolus alveolaris**
(DC.) Sotome & T. Hatt.

担子体一年生，肾形、扇形。菌盖长2-5cm，宽5-12cm，表面幼时乳白色至奶油色，后变黄褐色至橙褐色，具毛状鳞片，老后变光滑，边缘薄，全缘，稍内卷。菌肉白色，较薄。孔口面白色、乳白色至浅橙褐色，孔口多角形。菌柄圆柱形，较短，侧生，长0.5-1cm，粗0.8-1.2cm，表面管口延生。担孢子圆柱形，6.5-9.5×2.5-3.5μm，无色，透明，薄壁，光滑，非淀粉质。担子棒状，具4担子小梗。二型菌丝系统：生殖菌丝薄壁，透明，具锁状联合；骨干菌丝壁稍厚，不分枝。

夏秋季生于阔叶树枯木上。我国各地区均有分布。药用。

红柄新棱孔菌（红柄香菇）*Neofavolus suavissimus* (Fr.) Seelan, Justo & Hibbett

担子体一年生，伞形、肾形。菌盖长3-5cm，宽4-8cm，表面黄褐色，光滑，边缘薄，光滑，内卷。菌肉白色，革质。菌褶延生，乳白色，边缘锯齿状。菌柄短，偏生，中实，基部红色。孢子印白色。担孢子圆柱形，9-13×3.5-5μm，无色，光滑，非淀粉质。担子棒状，具4担子小梗。子实层具菌丝束。二型菌丝系统，生殖菌丝具锁状联合。

生于阔叶树树干和树枝上。分布于我国东北、西南等地区。

黑柄根孔菌（黑柄拟多孔菌）*Picipes melanopus* (Pers.) Zmitr. & Kovalenko

担子体一年生，漏斗形。菌盖直径3-8cm，肉质，干后坚硬，表面灰褐色至黄褐色、茶褐色，光滑，边缘波状，内卷。孔口面白色，孔口圆形，菌管延生。菌柄长2-6cm，粗0.6-1.5cm，下半部黑褐色，向下渐细。担孢子椭圆形至长椭圆形，6.8-8×2.2-5.5μm，无色，光滑。

夏秋季生于阔叶树腐木上。我国各地区均有分布。药用。

喜根黑柄根孔菌（喜根多孔菌）*Picipes rhizophilus* (Pat.) J.L. Zhou & B.K. Cui

担子体一年生，伞形、肾形。菌盖直径2-5cm。

菌盖扁平，中部钝突至凸镜形，表面浅米黄色、浅棕色，具细小鳞片，边缘黄土色，稍内卷。菌肉白色至米白色。菌孔面白色至奶油色，孔口圆形至多角形。菌管延生。菌柄偏生，长1-2cm，粗0.2-0.6cm，浅黄褐色，向下渐细。担孢子椭圆形，6-8.5×3-5μm，无色，光滑，淀粉质。担子棒状，具4担子小梗。二型菌丝系统：生殖菌丝薄壁，分枝，具锁状联合；骨干菌丝厚壁，无分枝，透明。

夏秋季单生或散生于草地上。分布于我国东北等地区。

水曲柳多孔菌 *Polyporus fraxinicola* L.W. Zhou & Y.C. Dai

担子体一年生，大型，扇形。菌盖长15-20cm，宽20-30cm，表面奶油色、浅黄棕色，光滑，具不明显的放射状纹。菌孔面乳白色，干后呈浅棕色。孔口圆形至多角形。菌肉白色、奶油色，厚。菌柄粗短，长2-3cm，粗1-2.5cm，偏生，表面管孔延生。担孢子圆柱形，6-8.5×3-4μm，无色，薄壁，光滑。担子棒状，具4担子小梗。二型菌丝系统：生殖菌丝薄壁，分枝，具锁状联合；骨干菌丝厚壁，无分枝。

夏季单生于水曲柳树干或倒木上。分布于我国东北等地区。药用。

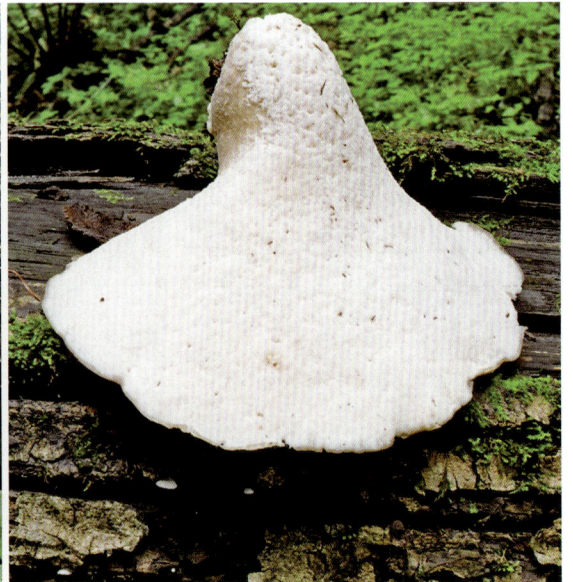

巢孔栓菌（盘栓孔菌）*Poronidulus conchifer* (Schwein.) Murrill

担子体扇形、肾形，皮质。菌盖长 1.5-2cm，宽 3-4cm，表面白色至污白色，近平滑，带放射状细皱纹，具深色同心环，边缘薄，波状，撕裂。菌孔面白色，孔口圆形或多角形，孔口边缘锯齿状。担孢子长椭圆形，5-7×1.5-2.5μm，无色，光滑，非淀粉质。

生于阔叶树枯枝上。分布于我国东北等地区。药用。

朱红栓菌 *Trametes cinnabarina* (Jacq.) Fr.

担子体一年生，扇形、半圆形，木栓质，长 3-8cm，宽 2-5cm，表面橙色至橙红色，干后褪色，近光滑。菌肉橙色，栓质。菌孔面红色，孔口圆形至多角形。担孢子圆柱形，4-5.8×2-3μm，透明，光滑。三型菌丝系统：生殖菌丝薄壁，分枝，具锁状联合；骨干菌丝厚壁；联络菌丝薄壁，多弯曲。

生于阔叶树枯木上。我国各地区均有分布。药用。

偏肿栓菌（浅囊状栓菌、迷宫栓孔菌、褶孔栓菌、短孔栓菌）*Trametes gibbosa* (Pers.) Fr.

担子体二年生，半圆形至扇形，革质。菌盖长6-10cm，宽8-18cm，表面乳白色，被短绒毛，有明显同心环带，老后变黑褐色，边缘白色，薄，锐。菌孔面乳白色、浅粉褐色，孔口多角形，管口边缘厚。担孢子圆柱形，3.5-5×2-2.5μm。无色，薄壁，光滑。担子棒状，具4担子小梗。三型菌丝系统：生殖菌丝薄壁，分枝，具锁状联合；骨干菌丝厚壁，无分枝；联络菌丝厚壁，分枝、扭曲。

生于阔叶树树干上。我国各地区均有分布。药用。

粗毛栓菌（毛栓孔菌、毛栓菌）*Trametes hirsuta* (Wulfen) Lloyd

担子体一年生，半圆形至扇形，皮质。菌盖长3-4cm，宽5-10cm，表面密被灰色粗毛，有同心环带，边缘薄，内卷。菌肉薄，灰白色。菌孔面灰白色，孔口圆形至多角形。担孢子圆柱形，6-9×2-2.5μm，无色，薄壁，光滑。担子棒状，具4担子小梗。三型菌丝系统：生殖菌丝薄壁，分枝，具锁状联合；骨干菌丝厚壁，无分枝；联络菌丝厚壁，分枝，扭曲。

生于阔叶树倒木、枯枝上。我国各地区均有分布。药用。

淡黄褐栓菌（锗栓孔菌、赭栓菌、白栓孔菌）***Trametes ochracea*** (Pers.) Gilb. & Ryvarden

担子体一年生，半圆形至扇形，革质。菌盖长2-3cm，宽4-6.5cm，表面驼绒色、黄褐色，被绒毛，具褐色同心环带，边缘钝，浅灰色。菌孔面浅黄色，孔口多角形至圆形。担孢子圆柱形，5.2-8×2-3.4μm，无色，薄壁，光滑。担子棒状，具4担子小梗。三型菌丝系统：生殖菌丝薄壁，分枝，具锁状联合；骨干菌丝厚壁，无分枝；联络菌丝厚壁，分枝，扭曲。

生于阔叶树腐木上。我国各地区均有分布。药用。

绒毛栓菌 ***Trametes pubescens*** (Schumach.) Pilát

担子体一年生，半圆形或扇形，革质、木栓质。菌盖长2-6cm，宽3.5-8cm，表面白色、灰白色，有不明显的同心带和放射状皱纹，光滑。菌孔面白色至乳白色，孔口多角形。担孢子圆柱形，5-6×2-3μm，无色，薄壁，光滑。担子棒状，具4担子小梗。三型菌丝系统：生殖菌丝薄壁，分枝，具锁状联合；骨干菌丝厚壁，无分枝；联络菌丝厚壁，分枝，扭曲。

生于阔叶树倒木上。我国各地区均有分布。药用。

香栓菌（香栓孔菌）*Trametes suaveolens* (L.) Fr.

担子体扁平、半圆形，木栓质。菌盖长6-10cm，宽10-20cm，表面奶油色、浅黄褐色，被绒毛，平滑，边缘钝，幼时灰色。菌肉白色至奶油色。孔口表面初期白色至奶油色，老后黄褐色至灰褐色。担孢子圆柱形，6.2-9×2.5-4.5μm，无色，光滑。担子棒状，具4担子小梗。三型菌丝系统：生殖菌丝薄壁，分枝，具锁状联合；骨干菌丝厚壁，交织；联络菌丝分枝，交织。

夏秋季多生于杨树和柳树上。我国各地区均有分布。药用。

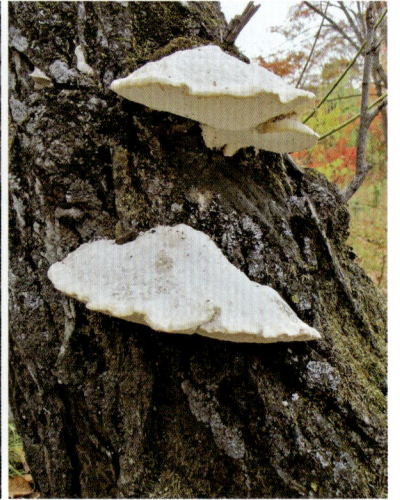

硬毛栓菌 *Trametes trogii* Berk.

担子体贝壳形、肾形，硬木栓质。菌盖长5-8cm，宽2-5cm，表面土黄色、黄褐色，密被牛毛状粗毛，边缘锐，稍内卷。菌孔面土黄色至赭色，孔口多角形。担孢子圆柱形，9.5-11.8×2.3-4.5μm，光滑，薄壁。担子棒状，具4担子小梗。三型菌丝系统：生殖菌丝薄壁，分枝，具锁状联合；骨干菌丝厚壁，不分枝；联络菌丝厚壁，分枝。

常见于杨、柳等阔叶树倒木上。分布于我国东北、华北等地区。药用。

云芝栓菌（彩绒革盖菌、杂色云芝、彩绒栓菌）*Trametes versicolor* (L.) Lloyd

担子体革质，花瓣状。菌盖扇形，长3-8cm，宽1-4cm，表面随着生长期不同呈浅灰色、褐色、蓝灰色，被细密绒毛，具明显的同心环带，边缘锐，白色、淡黄色至浅黄褐色。菌肉薄，栓质。菌孔表面奶油色至烟灰色，孔口多角形。担孢子圆柱形，5-8×1.5-2.2μm，无色，光滑。担子棒状，具2（4）担子小梗。三型菌丝系统：生殖菌丝薄壁，分枝，具锁状联合；骨干菌丝厚壁，不分枝；联络菌丝厚壁，分枝。

覆瓦状叠生于各种树上。我国各地区均有分布。药用。

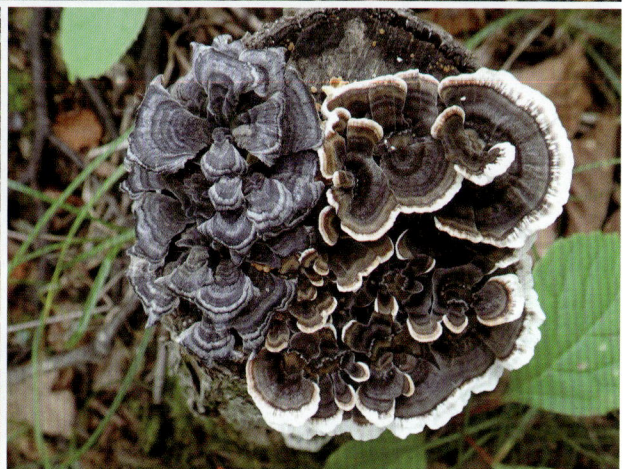

齿耳菌科 Steccherinaceae

利布曼黄孔菌（黑卷小薄孔菌、韧革近薄孔菌）*Flaviporus liebmannii* (Fr.) Ginns

担子体革质，干后坚硬。菌盖扇形至半圆形，长3-5cm，宽5-7cm，表面由里到外红褐色、黄褐色、黄色，光滑，有光泽，具赭棕色同心环纹。菌肉黄褐色，栓质，边缘浅黄色。菌孔面奶油色、灰色，孔口多角形。有侧生的短柄。担孢子椭球形，2.5-3.5×1.5-2.4μm，薄壁，光滑。担子棒状，具4担子小梗。二型菌丝系统：生殖菌丝薄壁，分枝，具锁状联合；骨干菌丝厚壁，无分枝。

夏秋季单生或数个连生于阔叶树倒木和腐木上。分布于我国东北、西南、华南等地区。药用。

穆氏齿孔菌 *Metuloidea murashkinskyi* (Burt) Miettinen & Spirin

担子体一年生，覆瓦状叠生，革质。菌盖扇形，表面红褐色或暗褐色，具环状沟纹，边缘白色、锐、完整、平滑，初期具短毛，成熟后近平滑。菌齿淡褐色至灰褐色，排列稠密，每毫米4-6个。不育边缘白色至奶油色。担孢子窄圆柱形至椭圆形，3.8-5×2.5-3μm，无色，光滑。担子棒状，具4担子小梗。二型菌丝系统。

秋季叠生于阔叶树倒木上。分布于我国东北、华中和西南等地区。

赭黄齿耳 *Steccherinum ochraceum* (Pers. ex J.F. Gmel.) Gray

担子体革质，薄，初期半平伏，覆瓦状叠生，并左右相连。菌盖半圆形至贝壳形，宽1-3cm，表面密生短绒毛，后期毛平伏，淡黄色，边缘白色，有绒毛。菌肉白色，韧。刺圆锥形，棕色。担孢子宽椭圆形、椭圆形至长椭圆形，5.7-7.7×4-5.4μm，平滑，幼时无色，成熟后孢子棕色。囊状体刚毛状、棒状，厚壁，部分顶部附有明显的结晶体。菌丝具分枝，具横隔，具锁状联合。

生于阔叶树枯干上。分布于我国东北、华北、华东、华南、华中、西南等地区。

科不确定 Incertae sedis

油斑泊氏孔菌（扇盖泊氏孔菌、油斑波斯特孔菌）*Calcipostia guttulata* (Sacc.) B.K. Cui

担子体肉质至革质。菌盖扇形、半圆形，长5-7cm，宽5-8cm，表面乳白色，具绒毛和不明显的同心环纹，常有褐色斑点。菌肉乳白色，味苦。菌孔面奶油色、浅褐色，孔口圆形至多角形。担孢子圆柱形，3-4×2-2.5μm，透明，薄壁，光滑，非淀粉质，不嗜蓝。单型菌丝系统，生殖菌丝具锁状联合。囊状体未见。

夏秋季单生于针叶树活立木、倒木和树桩上。分布于我国东北、西南等地区。药用。

北方顶囊孔菌（北方囊孔菌、北方叠生孔菌、北方梭孔菌）*Climacocystis borealis* (Fr.) Kotl. & Pouzar

担子体肉质、骨质，扇形。菌盖长3-10cm，宽5-12cm，表面白色、灰白色、灰褐色，具灰褐色环纹，被短绒毛。菌肉奶黄色、淡黄色。菌孔面白色、淡黄色，孔口迷宫状。担孢子椭圆形，4.5-6.5×3-4.5μm，光滑，无色，非淀粉质。囊状体棒状，无结晶体。单型菌丝系统，生殖菌丝具锁状联合，浅棕黄色。

腐生于针叶树的树桩上。分布于我国东北、西北、西南等地区。药用。

脆褐波斯特孔菌 *Fuscopostia fragilis* (Fr.) B.K. Cui, L.L. Shen & Y.C. Dai

担子体柔软多汁。菌盖扇形，长3-5cm，宽3-4cm，表面幼时白色，老后或伤后易变褐色、红褐色，被短绒毛。孔口面白色，伤后或老后变褐色或红褐色。孔口多角形，管口壁薄，撕裂。单型菌丝系统，生殖菌丝具锁状联合。拟囊状体纺锤形，薄壁。担孢子腊肠形，4-5.5×1.5-2μm，薄壁，透明，光滑。担子棒状，具4担子小梗。

多生于北温带针叶树树桩或朽木上。分布于我国东北等地区。药用。

红菇目 Russulales

耳匙菌科 Auriscalpiaceae

杯密瑚菌（杯冠瑚菌、杯珊瑚菌）*Artomyces pyxidatus* (Pers.) Jülich

担子体珊瑚状，高 5-20cm，密集分枝呈圆形，顶端分枝呈杯状而得名。幼时白色至粉白色，后变成黄褐色，老后或伤后变土黄色。菌肉辛辣，肉质，有异味。菌柄棕色，光滑。孢子印白色。担孢子椭圆形至长椭圆形，3.5-4.9 × 2.5-3.4μm，光滑，透明，淀粉质。担子棒状，具 4（2）担子小梗。囊状体梭形、棒形，无色。菌丝具锁状联合。

夏秋季群生或丛生于阔叶树腐木上。分布于我国东北、华东、西南等地区。药用。

耳匙菌 *Auriscalpium vulgare* Gray

担子体挖耳勺形而得名。菌盖半圆形或肾形，直径 1-2cm，栗褐色，密生短绒毛，边缘白色，内卷。菌肉薄，革质。子实层体为刺，白色、乳白色。菌柄偏生或侧生，圆柱形，有时扁平，表面被深栗色的绒毛。担孢子近球形，4.5-5.5 × 4.1-5.2μm，表面有疣突，淀粉质。担子棒状，具 4 担子小梗。二型菌丝系统：生殖菌丝薄壁，分枝，具锁状联合；骨干菌丝厚壁，无分枝。

生于松等针叶树球果上。我国各地区均有分布。

刺孢多孔菌科 Bondarzewiaceae
东方异担子菌 *Heterobasidion orientale*
Tokuda, T. Hatt. & Y.C. Dai

担子体一年生，色泽、形状酷似灵芝。菌盖扇形，平展，长2-5cm，宽4-8cm，表面栗褐色至赤褐色，光滑，具隆起的环纹，边缘黄褐色、乳白色至白色。菌孔面浅黄色、乳白色，孔口圆形或多角形。菌肉浅黄色，韧。担孢子椭圆形，4-5.2×3-4.5μm，无色，透明，厚壁。担子棒状，具4担子小梗。二型菌丝系统：生殖菌丝薄壁，无锁状联合；骨干菌丝厚壁，无分枝。

夏秋季单生或叠生于落叶松伐桩上。分布于我国东北等地区。

木齿菌科 Echinodontiaceae
空隙淀粉韧革菌（网隙裂粉韧革菌、网状淀粉质韧革菌）
Amylostereum areolatum (Chaillet ex Fr.) Boidin

担子体贝壳形，干后质地坚硬。菌盖长2-4cm，宽5-8cm，表面褐色，被绒毛，具同心环纹，边缘浅色，波状。子实层体灰褐色，近平滑。担孢子圆柱形，6.1-7.5×2.4-3.2μm，无色，光滑，淀粉质。担子棒状，具4担子小梗。囊状体锥形。二型菌丝系统：生殖菌丝薄壁，分枝，具锁状联合；骨干菌丝厚壁，棕色。

夏秋季覆瓦状叠生于树干上。分布于我国东北、西北等地区。

猴头菌科 Hericiaceae

猴头菌 *Hericium erinaceus* (Bull.) Pers.

担子体一年生，肉质，球形或椭圆形，直径 5-8cm。基部着生于树皮缝隙中，子实层体为密集下垂的刺，末端尖锐。新鲜时白色，成熟后或干后变褐色。担孢子卵圆形，4.5-5.8 × 5.2-6.5μm，具疣突，无色，透明，具油滴，淀粉质。担子棒状，具4担子小梗。囊状体顶端钝圆，有颗粒状内含物。单型菌丝系统，生殖菌丝无色，分枝，具锁状联合。

秋季生于蒙古栎树干上。我国各地区均有分布。食用，药用。

红菇科 Russulaceae

粗质乳菇（云杉乳菇）*Lactarius deterrimus* Gröger

菌盖直径2.5-10cm，平展呈漏斗形，表面黏滑，具环纹，粉红色、浅黄色，边缘较浅，内卷。菌褶直生至延生，密，薄，鲑鱼色至橙褐色，伤后变蓝绿色。菌肉厚，脆。菌柄长2-5cm，粗0.8-1.5cm，空心，表面肉桂色至粉红色或橙色，顶部色较浅，无窝斑，伤后变青灰色或蓝绿色。乳汁红橙色。担孢子宽椭圆形至椭圆形，8.2-11.5 × 6.5-8.5μm，表面具不规则排列的脊和疣。担子近圆柱状至近棒状，具4担子小梗。侧生囊状体近纺锤形，顶部常缢缩为念珠状。缘生囊状体近纺锤形至纺锤形，薄壁。盖表皮黏菌丝平伏型，胶质化。

夏秋季群生或散生于云杉林地上。分布于我国东北、华北、西南、西北等地区。食用。

轮纹乳菇 *Lactarius zonarius* (Bull.) Fr.

菌盖直径3.6-10cm，近平展，中部具凹陷，边缘稍内卷，表面革质，乳白色至米黄色，具淡黄色至橙黄色同心环纹，被细毛状鳞片。菌褶延生，密，薄，淡黄色或蜜黄色。菌肉厚，脆。菌柄长1.5-3.2cm，粗0.9-1.1cm，空心，白色至浅黄褐色，伤后变为棕褐色或暗褐色带紫色调。乳汁近奶白色。担孢子宽椭圆形，6.7-9.2×6-8μm，表面具明显的脊和疣。担子棒状，具4担子小梗，光滑，薄壁。侧生囊状体和缘生囊状体窄圆柱形或近纺锤形，顶端细。

夏季散生或群生于阔叶林地上。分布于我国东北、西南、西北等地区。有毒，药用。

海狸色小香菇（海狸色螺壳菌）*Lentinellus castoreus* (Fr.) Kühner & Maire

担子体无菌柄或具假菌柄，近靴耳形或扇形。菌盖宽4-6cm，赭棕色、肉鲑棕色至红棕色，表面被绒毛，边缘幼时内卷，近基部处绒毛密而厚呈毯状，污白色或灰白色或带棕色。菌褶延生，密，肉色至淡棕色。菌肉薄，污白色。菌柄无，基部宽，具淡红棕色至棕色的绒毛。孢子印白色。担孢子椭圆形至宽椭圆形，4-5×3-3.5μm，无色，薄壁，具疣突，淀粉质。担子棒状，具4担子小梗。侧生囊状体棒状，无色，薄壁。

夏季叠生于腐木上。分布于我国东北、华北、西南等地区。

贝壳状小香菇 *Lentinellus cochleatus* (Pers.) P. Karst.

担子体贝壳状至喇叭形。菌盖宽3-6cm，初期勺形或平展，表面光滑，淡黄褐色或茶褐色，边缘具浅条纹，稍内卷。菌褶延生，密，淡黄褐色至肉桂色，边缘锯齿状。菌肉白色或浅棕色，近革质。菌柄侧生或偏生，较韧，螺旋状扭曲并融合在一起，延生的菌褶至菌柄上，向下具有深皱纹或具条棱。担孢子宽椭圆形至椭圆形，3.5-5×3-4μm，具疣，淀粉质。担子宽棒状，具4担子小梗，基部具锁状联合。侧生囊状体纺锤形并带有披针形的顶，透明，薄壁。

夏季簇生于针阔混交林中腐木上。分布于我国东北、华北、西南等地区。食用。

北方小香菇 *Lentinellus ursinus* (Fr.) Kühner

担子体扇形。菌盖直径3-10cm，表面淡褐色、肉桂色或红褐色，被细刺状纤毛，近基部处浓密，栗色至棕色，边缘近光滑，淡棕色或肉桂色，稍水浸状，内卷，全缘或裂齿状，有时呈波浪状。菌褶直生至延生，密，淡棕色至肉桂棕色，边缘波状至锯齿状。菌肉淡棕色，软。菌柄无。气味强烈，酸味或胡椒味。担孢子宽椭圆形至椭圆形，3.5-4.5×2.8-3.2μm，具疣，淀粉质。担子棒状，具4担子小梗。侧生囊状体纺锤形或钻形，具有披针形尖顶，薄壁。

夏季叠生于腐木上。分布于我国东北、华北、华南等地区。食用。

毒红菇（小红脸菌）*Russula emetica* (Schaeff.) Pers.

菌盖直径5-8cm，初期呈扁半球形，后期变平展，中部下凹，表面黏，光滑，浅粉色至珊瑚红色，边缘色较淡，边缘具棱纹，表皮易剥离。菌褶弯生，等长，白色，稀，菌褶间有横脉。菌肉薄，白色，味苦。菌柄长4-7.5cm，粗1-2cm，白色或粉红色，内部松软。孢子印白色。担孢子近球形，8-10.5×7.5-9.5μm，具小刺，无色，淀粉质。

夏秋季散生于林中地上。我国各地区均有分布。有毒。

臭红菇（臭黄菇）*Russula foetens* Pers.

菌盖直径5-10cm，初期扁半球形，后渐平展，中部稍凹陷，表面黏，光滑，浅黄色或污赭色至浅黄褐色，中部土褐色，边缘内卷，具由小疣组成的明显粗条纹。菌褶弯生，稠密，污白色至浅黄色，常具暗色斑痕，等长。菌肉薄，污白色，质脆，具腥臭气味，口感味道辛辣且具苦味。菌柄长4-10cm，粗1.5-3cm，上下等粗或向下稍渐细，污白色至污褐色，老熟或伤后常出现深色斑痕，内部松软渐变空心。担孢子球形至近球形，7.5-10×7-9.5μm，具小刺或疣突，无色，淀粉质。担子棒状，具2（4）担子小梗。

夏秋季群生或散生于林中地上。我国各地区均有分布。有毒。

脆红菇（小毒红菇）*Russula fragilis* Fr.

菌盖直径1.5-3.5cm，初扁半球形，后近平展，中部下凹，表面光滑且具光泽，初期深粉色，后中部紫黑色，向边缘渐浅至灰粉色，边缘老时具条纹，表皮易剥离。菌褶弯生，较密，奶白色，等长。菌肉白色，具水果香味，口感味道辛辣，微苦。菌柄长2.5-6cm，粗0.5-2cm，实心，后变松软至空心，白色，老后变黄色。孢子印白色。担孢子近球形，6.3-8.8×5.4-7.9μm，具小疣，小疣间形成网纹，近无色，淀粉质。

夏季散生于针阔混交林地上。我国各地区均有分布。有毒。

翻白红菇（中间红菇）*Russula intermedia* P. Karst.

菌盖直径5.5-12cm，幼时扁半球形，成熟后平展，中部下凹，表面湿时黏，光滑，血红色至橙褐色，边缘有棱纹，表皮易剥离。菌褶直生，较密，淡黄色至淡红色，等长。菌肉厚，白色，味道微辣、苦。菌柄长6-10cm，粗1-3cm，白色。孢子印黄褐色。担孢子近球形至宽椭圆形，6-9.5×5.5-7.8μm，具小疣突。囊状体披针形。

夏季单生、散生于阔叶林地上。分布于我国东北、华北等地区。有毒。

拟臭黄菇 *Russula laurocerasi* Melzer

菌盖直径3-8cm，初期半球形，后平展至浅漏斗状，表面土黄色、污黄褐色至草黄色，黏，边缘有条纹，带有颗粒状。菌褶直生至近离生，稍密，奶白色，老后往往出现褐色斑点。菌肉污白色，稍厚。菌柄长3-10cm，粗1.2-2.5cm，圆柱形，中空，表面污白色、浅土黄色。担孢子近球形，8.2-11.5×7-11μm，具小疣，无色。侧生囊状体圆锥状。

夏秋季单生或群生于阔叶林地上。分布于我国东北、华北、西南、华东等地区。

绒紫红菇 *Russula mariae* Peck

菌盖直径2.5-8cm，幼时半球形至凸镜形，成熟后平展，中部稍下凹，表面干，近光滑，紫色至紫红色，中部颜色深，边缘浅，边缘具条纹，表皮易剥离。菌褶直生或稍下延，密，等长，奶油色。菌肉白色，味道辛辣。菌柄长2.5-7cm，粗1-2cm，表面近光滑，粉红至淡紫红色。孢子印淡黄色。担孢子球形或近球形，6-9×5.5-6.5μm，具小疣，疣间有连线，形成网纹。侧生囊状体近梭形。

夏季单生或散生于阔叶林地上。我国各地区均有分布。食用。

拟篦形红菇（拟篦形红菇）*Russula pectinatoides* Peck

菌盖直径1.5-5.5cm，幼时扁半球形，成熟后平展，中部下凹，表面湿时黏，淡赭黄色，中部色深呈黄棕色，边缘具明显条纹。菌褶直生至弯生，白色，等长。菌肉白色，易碎，味道柔和。菌柄长2-6cm，粗1-1.5cm，白色，幼时内部松软，实心，老后变空心。担孢子近球形至椭圆形，6.8-9.7×4.9-6.8μm，具疣突，疣间连成不完整的网状。担子棒状，具2（4）担子小梗。侧生囊状体梭形至棒状，顶端具乳头状突起。缘生囊状体梭形至棒状。

夏季群生于阔叶林地上。分布于我国东北、华北等地区。食用。

血色红菇 *Russula sanguinea* Fr.

菌盖直径5.5-8cm，半球形至扁半球形，成熟后平展，中部下凹，表面鲜红色至橘红色，有时局部褪色至黄色，边缘具明显条纹。菌褶直生，等长，淡赭黄色。菌肉白色，易碎，无明显气味。菌柄长4.5-8.5cm，粗1-2cm，白色，幼时内部松软，实心，老后变空心。担孢子近球形至宽椭圆形，6.5-8.5×5.8-7.8μm，具疣突，疣间偶相连形成不完整的网纹。担子棒状，具4（2）担子小梗。侧生囊状体和缘生囊状体梭形至棒状，顶端具乳头状突起。

夏季单生于阔叶林地上。分布于我国东北、华北等地区。药用。

茶褐红菇（黄茶红菇）*Russula sororia* (Fr.) Romell

菌盖直径6-10cm，扁半球形，成熟后平展，中部微凹，表面浅茶褐色、茶褐色至土黄色，中部呈深棕色、深褐色，边缘具颗粒状条纹，边缘表皮易剥离。菌褶弯生至离生，较密，白色至淡奶油色，老后淡灰色。菌肉白色，老后呈污白色至淡灰色，质脆，味道辛辣。菌柄长3-7cm，粗2-3.5cm，白色至浅灰色，内部松软或中空。担孢子近球形至宽椭圆形，6-9.4×5.5-7.8μm，具疣突。担子棒状，具4（2）担子小梗。侧生囊状体棒状至纺锤形。缘生囊状体棒状至纺锤形。

夏季单生或散生于落叶松林地上。分布于我国东北、华北等地区。药用。

韧革菌科 Stereaceae
毛韧革菌 *Stereum hirsutum* (Willd.) Pers.

菌盖宽1.5-3cm，常为叠生，扇形、贝壳形，韧革质，表面呈同心环纹状颜色变化，黄色、锈黄色、黄褐色至淡黄色，表面附着贴伏的灰白色或淡灰色粗绒毛或硬短绒毛，边缘不规则波浪状，具略短硬绒毛。子实层体光滑，淡黄色，菌肉薄，奶白色。孢子印白色。担孢子圆柱形，略弯曲，6.5-8×2.2-4.3μm，薄壁，淀粉质。担子棒状，具4担子小梗。二型菌丝系统：生殖菌丝薄壁，分枝，具锁状联合；骨干菌丝无色，光滑，厚壁，无分枝。

春季至秋季生于多种阔叶树倒木、树桩上。分布于我国东北、华中、西南等地区。药用。

绒毛韧革菌 *Stereum subtomentosum* Pouzar

担子体皮质，干燥时脆。菌盖长3-6cm，宽3-5cm，扇形至半圆形，扁平至波状。表面被绒毛，灰绿色、浅黄色或赭黄色，边缘浅色到赭色。子实层体光滑，浅米色至赭色，边缘浅黄色，新鲜时呈紫红色。担孢子椭圆形，5-6.5×2.2-2.6μm，无色，光滑。单型菌丝系统。担子狭棒状至近圆柱形，具4担子小梗。

春季至秋季生于阔叶树上。分布于我国东北、华北、西南等地区。药用。

丛片木革菌（龟背刷革菌）***Xylobolus frustulatus* (Pers.) P. Karst.**

担子体平伏，硬木质，厚度为0.1-0.2cm。表面光滑或稍具小瘤，米色、米黄色或土黄色、锈色，开裂成不规则小块状，连片或单生。担孢子圆柱形，4-6.2×2.2-3.1μm，无色，薄壁，光滑。二型菌丝系统：生殖菌丝无色，薄壁，具分枝；骨干菌丝浅褐色，不分枝。囊状体顶部尖，薄壁。担子棒状，具4担子小梗。

生于阔叶树腐朽木上。分布于我国东北、华中、华东、华南等地区。药用。

蜡壳耳目 Sebacinales

蜡壳耳科 Sebacinaceae
蜡壳耳（蜡壳菌）*Sebacina incrustans* (Pers.) Tul. & C. Tul.

担子体蜡质，附着在基质上，形成一层薄薄的外壳，污白色或淡粉色，厚0.1cm。表面有波浪状突起，边缘呈流苏状，长2-10cm。菌肉软骨质。干后呈黄褐色薄膜。成熟担子椭圆形，十字形纵分隔，具4担子小梗，上担子管状。担孢子近卵形，10.5-13.5×5.5-7μm，光滑，厚壁，透明，萌发产生再生孢子。菌丝具隔膜。

夏秋季生于阔叶林、针叶林和混交林中的草、枯枝和落叶上。我国各地区均有分布。有毒。

革菌目 Thelephorales

革菌科 Thelephoraceae
青灰革菌（石竹色革菌）*Thelephora caryophyllea* (Schaeff.) Pers.

担子体漏斗状，高1.5-5cm，宽5cm，具中心柄或无，革质，柔韧，棕色至栗色，干燥后灰白色，干燥后易碎。表面呈放射状隆起，流苏状边缘，边缘淡褐色，具裂片，菌肉棕色，薄，皮质。担孢子椭圆形，6-9×5-7μm，紫褐色。

夏秋季生于阔叶林地上。分布于我国东北等地区。

多瓣革菌 *Thelephora multipartita* Schwein.

担子体树枝状，高2-3cm，粗1-2cm，革质，群生，直立，有柄，灰褐色，菌盖由不规则的裂瓣组成，表面具纤维状线条。具柄，直立或弯曲，向上渐细，上部具分枝，栗褐色，具绒毛，子实层体平滑或具小疣突，灰褐色至灰紫色。担孢子椭圆形，8-10×6.5-7.5μm，黄褐色，具疣突，具棘状纹饰。

夏秋季群生于阔叶林地上。我国各地区均有分布。药用。

掌状革菌 *Thelephora palmata* (Scop.) Fr.

担子体花瓣状或树枝状，高2-3.5cm，多分枝，直立，上部由扁平的裂片组成，紫褐色至暗褐色，顶部色浅呈蓝灰白色，具深浅不同的环带。干燥时整体呈锈褐色。菌肉近纤维质或革质。菌柄较短，幼时基部近白色，后呈暗灰至紫褐色。担孢子角形，8.2-11×6-7.9μm，浅黄褐色，具刺状突起。担子柱状，具4担子小梗。具锁状联合。

夏秋季群生于针叶林或阔叶林地上。分布于我国东北、西北等地区。

疣孢革菌（陆生革菌）*Thelephora terrestris* Ehrh. ex Fr.

担子体由单个扇形到莲座状裂片组成，呈放射状或成排融合，通常形成不规则斑块，上表面放射状，具糙伏毛状和流苏状的鳞片，表面灰色至锈棕色，具同心环区，边缘较薄，通常也有小扇形突起，下侧不规则疣状。子实层体浅至深肉桂棕色，纤维状，坚韧。担孢子卵圆形至椭圆形，$8-9 \times 5-6.5 \mu m$，淡褐色，具刺状突起。担子近棒状，具4担子小梗。单型菌丝系统，生殖菌丝浅棕色，具分枝。

夏秋季丛生、聚生于林地上。分布于我国东北、华北、西南等地区。药用。

银耳目 Tremellales

茶耳科 Phaeotremellaceae

叶状暗色银耳 *Phaeotremella frondosa* (Fr.) Spirin & Malysheva

子实体新鲜时软胶质，易烂，叶片状，茶褐色，基部丛状生长，颜色较深，整体宽可达5cm。叶片边缘全缘，波状，较钝。子实层面光滑，稍透明。干后收缩，易碎，黑褐色。担子成熟时椭圆形至近球形，十字形纵分隔，具4担子小梗。担孢子椭圆形至近球形，$6.4-7.7 \times 5.4-6.4 \mu m$，薄壁，光滑，具油滴，萌发产生萌发孔。分生孢子梗与担子混生，分生孢子丰富。具锁状联合。

夏季散生于阔叶林中蒙古栎等树桩截面上。我国各地区均有分布。

参 考 文 献

蔡磊. 2020. 真菌的生物多样性 [J]. 菌物学报, 39(4): 1-3.

陈作红, 杨祝良, 图力古尔, 李泰辉. 2016. 毒蘑菇识别与中毒防治 [M]. 北京: 科学出版社.

戴芳澜. 1979. 中国真菌总汇 [M]. 北京: 科学出版社.

戴玉成. 2003. 长白山森林生态系统中稀有和濒危多孔菌 [J]. 应用生态学报, 14(6): 1015-1018.

戴玉成, 崔宝凯, 袁海生, 魏玉莲. 2010. 中国濒危的多孔菌 [J]. 菌物学报, 29(2): 164-171.

戴玉成, 图力古尔. 2007. 中国东北食药用真菌图志 [M]. 北京: 科学出版社.

戴玉成, 杨祝良. 2008. 中国药用真菌名录及部分名称的修订 [J]. 菌物学报, 27(6): 801-824.

戴玉成, 周丽伟, 杨祝良, 文华安, 图力古尔, 李泰辉. 2010. 中国食用菌名录 [J]. 菌物学报, 29(1): 1-21.

戴玉成, 庄剑云. 2010. 中国菌物已知种数 [J]. 菌物学报, 29(5): 625-628.

邓叔群. 1963. 中国的真菌 [M]. 北京: 科学出版社.

范宇光, 图力古尔. 2008. 长白山自然保护区大型真菌物种优先保护的量化评价 [J]. 东北林业大学学报, 36(11): 86-92.

侯伟男, 朝克吐, 图力古尔. 2023. 蒙古桑黄: 中国桑黄孔菌属一新种 [J]. 菌物学报, 42(4): 874-882.

江建平, 杜诚, 刘冰, 王科, 蔡磊, 李强, 黄晓磊. 2022. 中国生物物种编目进展与展望 [J]. 生物多样性, 30(10): 1-15.

李玉, 李泰辉, 杨祝良, 图力古尔, 戴玉成. 2015. 中国大型菌物资源图鉴 [M]. 郑州: 中原农民出版社.

李玉, 图力古尔. 2014. 中国真菌志 第四十五卷 侧耳—香菇型真菌 [M]. 北京: 科学出版社.

刘冬梅, 李俊生, 李熠, 王科, 杨瑞恒, 姚一建. 2021. 基于红色名录的大型真菌保护现状及中国的对策 [J]. 食用菌学报, 28(1): 108-114.

卯晓岚. 1998. 中国经济真菌 [M]. 北京: 科学出版社.

卯晓岚. 2009. 中国蕈菌 [M]. 北京: 科学出版社.

图力古尔. 2004. 大青沟自然保护区菌物多样性 [M]. 呼和浩特: 内蒙古教育出版社.

图力古尔. 2011. 多彩的蘑菇世界 [M]. 上海: 科学普及出版社.

图力古尔. 2012. 内蒙古东部伞菌和牛肝菌名录 [J]. 菌物研究, 10(1): 20-30.

图力古尔. 2014. 中国真菌志 第四十九卷 球盖菇科 [M]. 北京: 科学出版社.

图力古尔. 2018. 蕈菌分类学 [M]. 北京: 科学出版社.

图力古尔. 2022. 吉林省菌物志 伞菌目卷 [M]. 长春: 吉林教育出版社.

图力古尔. 2022. 中国真菌志 第五十三卷 丝盖伞科 [M]. 北京: 科学出版社.

图力古尔. 2023. 吉林省菌物志 红菇目卷 [M]. 长春: 吉林教育出版社.

图力古尔, 包海鹰. 2016. 东北市场蘑菇 [M]. 哈尔滨: 东北林业大学出版社.

图力古尔, 包海鹰, 李玉. 2014. 中国毒蘑菇名录 [J]. 菌物学报, 33(3): 517-548.

图力古尔, 朝克图, 包海鹰. 2001. 大青沟自然保护区大型真菌对沙地环境的适应与气候条件的相关性 [J]. 干旱区研究, 18(2): 25-30.

图力古尔, 戴玉成. 2004. 长白山主要食药用木腐菌多样性及其保育 [J]. 菌物研究, 2(2): 26-30.

图力古尔, 李玉. 1999. 大青沟自然保护区大型真菌物种多样性的研究 [J]. 吉林农业大学学报, 21(3): 36-45.

图力古尔, 李玉. 2000. 大青沟自然保护区大型真菌群落多样性研究 [J]. 生态学报, 20(6): 986-991.

图力古尔, 李玉. 2001. 大青沟自然保护区真菌对沙地环境的适应及季节动态 [J]. 干旱区研究, 18(2): 25-29.

图力古尔, 娜琴, 刘丽娜. 2021. 中国小菇科真菌图志 [M]. 北京: 科学出版社.

图力古尔, 王建瑞, 鲁铁, 刘宇, 程显好. 2014. 山东蕈菌生物多样性保育与利用 [M]. 北京: 科学出版社.

杨祝良, 王向华, 吴刚. 2022. 云南野生菌 [M]. 北京: 科学出版社.

杨祝良, 吴刚, 李艳春, 王向华, 蔡箐. 2021. 中国西南地区常见食用菌和毒菌 [M]. 北京: 科学出版社.

于富强, 刘培贵. 2005. 云南松林野生食用菌物种多样性及保护对策 [J]. 生物多样性, 13(1): 58-69.

周丽伟, 戴玉成. 2013. 中国多孔菌多样性初探: 物种、区系和生态功能[J]. 生物多样性, 21(4): 499-506.

Bau T, Yan JQ. 2021a. A new genus and four new species in the *Psathyrella* s.l. clade from China[J]. MycoKeys, 80: 115-131.

Bau T, Yan JQ. 2021b. Two new rare species of *Candolleomyces* with pale spores from China[J]. MycoKeys, 80: 149-161.

Dai YC, Cui BK, Huang MY. 2007. Polypores from eastern Inner Mongolia, northeastern China[J]. Nova Hedwigia, 84: 513-520.

Dai YC, Yang ZL, Cui BK, Yu CJ, Zhou LW. 2009. Species diversity and utilization of medicinal mushrooms and fungi in China[J]. International Journal of Medicinal Mushrooms, 11(3): 287-302.

Duan MZ, Bao HY, Bau T. 2021. Analyses of transcriptomes and the first complete genome of *Leucocalocybe mongolica* provide new insights into phylogenetic relationships and conservation[J]. Scientific Reports, 11(1): 1-12.

Duan MZ, Bau T. 2021a. Grassland fairy rings of *Leucocalocybe mongolica* represent the center of a rich soil microbial community[J]. Brazilian Journal of Microbiology, 52: 1357-1369.

Duan MZ, Bau T. 2021b. Initial sample processing can influence the soil microbial metabarcoding surveys, revealed by *Leucocalocybe mongolica* fairy ring ecosystem[J]. Biotechnology & Biotechnological Equipment, 35(1): 1427-1438.

Fan YG, Bau T, Takahito KY. 2013. Newly recorded species of *Inocybe* collected from Liaoning and Inner Mongolia[J]. Mycosystema, 32(2): 302-308.

Ge ZW, Yang ZL, Vellinga EC. 2010. The genus *Macrolepiota* (Agraicaceae, Basidiomycota) in China[J]. Fungal Diversity, 45(1): 81-98.

Guo F, Bau T. 2023. A new species of *Tuber* (Tuberaceae, Pezizales) from Inner Mongolia, China[J]. Phytotaxa, 592(1): 39-48.

Hawksworth DL. 1991. The fungal dimension of biodiversity: magnitude, significance, and conservation[J]. Mycological Research, 95(6): 641-655.

He ZM, Chen ZH, Bau T, Wang GS, Yang ZL. 2023. Systematic arrangement within the family Clitocybaceae (Tricholomatineae, Agaricales): phylogenetic and phylogenomicevidence, morphological data and muscarine-producing innovation[J]. Fungal Diversity, 123(1): 1-47.

Kirk PM, Cannon PF, Minter DW, Stalpers JA. 2008. Ainsworth & Bisby's Dictionary of the Fungi[M]. 10th ed. London: CAB International.

Li YC, Yang ZL, Bau T. 2009. Phylogenetic and biogeographic relationships of *Chroogomphus* species as inferred from molecular and morphological data[J]. Fungal Diversity, 38: 85-104.

Liu XL, Bau T, Yang ZL. 2021. A new saprotrophic species of *Amanita* (Amanitaceae, Agaricales) from Inner Mongolia, China[J]. Phytotaxa, 527(4): 287.

Liu Y, Bau T. 2013. A new subspecies of *Lentinellus* and its phylogenetic relationship based on ITS sequence[J]. African Journal of Microbiology Research, 7(29): 3789-3793.

Læssøe T, Petersen JH. 2019. Fungi of Temperate Europe 1-2[M]. Princeton and Oxford: Princeton University Press.

Matheny PB, Curtis JM, Valerie H, Aime MC. 2006. Major clades of Agaricales: a multilocus phylogenetic overview[J]. Mycologia, 98(6): 982-995.

Mou GF, Bau T. 2021. Asproinocybaceae fam. nov. (Agaricales, Agaricomycetes) for accommodating the genera *Asproinocybe* and *Tricholosporum*, and description of *Asproinocybe sinensis* and *Tricholosporum guangxiense* sp. nov. [J]. Journal of Fungi, 7(12): 1086.

Nagao H. 1999. Mycological Red Data Book in progress and in the future[J]. Transactions of the Mycological Society of Japan, 40: 44-48.

Wang SE, Bau T. 2024. Six new species of *Agaricus* (Agaricaceae, Agaricales) from Northeast China[J]. Journal of Fungi, 10(1): 59.

Wang X, Bau T. 2023. Seven new species of the genus *Geastrum* (Geastrales, Geastraceae) in China[J]. Journal of Fungi, 9(2): 251.

Wei YL, Dai YC, Yu CJ. 2003. A check of polypores on *Larix* in Northeast China[J]. Chinese Forestry Science Technology, 5(2): 64-68.

Zhang P, GE YP, Bau T. 2022. Two new species of *Crepidotus* (Crepidotaceae) from China[J]. Phytotaxa, 552(1): 22-34.

Zhang W, Bau T, Ohga S, et al. 2020. Biological characteristics and cultivation of the wild edible mushroom *Pleurotus dryinus*[J]. Journal of the Faculty of Agriculture, Kyushu University, 65(1): 35-44.

Zhang XY, Bau T, Ohga S. 2018. Biological characteristics and cultivation of fruit body of wild edible mushroom *Auricularia villosula*[J]. Journal of the Faculty of Agriculture, Kyushu University, 63(1): 5-14.

物种中文名索引

物种拉丁名索引